新世纪高等学校教材

数学与应用数学系列教材

概率论

（第2版）

李勇◎编著

GAILÜLUN

图书在版编目(CIP)数据

概率论/李勇编著. —2版. —北京：北京师范大学出版社，2024.4

(新世纪高等学校教材·数学与应用数学系列教材)

ISBN 978-7-303-28888-5

Ⅰ.①概… Ⅱ.①李… Ⅲ.①概率论—高等学校—教材
Ⅳ.①O211

中国国家版本馆CIP数据核字(2023)第031127号

图书意见反馈：gaozhifk@bnupg.com　010-58805079
营销中心电话：010-58802181　58805532

出版发行：北京师范大学出版社　www.bnupg.com
北京市西城区新街口外大街12-3号
邮政编码：100088

印　　刷：河北鑫彩博图印刷有限公司
经　　销：全国新华书店
开　　本：730 mm×980 mm　1/16
印　　张：17.75
字　　数：280千字
版　　次：2024年4月第2版
印　　次：2024年4月第1次印刷
定　　价：49.00元

策划编辑：刘风娟　　责任编辑：刘风娟
美术编辑：焦　丽　李向昕　　装帧设计：焦　丽　李向昕
责任校对：陈　民　　责任印制：陈　涛　赵　龙

第2版编者的话

本人始终坚守在概率论教学岗位，并先后与张余辉教授、洪文明教授、张梅教授等交流教学经验，研讨学生的疑惑和问题，并及时将交流成果融入教学课件. 此次教材修订采纳了这些教学研究成果，并对教材知识图谱框架做了微调，具体如下.

1. 以高中数学的集合知识为背景引入事件类的概念，提高构建事件间关系和运算相关知识的效率；新增单调类和单调类定理，为构建独立事件的概率性质、分布唯一性定理、联合分布唯一性定理、独立随机变量的性质等知识奠定坚实的理论基础，且这些后继知识的构建逻辑推理过程，可以看成概率创新研究的范例，望这些过程能潜移默化地提升读者的创新研究能力.

2. 新增条件概率空间概念，帮助读者明晰条件概率和概率之间的关系，以及用缩小的条件概率空间计算条件概率的原理，提升他们应用概率乘法公式、全概率公式和贝叶斯(Bayes)公式解决问题的能力.

3. 以随机变量定义和事件独立性为基础构建随机变量的独立性相关知识，帮助读者更好地理解相互独立随机变量的本质，为构建伯努利(Bernoulli)实验和泊松(Poisson)粒子流相关分布知识打下基础，提升读者运用随机变量独立性解决概率问题的能力.

4. 以简单随机变量的标准表达式为基础构建数学期望相关知识，解决常困扰读者的“数学期望定义唯一性”问题. 在数学期望知识的构建过程中，单调收敛定理是关键的一环，此次修订补充了这一关键环节的证明，该证明是非负随机变量离散化、数学期望单调性、简单随机变量数学期望和概率的下连续性等知识综合运用的范例.

5. 以标准正态分布、随机变量的独立性、联合特征函数和随机向量的线性变换知识为基础构建多元正态分布的特征函数，解决第一版教材中遗留的隐含问题，进而简化二元正态分布相关知识的构建路径，节省读者和教师的宝贵时间.

6. 强化综合应用概率论知识的案例探索，以提升读者应用概率知识解决实际问题的能力. 例如，综合运用样本点、样本空间和几何概型知识深入探索贝特朗(Bertran)悖论问题，综合运用概率、条件概率、随机向量和大数定律知识深入探讨蒙提 · 霍尔(Monty Hall)三门问题，综合运用随机变量、数学期望和大数定律探讨身高问题，展示概率论在统计学和大数据研究中的理论和应用价值，等等.

上述修改内容主要源于2023年版概率论的教学课件，其中包括前述任课老师和选课学生的许多宝贵意见和建议，以及北京师范大学出版社刘风娟老师的精心编辑，在此对这些老师和同学表示衷心的感谢.

由于作者水平有限，书中难免会有不妥之处，敬请批评指教.

李 勇

2024年1月18日于北京师范大学京师家园

第1版编者的话

时间飞逝，不经意间执教已有31载，期间为北京师范大学数学科学学院本科生讲授“概率论”课程15次以上. 早有出书想法，苦于教学科研任务繁重，无暇顾及. 最后还是在夫人的关心、鼓励和支持下，完成这一愿望.

概率论是研究随机现象的数学分支，是统计学的理论基础，有广泛的理论与应用价值. 本人一直从事概率论与数理统计教学科研工作，期望通过本书展现拙见，与读者分享.

本书试图从整体上再现概率论的知识构建过程，展现相关重要知识点的来龙去脉，逐步提高读者的概率知识水平. 第1章主要涉及直到20世纪前的概率知识，以频率为主线介绍概率论基本概念与模型，为后面的概率论公理体系做铺垫. 第2章主要展示现代概率论的基石——概率论公理化知识体系，介绍概率空间的基本性质，使读者的概率知识水平上一台阶. 第3章主要介绍随机变量及相关概念，以数学分析为工具研究随机现象，提高概率论研究效率. 第4章基于数学期望讨论随机变量的数字特征及其概率内涵，引入刻画随机变量分布规律的等价工具特征函数，使读者的理论与应用知识水平再上一台阶. 第5章研究随机变量的极限理论，其中的大数定律和中心极限定理成为现代统计学理论与应用的基石之一. 本书配有丰富的练习题，并提供了部分习题答案或证明思路，以帮助读者更好地掌握概率知识. 本书还配有名词与符号索引，方便读者在书中查找相关知识内容.

在介绍各个知识点的过程中，本书融合了个人的一些观点，期望能帮助读者更好地理解概率知识.

对于随机现象，本书明确指出它应该具有频率的稳定性，使读者明晰随机现象是一种特殊的不确定现象，以明晰概率论的研究对象. 本书没沿用传统的古典概率计算公式定义古典概型，目的是使读者更好地理解古典概型的本质（样本空间有限和等概率），同时又能体会当时概率理论上的不完备之处（严格证明古典概率计算公式需要概率论公理），为介绍概率论公理体系埋下伏笔. 本书用了较多的篇幅介绍概率空间的两个重要组成部件——样本空间和事件域，以使读者体会样本空间和事件域的定义具有灵活性，根据实际问题适当地构造样本空间和事件域，能达到事半功倍的效果.

本书没有过分强调古典概率和几何概率的初等计算技巧，而将重点放在利用概率性质解决古典概率和几何概率的计算问题，使读者通过这些问题巩固概率空间相关知识，体会公理知识体系的威力. 本书通过缩小概率空间的思路引入条件概率，意在强调这是计算条件概率的有效途径之一. 本书花一定的篇幅介绍了随机实验的独立性，通过乘积概率空间的建立过程，逐步向读者展示问题解决的过程，潜移默化地培养他们解决问题的能力.

本书从概率空间数量化角度引入随机变量，以重现随机变量的产生过程，使读者加深对于随机变量、分布及其分布函数概念的理解. 本书用相当多的篇幅介绍随机变量的构造，通过随机变量的值域引入简单随机变量，避免了经典教科书中简单随机变量表达方式不唯一的情况, 以简化随机变量逼近框架，为抽象定义数学期望奠定基础. 在随机变量函数的分布处理上，本书借鉴了何书元教授的想法，充分利用分布函数的定义与复合函数求导法则，解决其密度函数的计算问题，这种方法思路清晰、自然且简单易行，免去读者记忆密度函数计算公式的负担.

基于随机变量的构造，本书借助简单随机变量的特殊定义，将离散型和连续型随机变量的数学期望统一定义，使读者能深入理解数学期望本质，为抽象定义随机变量的数字特征和特征函数奠定基础.

关于极限理论知识，本书包含大量逻辑推理过程，其用意在于查漏补缺，帮助读者利用推理过程复习和巩固前4章的概率知识.

为使读者更好地认识概率极限理论的知识结构，把握推导思路，本书把主要的知识点放到各节的前部，而将相应的预备知识作为引理放到各节的后部. 在教师教学过程中，可视学生情况决定是否详细介绍这些引理. 希望读者将基本概念和重要结论的理解与应用放在首位，那些对于理论特别感兴趣者可尝试进一步理解与掌握证明结论的思想方法.

本书基于自编的 LaTeX 2_ε 投影教学课件而成稿，最初由韩珊珊、张宇静和王锦硕士将课件初步转换为LaTeX 2_ε书稿，然后由郑珩、盛瑶、黄勍和黄文贤博士等做了整理和完善，最后由李斯名和丛珊等同志对书稿进行了详尽的修改，并配置习题及答案. 在此向上述各位表示感谢.

由于作者水平有限，书中难免会有不妥之处，敬请读者批评指教.

李 勇

2013年2月16日于北京师范大学丽泽区

目 录

第 1 章　绪论

17世纪中叶，博彩业的发展遇到许多难以解决的公平赌博问题，当时的著名数学家，如费马(Fermat)、帕斯卡(Pascal)和惠更斯(Huygens)等，都参加了相关问题的讨论，由此引出古典概型. 19世纪末至20世纪初，公理化体系奠定了概率论的严格数学基础，使得概率论作为一个数学分支得以迅速发展. 本章简述概率论的基本概念、古典概型与几何概型，以及概率研究的早期想法，为第 2 章介绍概率论公理化体系奠定基础.

§1.1　随机现象及基本概念

本节简要介绍随机现象的基本概念，更加详细的材料可查阅参考文献所列书目（如参考文献 [1] 至 [2] 等).

§1.1.1　必然现象与随机现象

随机现象是概率论和统计学的最基本概念之一, 与之相关的概念是必然现象和不确定现象, 下面简要介绍这些概念及它们之间的关系.

案例 1.1　*在标准大气压下，纯净的水在100°C会沸腾.*

在案例1.1中，可以把“标准大气压”“纯净的水”和“100°C”看成条件，把“沸腾”和“不沸腾”看成结果. 像这类在给定条件下能预知结果的现象称为**必然现象**.

案例 1.2 (投掷硬币)　*投掷一枚质地均匀的硬币，结果不是正面向上，就是反面向上.*

在案例1.2中，可以把“投掷一枚质地均匀的硬币”看成条件，把“正面向上”和“反面向上”看成投掷硬币的结果.

我们无法预言投掷的结果，因该结果是由条件之外的一些不确定因素决定的，如硬币出手时的速度和角度、硬币落地点的弹性和光滑程度、气流的运动等. 像这类在给定条件下不能预知结果的现象称为**不确定现象**或**未知现象**.

人们对未知现象表现出异常的兴趣，总想知道其不确定的原因. 虽然我们不能预知不确定现象的结果，但是却容易得到其结果的范围，我们可以通过重复观测这一现象，了解其内在规律.

人们是通过分析观测结果来研究不确定现象. 例如，对于案例1.2，很多学者做了大量的实验，一些结果列入表1.1中. 这些实验表明：实验次数很大时，出现正面的次数与实验的总次数之比近似于0.5.

表 1.1 投掷硬币实验数据

实验者	实验次数	正面次数	正面频率
蒲丰（Buffon）	4 040	2 048	0.506 9
德·摩根（De Morgan）	4 092	2 048	0.500 5
费勒（Feller）	10 000	4 979	0.497 9
皮尔逊（Pearson）	24 000	12 012	0.500 5
罗曼诺夫斯基（Romannovski）	80 640	39 699	0.492 3

在针对某一不确定现象的多次重复实验中，某一结果出现的次数与实验的次数之比称作该结果的**频率**. 表1.1向我们展示了这样一个规律：随着实验次数的增加，各个结果的频率趋于稳定. 如果一个不确定现象具有这种规律，那么称该现象具有**频率稳定性**，并称该现象为**随机现象**. 随机现象十分常见，是人们的重要研究对象，**概率论**就是研究随机现象的一个数学分支.

案例 1.3 [高尔顿(Galton)钉板实验] 高尔顿钉板如图1.1所示，其主体结构是一个上面带有小孔A的箱子，小圆球可以从孔落入箱中. 箱子除前面板是透明的玻璃外，其他各面都由木板制成，透过前面板可以看到钉在后面板上的交错排列的钉子，各排相邻两钉子的间距比小圆球的直径稍大. 在箱子的底板上有等距排列的隔板，将箱底隔成10个形状相同的小盒. 从箱顶的小孔中放一个小球，小球最终将落入其中一个盒.

在案例1.3中，给定的条件是“从箱顶的小孔中放一个小球”，由于小球落入箱中后要和每一排的钉子发生碰撞，才能落到箱底的一个盒中. 而每次碰撞，使得小球等可能地向左或向右落下，因此不能预知小球落到哪个盒中，这是一个不确定现象.

为表示这个不确定现象的所有可能出现的结果，分别将小盒子从左到右编号为$1,2,\cdots,10$，用i表示“小球落入第i号箱中”的结果，记$\Omega=\{1,2,\cdots,10\}$，则该未知现象可能出现任何结果都可以表示为Ω的子集.

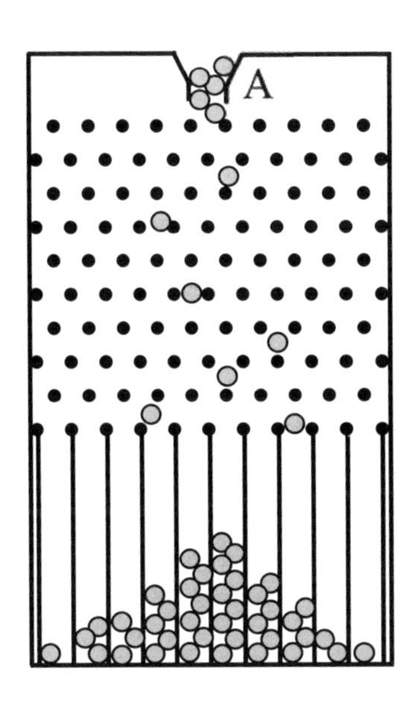

图 1.1 高尔顿钉板实验

大量地重复高尔顿钉板实验，可以统计各个结果的频率. 如图1.1所示：随着实验次数增加，它们稳定于特定的常数. 因此我们所关心的现象有频率稳定性，是随机现象.

在高尔顿钉板实验中，所有可能出现的结果都具有频率稳定性，我们称这类实验为**随机实验**，简称为**实验**.

§1.1.2 样本空间

在未知现象研究过程中，有些观测结果不需要分解成更小的结果，有些结果则可以分解成其他结果的组合. 如在案例1.3中，结果“小球落入1号盒”是不必再分解的结果；结果“小球落入盒的编号小于3”可以分解为“小球落入1号盒”和“小球落入2号盒”. 为表达方便，将研究过程中无需再分解的结果称为**样本点**，常用ω表示.

定义 1.1.1 全体样本点所组成的集合称为**样本空间**，常用Ω表示.

任何实验的所有结果都可以用样本点表示，并且各个样本点的频率稳定性可以保证所有结果的频率的稳定性.

在案例1.2投掷硬币实验中，所有的样本点为“正面”和“反面”，样本空间

$$\Omega=\{\text{“正面”},\text{“反面”}\};$$

在案例1.3 高尔顿钉板实验中，所有的样本点为$1,2,\cdots,10$，样本空间

$$\Omega=\{1,2,\cdots,10\}.$$

例 1.1.1 同时投掷两枚硬币的实验的样本空间是什么？

解 用x_i表示第i枚硬币的投掷结果，其中x_1 和x_2都可代表“正面”或“反面”. 所有的样本点可以表示为$\omega=(x_1,x_2)$，因而样本空间

$$\Omega=\{(x_1,x_2):\ x_i\in\{\text{正面，反面}\},i=1,2\}.$$

∎

需注意：对同一实验，若关心的对象不同，则描述该实验的样本点和样本空间也不同. 如在例1.1.1中只关心出现正面的次数，可以分别用0，1和2代表“出现0个正面”，“出现1个正面”和“出现2个正面”，因此也可以将样本空间表达为$\tilde{\Omega}=\{0,1,2\}$. 显然，$\tilde{\Omega}$中任何一个样本点都可以表示为Ω的样本点集合，但Ω的样本点(正面，反面)却不能用$\tilde{\Omega}$的样本点集合表示.

在实验中，称样本点构成的集合为**实验结果**. 不同的样本空间所表达实验结果的能力不同：样本空间中样本点的个数越多，表达不同事件的能力越强. 如对例1.1.1 中问题：有4个样本点的样本空间Ω可以表达$2^4=16$个不同的实验结果；有3个样本点的样本空间$\tilde{\Omega}$仅可以表达$2^3=8$个不同的实验结果.

例 1.1.2 某热线服务电话1h内打进电话次数，给出一个描述此现象的样本空间.

解 用i表示“1h内打进i次电话”，样本空间为$\Omega=\{0,1,2,\cdots\}$. ∎

为方便，称由有限个样本点构成的样本空间为**有限样本空间**，称由无穷多个样本点构成的样本空间为**无穷样本空间**. 例1.1.1中的样本空间为有限样本空间，例1.1.2 中的样本空间为无穷样本空间.

§1.1.3 事件及运算

将样本空间Ω看成全集，样本点看成元素，就可以用集合表示随机现象可能出现的结果. 一般地，如果样本空间中有n个样本点，样本空间就有2^n个子

集，即可能出现集合的个数随着n的增加而达到指数级增长，这成为建立概率模型的负担. 如在投掷一枚骰子实验中，样本空间有6个样本点，可能出现的结果总数多达$2^6 = 64$个. 要确定投掷骰子是否为随机现象，需要研究这64个事件是否具有频率的稳定性，工作量非常大.

在随机现象研究中：将感兴趣的结果称为**事件**，常用大写英文字母表示事件；将一定不发生的结果称为**不可能事件**，用$\varnothing$表示；将一定发生的结果称为**必然事件**，用Ω 表示.

将注意力集中在事件上，能达到事半功倍的效果. 既然事件是集合，那么集合间的关系和运算都适用于事件，并且这些关系和运算还有特定的概率含义.

考察随机现象的样本空间Ω和事件A：如果观测到的样本点ω在事件A中，称**事件A发生**，记为$\omega \in A$；如果观测到的样本点ω不在事件A中，称**事件A不发生**，记为$\omega \notin A$. 可以借助于事件是否发生等价地刻画事件间的关系和运算.

因此，$A \subset B$的含义是“若A发生则B一定发生”，$A = B$的含义是“A和B是同一事件”. 进一步，$A \cup B$的含义是“A和B至少有一个发生”，$A \cap B$的含义是“A和B同时发生”，$A - B$的含义是“A和B中仅事件A发生”，$\overline{A} \triangleq \{\omega:\ \omega \notin A\}$ 的含义是“A不发生”.

事件之间的这些运算有一些性质，如差运算可以用交和补运算表示，补运算可以用差运算表示，详见练习1.1.3.

定义 1.1.2　如果事件A和B满足$A \cap B = \varnothing$，称事件A和B **不相容**.

A和B不相容表示事件A和B不能同时发生，即A和B没有公共的样本点. 可以用平面上的封闭曲线的内部代表事件，进而示意事件之间的关系和运算，即维恩(Venn)图，如图1.2所示. 下面讨论多个事件的运算.

定义 1.1.3　设$\mathscr{D}$为集合，且对任意$i \in \mathscr{D}$，A_i是事件. 称

$$\bigcup_{i \in \mathscr{D}} A_i \triangleq \{\omega:\ \text{存在} i \in \mathscr{D}\ \text{使} \omega \in A_i\} \tag{1.1}$$

为事件类$\{A_i : i \in \mathscr{D}\}$之并；称

$$\bigcap_{i \in \mathscr{D}} A_i \triangleq \{\omega:\ \forall i \in \mathscr{D}\ \text{有} \omega \in A_i\} \tag{1.2}$$

为事件类$\{A_i : i \in \mathscr{D}\}$之交.

显然，$\bigcup\limits_{i \in \mathscr{D}} A_i$是样本空间的子集，表示“事件类$\{A_i : i \in \mathscr{D}\}$中至少有一

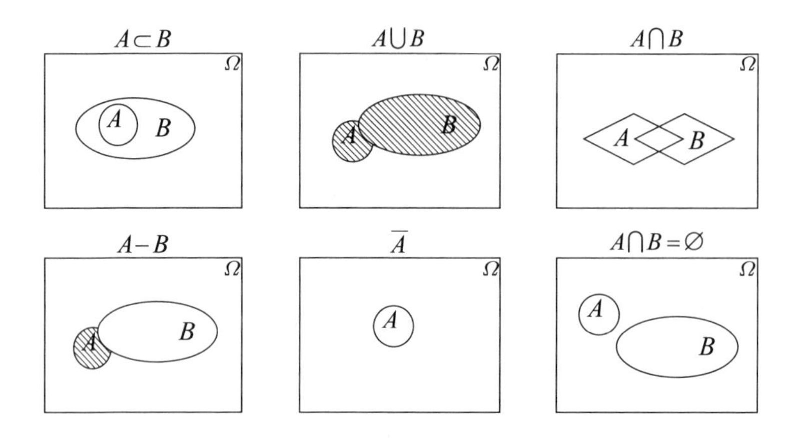

图 1.2 Venn图：示意事件间关系和运算

个事件发生”；$\bigcap\limits_{i\in\mathscr{D}} A_i$是样本空间的子集，表示“事件类$\{A_i : i \in \mathscr{D}\}$中所有事件同时发生”. 当$\mathscr{D} = \{n, n+1, \cdots, m\}$时，记

$$\bigcup_{k=n}^{m} A_k \triangleq \bigcup_{i\in\mathscr{D}} A_i, \quad \bigcap_{k=n}^{m} A_k \triangleq \bigcap_{i\in\mathscr{D}} A_i, \tag{1.3}$$

这里$n \leqslant m$可以是整数或正负无穷，下标k和i可用其他字母替换；当通过上下文可以判断出指标的变化范围时，可以省略指标集的标注，即

$$\bigcup_{i} A_i \triangleq \bigcup_{i\in\mathscr{D}} A_i, \quad \bigcap_{i} A_i \triangleq \bigcap_{i\in\mathscr{D}} A_i. \tag{1.4}$$

下面讨论**事件列**$\{A_n\} \triangleq \{A_n : n \geqslant 1\}$的极限. 为表述简洁，我们约定用$\infty$表示**正无穷**，用$-\infty$表示**负无穷**.

定义 1.1.4 对于事件列$\{A_n\}$，称

$$\overline{\lim_{n\to\infty}} A_n = \bigcap_{k=1}^{\infty} \bigcup_{n=k}^{\infty} A_n \tag{1.5}$$

为其**上极限**；称

$$\underline{\lim_{n\to\infty}} A_n = \bigcup_{k=1}^{\infty} \bigcap_{n=k}^{\infty} A_n \tag{1.6}$$

为其**下极限**.

若$\underline{\lim\limits_{n\to\infty}} A_n \neq \overline{\lim\limits_{n\to\infty}} A_n$，则称事件列$\{A_n\}$**的极限不存在**；反之，则称$\lim\limits_{n\to\infty} A_n$为事件列$\{A_n\}$**的极限**，记为$\lim\limits_{n\to\infty} A_n$.

显然，$\overline{\lim\limits_{n\to\infty}} A_n$为样本空间的子集，表示“$\{A_n\}$中有无穷多个事件同时发生”；$\underline{\lim\limits_{n\to\infty}} A_n$为样本空间的子集，表示“$\{A_n\}$中仅有有限个事件不发生”. 另外，下极限包含于上极限（详见练习1.1.5），即

$$\underline{\lim_{n\to\infty}} A_n \subset \overline{\lim_{n\to\infty}} A_n. \tag{1.7}$$

例 1.1.3　在例1.1.2中，取A_{2n}为全体非负偶数，A_{2n+1}为全体非负奇数. 问$\{A_n\}$的极限是否存在？

解　由上下极限的定义知

$$\overline{\lim_{n\to\infty}} A_n = \bigcap_{n=1}^{\infty}\bigcup_{k=n}^{\infty} A_k = \bigcap_{n=1}^{\infty} \Omega = \Omega, \quad \underline{\lim_{n\to\infty}} A_n = \bigcup_{n=1}^{\infty}\bigcap_{k=n}^{\infty} A_k = \bigcup_{n=1}^{\infty} \varnothing = \varnothing,$$

所以该事件列的极限不存在. ∎

事件运算有与代数运算类似的结合律、交换律与分配律，还有如下的**对偶律**，它阐明了事件的交与并运算与补事件的并与交运算之间的关系.

定理1.1.1　设$\mathscr{D}$为集合，且对任意$i\in\mathscr{D}$，A, A_i和B都是事件，则

$$\overline{\bigcup_{k\in\mathscr{D}} A_k} = \bigcap_{k\in\mathscr{D}} \overline{A_k}, \tag{1.8}$$

$$\overline{\bigcap_{k\in\mathscr{D}} A_k} = \bigcup_{k\in\mathscr{D}} \overline{A_k}. \tag{1.9}$$

证明　事实上

$$\begin{aligned}\omega \in \overline{\bigcup_{k\in\mathscr{D}} A_k} &\Longleftrightarrow \omega \notin \bigcup_{k\in\mathscr{D}} A_k \Longleftrightarrow \forall k\in\mathscr{D}, \omega\notin A_k \\ &\Longleftrightarrow \forall k\in\mathscr{D}, \omega\in\overline{A_k} \Longleftrightarrow \omega\in\bigcap_{k\in\mathscr{D}}\overline{A_k}.\end{aligned}$$

即(1.8)成立.

由$\overline{(\overline{A_k})} = A_k$和(1.8)得

$$\overline{\left(\bigcup_{k\in\mathscr{D}} \overline{A_k}\right)} = \bigcap_{k\in\mathscr{D}} \overline{(\overline{A_k})} = \bigcap_{k\in\mathscr{D}} A_k,$$

即

$$\bigcap_{k\in\mathscr{D}} A_k = \overline{\left(\bigcup_{k\in\mathscr{D}} \overline{A_k}\right)},$$

上式两边再次取余运算可得(1.9). ∎

特别地，当$\mathscr{D}=\{A,B\}$时，对偶律具体为

$$\overline{A\cup B}=\overline{A}\cap\overline{B}, \tag{1.10}$$

$$\overline{A\cap B}=\overline{A}\cup\overline{B}. \tag{1.11}$$

§1.1.4 事件类与λ类

在实际应用中，所关心的结果全体构成一个**集合类**. 如在投掷一枚骰子随机实验中，我们可能会仅关心是否出现偶数点（这在趣味游戏中常见），即仅关心集合类

$$\mathscr{A}=\{A,\overline{A}\}$$

中的事件，其中$A=\{x:x\text{为偶数点}\}$. 显然$\mathscr{A}$对于事件的运算不封闭.

从数学研究角度看，事件应对其运算保持封闭，即事件的运算结果还应是事件. 这种对于运算的封闭性，可以将复杂事件表达为简单事件的运算，便于研究.

定义 1.1.5 如果集合类$\mathscr{F}$具有下列性质：

1° **规范性**：$\Omega\in\mathscr{F}$；

2° **余（补）运算封闭性**：若$A\in\mathscr{F}$，则$\bar{A}\in\mathscr{F}$；

3° **可列并运算封闭性**：若$A_n\in\mathscr{F}$，$n=1,2,\cdots$，则$\bigcup\limits_{n=1}^{\infty}A_n\in\mathscr{F}$，

则称$\mathscr{F}$为Ω上的**事件域**或**σ代数**，称$\mathscr{F}$中的集合为**事件**.

现在事件的定义具有很大的灵活性，可以使研究局限于尽量少的事件上，提高建立概率模型的效率. 本书后面都采用定义1.1.5中事件的定义.

案例 1.4 设Ω为有限样本空间，则

$$\mathscr{F}=\{\Omega,\varnothing\}$$

为事件域，仅含有不可能事件和必然事件两个事件，是“最小”的事件域；取$A\subset\Omega$，则易验证

$$\mathscr{C}=\{A,\overline{A},\Omega,\varnothing\}$$

为事件域，含有4个事件，是“第二小”的事件域；进一步，

$$\mathscr{D}=\{\Omega\text{的一切子集全体}\}$$

也为事件域. 用n表示样本空间中样本点的个数，则事件域$\mathscr{D}$中含有2^n个事件，是“最大”的事件域.

事件域以所包含事件的多少来论大小，案例1.4中的$\mathscr{F}$是样本空间Ω上任何事件域的子事件域；而$\mathscr{D}$则包含了样本空间Ω上任一事件域. 特别地，当我们仅对事件A感兴趣时，如在投掷一枚骰子时仅关心结果是否为偶数情形，就可以通过案例1.4中事件域$\mathscr{C}$来研究其内在规律. 事件域对于可数次事件的运算封闭，详见定理1.1.2.

定理1.1.2 设$\mathscr{F}$为事件域，则如下性质成立.

4° $\varnothing \in \mathscr{F}$.

5° **可列交运算封闭性**：若$A_n \in \mathscr{F}$，则$\bigcap\limits_{n=1}^{\infty} A_n \in \mathscr{F}$.

6° **有限并运算封闭性**：若$A_1, A_2, \cdots, A_n \in \mathscr{F}$，则$\bigcup\limits_{k=1}^{n} A_k \in \mathscr{F}$.

7° **减运算封闭性**：若$A, B \in \mathscr{F}$，则$A - B \in \mathscr{F}$.

证明 由事件域的规范性和补运算封闭性得$\varnothing = \overline{\Omega} \in \mathscr{F}$，即定理结论4°成立.

取$A_n \in \mathscr{F}$，由事件域的补运算封闭性得$\overline{A_n} \in \mathscr{F}$，再由事件域的可列并运算封闭性得$\bigcup\limits_{n=1}^{\infty} \overline{A_n} \in \mathscr{F}$，最后由事件运算的对偶法则和事件域的补运算封闭性得$\bigcap\limits_{n=1}^{\infty} A_n = \overline{\left(\bigcup\limits_{n=1}^{\infty} \overline{A_n}\right)} \in \mathscr{F}$, 即定理结论5°成立.

取$A_{n+k} = \varnothing, k = 1, 2, \cdots$，则由结论1°知$A_k \in \mathscr{F}, k = 1, 2, \cdots$，再由事件域的可列并运算封闭性得$\bigcup\limits_{k=1}^{n} A_k = \bigcup\limits_{k=1}^{\infty} A_k \in \mathscr{F}$, 即定理结论6°成立.

由事件域的补运算封闭性得$\overline{B} \in \mathscr{F}$. 再由$A - B = A \cap \overline{B}$，以及事件域的补运算封闭性得定理结论7°. ∎

给定样本空间Ω，我们所感兴趣的结果组成集类$\mathscr{A}$，能否将感兴趣的结果看成定义1.1.5的事件，即是否存在事件域$\mathscr{F}$包含$\mathscr{A}$？答案是肯定的，只要取

$$\mathscr{F} = \{A : A \subset \Omega\}$$

即可. 但这样构造的事件域太大，会增加其内在规律的研究难度，我们希望所构造的事件域尽可能小.

定义 1.1.6 称所有包含$\mathscr{A}$的事件域之交为$\mathscr{A}$**生成的事件域**，简记为$\sigma(\mathscr{A})$.

由引理1.1.5知：$\sigma(\mathscr{A})$是所有包含$\mathscr{A}$的最小事件域. 人们常借助于实数知识研究随机现象，因此需要了解一些定义在实数空间$\mathbb{R}$上事件类的相关知识，如下所示.

定义 1.1.7 设$\Omega=\mathbb{R}$,

$$\mathscr{P} \triangleq \{(-\infty, x] : -\infty < x < \infty\}. \tag{1.12}$$

称$\sigma(\mathscr{P})$为**波莱尔(Borel)集类**，简记为$\mathscr{B}$；称$\mathscr{B}$中集合为**波莱尔集**.

$\mathscr{B}$包含了我们常见的实数集合，例如所有的区间都是波莱尔集：

$$\begin{aligned}
(-\infty, b) &= \bigcup_{n=1}^{\infty}\left(-\infty, b-\frac{1}{n}\right] \in \mathscr{B}, \\
(a, b] &= (-\infty, b]-(-\infty, a] \in \mathscr{B}, \\
(a, b) &= (-\infty, b)-(-\infty, a] \in \mathscr{B}, \\
[a, b] &= (-\infty, b]-(-\infty, a) \in \mathscr{B}, \\
[a, b) &= (-\infty, b)-(-\infty, a) \in \mathscr{B}.
\end{aligned}$$

现代概率论中，波莱尔集类是研究随机现象的一个平台.

为扩充事件域的概念，引入两个概念：若集合序列$\{A_n\}$满足条件$A_n \subset A_{n+1}$，则称$\{A_n\}$为**增集合序列**或**增集合列**；若集合序列$\{A_n\}$满足条件$A_n \supset A_{n+1}$，则称$\{A_n\}$为**减集合序列**或**减集合列**.

定义 1.1.8 若集合类$\mathscr{A}$满足：

1° $\Omega \in \mathscr{A}$,

2° 对于真差运算封闭，即当$A, B \in \mathscr{A}$，且$A \subset B$时有$B-A \in \mathscr{A}$,

3° 对于增集合列之并运算封闭，即对于增集合列$\{A_n\} \subset \mathscr{A}$有$\bigcup\limits_{n=1}^{\infty} A_n \in \mathscr{A}$,

则称$\mathscr{A}$为Ω上的**λ类**或**单调类**.

显然$\{A : A \subset \Omega\}$为λ类，所有的λ类都是它的子集类. 对于事件类$\mathscr{A}$，用$\lambda(\mathscr{A})$表示所有包含$\mathscr{A}$的λ类之交，称之为$\mathscr{A}$**生成的λ类**. 由引理1.1.7知$\lambda(\mathscr{A})$是包含$\mathscr{A}$的最小λ类，即若λ类$\mathscr{C} \supset \mathscr{A}$，则$\mathscr{C} \supset \lambda(\mathscr{A})$.

定理1.1.3 (单调类定理) 若Ω的子集构成的集合类$\mathscr{C}$对交运算封闭，则$\lambda(\mathscr{C}) = \sigma(\mathscr{C})$.

证明 由引理1.1.6知$\lambda(\mathscr{C}) \subset \sigma(\mathscr{C})$，因此只需证明$\lambda(\mathscr{C}) \supset \sigma(\mathscr{C})$，或证明$\lambda(\mathscr{C})$ 为Ω上事件域.

显然$\mathscr{C}$对于交运算封闭，再由引理1.1.8知$\lambda(\mathscr{C})$对于交运算封闭.

进一步，$\Omega \in \lambda(\mathscr{C})$；若$A \in \lambda(\mathscr{C})$，由$\lambda(\mathscr{C})$对真差运算封闭知$\bar{A} = \mathbb{R} - A \in \lambda(\mathscr{C})$，即$\lambda(\mathscr{C})$对补运算封闭；若事件列$\{A_n\} \subset \lambda(\mathscr{C})$，则

$$B_n = \bigcup_{k=1}^{n} A_k = \overline{\left(\bigcap_{k=1}^{n} \overline{A_k}\right)} \in \lambda(\mathscr{C}).$$

且$\{B_n\}$为增集合序列，所以$\bigcup\limits_{n=1}^{\infty} A_n = \bigcup\limits_{n=1}^{\infty} B_n \in \lambda(\mathscr{C})$，即$\lambda(\mathscr{C})$对可列并运算封闭. 因此$\lambda(\mathscr{C})$为$\Omega$上的事件域. ∎

§1.1.5 频率与概率

下面讨论频率与概率的频率学派定义. 假设实验的样本空间为Ω，$\mathscr{F}$为Ω上的事件域，$A \in \mathscr{F}$，并用$n(A)$表示在n次重复实验中A出现的次数.

定义 1.1.9 称$\mathbb{F}_n(A) = \dfrac{n(A)}{n}$ 为n次实验中A**发生的频率**.

定理1.1.4 频率有如下的三条性质.

1° **非负性**：$\mathbb{F}_n(A) \geqslant 0$，$\forall$ 事件A.

2° **规范性**：$\mathbb{F}_n(\Omega) = 1$，$\mathbb{F}_n(\varnothing) = 0$.

3° **可加性**：若事件A与B不相容，则$\mathbb{F}_n(A \cup B) = \mathbb{F}_n(A) + \mathbb{F}_n(B)$.

证明 由频率定义知非负性和规范性成立. 注意到当$A \cap B = \varnothing$时有

$$n(A \cup B) = n(A) + n(B),$$

立得可加性. ∎

在随机实验中，事件A具有频率稳定性，人们将其稳定的值称为**事件A的概率**，记为$\mathbb{P}(A)$. 从数学角度看，这样的描述性概率定义并不完美，常称为**概率的频率学派定义**.

在概率的频率学派定义中，由于无法精确描述概率的取值，阻碍了随机现象的研究进展. 为克服上述困难，人们不断在寻求概率的新定义方法，最后走向了公理化定义.

依据概率的频率学派定义，人们猜想

$$\mathbb{P}(A)=\lim_{n\to\infty}\mathbb{F}_n(A),$$

进而猜想（但不能严格证明）概率应该具有如下的性质.

1° 非负性：$\mathbb{P}(A)\geqslant 0$；

2° 规范性：$\mathbb{P}(\varOmega)=1$，$\mathbb{P}(\varnothing)=0$；

3° 可加性：若A和B不相容，则$\mathbb{P}(A\cup B)=\mathbb{P}(A)+\mathbb{P}(B)$.

在上述性质的基础上，人们建立了概率的公理化定义，这将在第2章中详细介绍.

§1.1.6 引理

引理1.1.5 样本空间$\varOmega$上的任意多个事件域的交还是事件域.

证明 设D为指标集，且对于任意$i\in D$，$\mathscr{F}_i$为事件域，只需验证$\mathscr{F}=\bigcap\limits_{i\in D}\mathscr{F}_i$满足事件域的定义.

显然，对于任意$i\in D$，都有$\varOmega\in\mathscr{F}_i$，由交运算的定义知

$$\varOmega\in\bigcap_{i\in D}\mathscr{F}_i=\mathscr{F},$$

即定义1.1.5的性质1°成立；若$A\in\mathscr{F}$，则对于任意$i\in D$，都有$A\in\mathscr{F}_i$，由事件域的补事件运算封闭性知$\overline{A}\in\mathscr{F}_i$，再由交运算的定义知$\overline{A}\in\mathscr{F}$，即定义1.1.5的性质2°成立；若$A_n\in\mathscr{F}$，则对于任意$i\in D$，都有$A_n\in\mathscr{F}_i$，再由事件域的可数并运算封闭性得$\bigcup\limits_{n=1}^{\infty}A_n\in\mathscr{F}_i$. 所以$\bigcup\limits_{n=1}^{\infty}A_n\in\mathscr{F}$，即定义1.1.5的性质3°成立. 因此$\mathscr{F}$为事件域. ∎

引理1.1.6 若$\mathscr{A}$为$\varOmega$上的事件域，则$\mathscr{A}$为$\varOmega$上的λ类.

证明 由于$\mathscr{A}$具有规范性、对减运算的封闭性和对可列并运算的封闭性，因此它为λ类. ∎

引理1.1.7 任意多个$\varOmega$上的λ类之交还是λ类.

证明 假设$\mathscr{A}_\alpha$为λ类，其中α为下标集D中元素. 由$\Omega \in \mathscr{A}_\alpha$知

$$\Omega \in \bigcap_{\alpha \in D} \mathscr{A}_\alpha. \tag{1.13}$$

若$A, B \in \bigcap_{\alpha \in D} \mathscr{A}_\alpha$，且$A \subset B$，由$A, B \in \mathscr{A}_\alpha$知$B - A \in \mathscr{A}_\alpha$，即

$$B - A \in \bigcap_{\alpha \in D} \mathscr{A}_\alpha. \tag{1.14}$$

若增集合序列$\{A_n\} \subset \bigcap_{\alpha \in D} \mathscr{A}_\alpha$，则$\{A_n\} \subset \mathscr{A}_\alpha$，进而$\bigcup_{n=1}^{\infty} A_n \in \mathscr{A}_\alpha$，即

$$\bigcup_{n=1}^{\infty} A_n \in \bigcap_{\alpha \in D} \mathscr{A}_\alpha. \tag{1.15}$$

由(1.13)至(1.15)知$\bigcap_{\alpha \in D} \mathscr{A}_\alpha$为λ类. ■

引理1.1.8 若Ω的子集构成的集合类$\mathscr{A}$对交运算封闭，即

$$AB \in \mathscr{A}, \quad \forall A, B \in \mathscr{A}, \tag{1.16}$$

则$\lambda(\mathscr{A})$对交运算封闭，即

$$AB \in \mathscr{A}, \quad \forall A, B \in \lambda(\mathscr{A}). \tag{1.17}$$

证明 对于任意$B \in \mathscr{A}$，记

$$\mathscr{C}_B = \{A \in \lambda(\mathscr{A}) : AB \in \lambda(\mathscr{A})\},$$

由(1.16)知：$\mathscr{C}_B \supset \mathscr{A}$，且$\mathscr{C}_B$为λ类. 因此$\mathscr{C}_B \supset \lambda(\mathscr{A})$，即

$$AB \in \lambda(\mathscr{A}), \quad \forall A \in \lambda(\mathscr{A}), B \in \mathscr{A}. \tag{1.18}$$

类似地，对于任意$A \in \lambda(\mathscr{A})$记

$$\mathscr{E}_A = \{B \in \lambda(\mathscr{A}) : AB \in \lambda(\mathscr{A})\},$$

由(1.18)可得$\mathscr{E}_A \supset \lambda(\mathscr{A})$，即(1.17)成立，亦即$\lambda(\mathscr{A})$对交运算封闭. ■

引理1.1.9 假设ξ为从Ω到$\mathbb{R}^n$上的映射，则对于任何$B, B_n \subset \mathbb{R}^n$有
(1) $\xi^{-1}(\bar{B}) = \overline{\xi^{-1}(B)}$； (2) $\xi^{-1}\left(\bigcup_n B_n\right) = \bigcup_n \xi^{-1}(B_n)$.

证明 事实上，

$$\omega \in \xi^{-1}(\bar{B}) \Leftrightarrow \xi(\omega) \in \bar{B} \Leftrightarrow \xi(\omega) \notin B \Leftrightarrow \omega \notin \xi^{-1}(B) \Leftrightarrow \omega \in \overline{\xi^{-1}(B)},$$

即结论(1)成立. 类似地，

$$\begin{aligned}\omega \in \xi^{-1}\left(\bigcup_n B_n\right) &\Leftrightarrow \xi(\omega) \in \bigcup_n B_n \Leftrightarrow \exists n,\ \text{使得}\xi(\omega) \in B_n \\ &\Leftrightarrow \exists n,\ \text{使得}\omega \in \xi^{-1}(B_n) \Leftrightarrow \omega \in \bigcup_n \xi^{-1}(B_n),\end{aligned}$$

即结论(2)成立. ∎

§1.1.7 练习题

练习 1.1.1 请举一个不具备频率稳定性的不确定现象的例子.

练习 1.1.2 请给出一个不确定现象的例子，并给出相应的样本空间的数学表达式.

练习 1.1.3 证明$A - B = A \cap \overline{B}$，$\overline{A} = \Omega - A$.

练习 1.1.4 考察某网站在1 h内被点击的次数. 记

$$A_k = \{\text{至少被点击}k\text{次}\},$$

述事件$\bar{A}_k$，$A_k - A_{k+1}$，$\bigcup\limits_{k=1}^{\infty} A_k$和$\bigcap\limits_{k=0}^{\infty} A_k$ 的含义.

练习 1.1.5 若$\{A_n\}$为事件列，证明

$$\varliminf_{n\to\infty} A_n \subset \varlimsup_{n\to\infty} A_n.$$

练习 1.1.6 若$\forall n \geqslant 1$有$A_n \subset A_{n+1}$，则称事件列$\{A_n\}$为**增事件列**；若$\forall n \geqslant 1$有$A_n \supset A_{n+1}$，则称事件列$\{A_n\}$为**减事件列**. 对于增事件列$\{A_n\}$，证明

$$\varlimsup_{n\to\infty} A_n = \bigcup_{n=1}^{\infty} A_n = \varliminf_{n\to\infty} A_n.$$

对于减事件列，相应的结论是什么？

练习 1.1.7 对于事件列$\{A_n\}$，证明

$$\bigcup_{n=1}^{\infty} A_n = \bigcup_{n=1}^{\infty} \left(A_n - \left(\bigcup_{k=1}^{n-1} A_k \right) \right),$$

这里及以后约定$\bigcup\limits_{n=1}^{0} A_n = \varnothing$.

练习 1.1.8 设$\mathscr{A} = \{A\}$，求$\sigma(\mathscr{A})$.

练习 1.1.9 设$\mathscr{A}$为Ω的子集构成的集类，证明$\lambda(\mathscr{A}) \subset \sigma(\mathscr{A})$.

练习 1.1.10 证明$\lambda(\mathscr{P}) = \mathscr{B}$.

练习 1.1.11 若$\mathscr{C} = \{(a,b] : a,b \in \mathbb{R}\}$，证明$\mathscr{B} = \sigma(\mathscr{C})$.

练习 1.1.12 依据概率的频率学派定义，证明概率的规范性.

§1.2 古典概型和几何概型

历史上人们常用骰子、纸牌和麻将等工具进行赌博，遇见许多无法解决的公平赌博问题，这些问题引起了数学家的兴趣，产生了概率论的基本概念. 最初的这些赌博公平性问题涉及“等可能性”概率的计算，逐渐发展成为古典概型，而几何概型将古典概型推广至无限样本空间. 在概率论公理形成之前，学者们对古典概型和几何概型有丰富的研究结果，本节简单介绍这两个经典的概率模型.

§1.2.1 古典概型

定义 1.2.1 如果样本空间Ω满足如下条件：

1° Ω中只有有限多个样本点；

2° 每个样本点出现的可能性相等，

那么称Ω为**古典概型**.

在古典概型中，默认的事件域为样本空间的所有子集全体，概率可以通过事件中所包含的样本点的个数来计算.

定理1.2.1 在古典概型中，事件A的概率

$$\mathbb{P}(A)=\frac{n(A)}{n(\Omega)}. \tag{1.19}$$

在概率的频率学派定义之下，不能严格证明概率具有可加性，因而也就不能严格证明定理中的结论，只好把(1.19)作为古典概型的定义. 但在概率的公理化框架之下，概率的可加性自然成立（详见第2章定理2.1.1中概率的有限可加性），进而可由古典概型的定义证明定理1.2.1（见第2章例2.1.1）. 人们称(1.19)为**古典概率计算公式**，相应的概率称为事件A的**古典概率**.

判断一个实验是否可以用古典概型描述，首先要看样本空间中的样本点的个数是否为有限，其次判断各个样本点出现的可能性是否相等. “等可能性”要依据问题的背景来判断，通常类似于“质地均匀的硬币（骰子）”的陈述蕴含着某种等可能性.

即使对于同一随机实验，样本点的选择也会影响样本空间的概率特性. 考察投掷一枚质地均匀骰子的实验：若将可能出现的点数看成样本点，即

$$\Omega=\{1\text{点},2\text{点},3\text{点},4\text{点},5\text{点},6\text{点}\},$$

则质地均匀意味着等可能性，此时可用古典概型描述实验；若把出现“偶数点”和“奇数点”看成样本点，即

$$\Omega=\{\text{偶数点},\text{奇数点}\},$$

则两个样本点出现的概率都是0.5，此时也可以用古典概型描述实验；若把出现点数小于3和出现点数大于2看成样本点，即

$$\Omega=\{\text{点数小于}3,\text{点数大于}2\},$$

则出现“点数小于3”和“点数大于2”的概率分别是$\frac{1}{3}$和$\frac{2}{3}$，即两个样本点出现的可能性不相等，此时不能用古典概型来描述这一实验.

例 1.2.1 投掷2枚质地均匀的硬币，关心出现正面的数目，即样本空间

$$\Omega=\{0\text{个正面},1\text{个正面},2\text{个正面}\},$$

证明Ω不是古典概型.

证明 用x_i表示第i枚硬币投掷的结果，则样本空间

$$\tilde{\Omega}=\{(x_1,x_2):x_1,x_2\in D\},$$

其中$D=\{\text{正面},\text{反面}\}$. 由硬币的质地均匀知可以用古典概率计算公式计算$\tilde{\Omega}$中样本点$(x_1,x_2)$的概率

$$\mathbb{P}\left((x_1,x_2)\right)=\frac{1}{4}.$$

进一步，

$$\begin{aligned}&\{0\text{个正面}\}=\{(\text{反面},\text{反面})\},\quad \{2\text{个正面}\}=\{(\text{正面},\text{正面})\},\\&\{1\text{个正面}\}=\{(\text{正面},\text{反面}),(\text{反面},\text{正面})\},\end{aligned}$$

由古典概率计算公式

$$\mathbb{P}\left(\{0\text{个正面}\}\right)=0.25,\quad \mathbb{P}\left(\{1\text{个正面}\}\right)=0.5,\quad \mathbb{P}\left(\{2\text{个正面}\}\right)=0.25,$$

即Ω中三个样本点出现的可能性不相等，因此Ω不是古典概型. ∎

例1.2.1表明：对于同一随机实验，可以构造不同的样本空间来描述所关心的事件. 不同的样本空间描述事件的能力不同，但是同一事件的概率客观存在，与样本空间的构造无关.

§1.2.2 计数原理

在建立概率论公理化体系之前，计数成为计算古典概率的唯一途径，本小节简述两个基本的计数原理及其应用.

加法原理：完成一件任务可分为两类方式完成，第一类方式中共有n_1种方法，第二类方式中共有n_2种方法，则共有n_1+n_2种方法完成任务.

乘法原理：完成一件任务可分为两步，第一步有n_1种方法，而对于第一步中的每一种方法，第二步都有n_2种方法，则共有$n_1\times n_2$种方法完成任务.

下面给出几个运用计数乘法原理的例子.

例 1.2.2 (重复排列问题) 从装有n个不同元素的袋中依次按如下的方式取出r个元素排成一列：取出一个元素排到队列后，再放回一个相同的元素到袋中，然后开始下一次取元素. 问有多少种不同的排列方法？

解 可以通过r步完成取出r个元素的排列任务：第1步，从袋中取出一个元素排放在第1位置，再往袋中放回一个相同的元素，有n种不同方法；第2步，从袋中取出一个元素排放在第2位置，再往袋中放回一个相同的元素，有n种不同方法 …… 第r步，从袋中取出一个元素排放在第r位置，有n种不同方法. 依据计数乘法原理，有

$$\underbrace{n\times n\times\cdots\times n}_{r\text{个}n}=n^r$$

种不同的排列方法. ∎

例1.2.2的问题背景称为**重复排列**. 从n个不同元素中取r个元素的不同重复排列数为n^r.

例 1.2.3 (排列问题) 从n个不同的元素中不放回地依次取出r个元素排成一列，问有多少种不同的排法？

解 可以通过r步完成排列任务：第1步，从n个不同元素中取出一个元素，有n种不同的取法；第2步，从剩下的$n-1$个不同元素中取出一个元素，有$n-1$种不同的取法 …… 第r步，从剩下的$n-r+1$个不同的元素中取出一个元素，有$n-r+1$种不同的取法. 依据计数乘法原理，从n个不同的元素中不放回地依次取出r个元素的取法有

$$n(n-1)\cdots(n-r+1)=\frac{n!}{(n-r)!}$$

种. ∎

例1.2.3中的问题背景称为**不重复排列**，简称为**排列**. 从n个不同元素中取r个元素的不重复排列共有

$$\mathrm{A}_n^r \triangleq \frac{n!}{(n-r)!} \tag{1.20}$$

种不同的排列方法.

例 1.2.4 (组合问题) 把n个不同的元素分成两组，其中一组有r个元素，问有多少种不同的分组方法？

解 用x表示不同分组方法数. 完成例1.2.3中不重复排列任务可以分为两步：第一步，将n个不同的元素分成两组，其中一组有r个元素，共有x种不同的方法；第二步，将有r个元素的那一组的所有元素排成一列，共有A_r^r种不重复排列方法. 依据乘法原理，完成例1.2.3不重复排列任务有$x\mathrm{A}_r^r$种不同的方法. 由例1.2.3结果得$x\mathrm{A}_r^r = \mathrm{A}_n^r$，再利用公式(1.20)知共有

$$x = \frac{\mathrm{A}_n^r}{\mathrm{A}_r^r} = \frac{n!}{r!\,(n-r)!}$$

种不同的分组方法. ∎

例1.2.4中的问题背景是将n个不同元素分为两组，称为**组合**，不同组合的总数是

$$\binom{n}{r} \triangleq \frac{n!}{r!\,(n-r)!}, \tag{1.21}$$

称$\binom{n}{r}$为**组合系数**.

此外，例1.2.4的解答关键是：用两种不同的途径解答同一计数问题，第一种途径的计数结果是$x\mathrm{A}_r^r$，第二种途径的计数结果是A_n^r，如果两种途径的计数过程没有错误，那么它们的计数结果一定相等，即$x\mathrm{A}_r^r = \mathrm{A}_n^r$. 这提供了一个证明整数恒等式的思路：构造一个计数模型，使得恒等式的两端分别是不同途径的计数结果.

§1.2.3 古典概型的例子

本小节给出几个经典的计算古典概型实例. 由于古典概率的计算公式完全由样本空间和事件中的样本点个数所决定，因此解答这些实例的主要过程是计数. 需要指出的是：利用概率的性质可以简化古典概率的计算，详见第2章的例2.1.2，例2.2.1 至例2.2.4.

例 1.2.5 (占位问题) r个不同的球任意放入编号为1至n 的n个盒子（$r \leqslant n$），每球放入各盒均等可能，求下列各事件的概率：

$$\begin{aligned} A &= \{\text{指定}r\text{个盒各含1球}\}, \\ B &= \{\text{每盒至多1球}\}, \\ C &= \{\text{某指定盒恰含}m\text{个球}\}. \end{aligned}$$

解 将r个球逐个放入n个盒中，由乘法原理$n(\Omega)=n^r$. 将r个球逐个放入指定的r个盒中，由乘法原理$n(A)=r!$，从而

$$\mathbb{P}(A)=\frac{r!}{n^r}.$$

先从n个盒中选出r个盒子，再将r个球逐个放入选出的r个盒中，由乘法原理得

$$n(B)=\binom{n}{r}r!=\frac{n!}{(n-r)!},$$

从而

$$\mathbb{P}(B)=\frac{n!}{(n-r)!n^r}.$$

先从r个球中选出m个球放入指定的盒中，再把剩下的$r-m$个球放入其余的$n-1$个盒中，由乘法原理得

$$n(C)=\binom{r}{m}(n-1)^{r-m},$$

从而

$$\mathbb{P}(C)=\frac{\binom{r}{m}(n-1)^{r-m}}{n^r}.$$

∎

例1.2.5中所建的古典概型称为**占位模型**，它有广泛的应用价值，例1.2.6是占位模型在生日问题上的应用.

例 1.2.6 (生日问题) 求任意r 个人生日各不相同的概率.

解 把一年按365天计算，每一天看作一个盒子，r个人看成r个不同的球，问题等价于例1.2.5中在$n=365$情况下求B的概率. 由此可得“任意r个人生日各不相同”的概率为

$$\mathbb{P}(B)=\begin{cases} \dfrac{\binom{365}{r}r!}{365^r}, & 1\leqslant r\leqslant 365, \\ 0, & r>365. \end{cases}$$

■

例 1.2.7 (抓阄问题) 袋中有r个红球与b个黑球，现任意不放回地一一摸出，求事件$R_k=\{$第k次摸出红球$\}$的概率.

解 (1) **球可辨情形**. 由乘法原理，$n(\Omega)=(r+b)!$. 一个样本点是$r+b$个可辨球的排列. 可以按如下的过程实现R_k中样本点的排列：先从r个红球中取出一个红球放在第k个位置上，剩下的$r+b-1$个球任意放在其余的$r+b-1$个位置上，由乘法原理得

$$n(R_k)=r\times(r+b-1)!,$$

所以$\mathbb{P}(R_k)=\dfrac{r}{r+b}$.

(2) **球不可辨情形**. 在此种情况下，样本点虽然也是$r+b$个球的排列，但在排列中红球间不可辨，黑球间也不可辨. 完成这种排列任务可以分两步：第一步是将$r+b$个位置分为两组，其中第一组为r，有$\binom{r+b}{r}$ 种分法；第二步是将r个红球放到第一组位置上，将b个黑球放到剩余位置上，共有1种放法. 由乘法原理得

$$n(\Omega)=\binom{r+b}{r}\times 1=\binom{r+b}{r}.$$

要实现R_k，可以分三步完成任务：第一步是将第k位置取出，仅有1种取法；第二步是将剩下的$r+b-1$个位置再分为两组，其中第一组有$r-1$个位置，共有$\binom{r+b-1}{r-1}$种分法；第三步是将红球放到第k位置和第一组位置，黑球放入剩余位置，共有1种放法. 由乘法原理得

$$n(R_k)=1\times\binom{r+b-1}{r-1}\times 1=\binom{r+b-1}{r-1}.$$

所以$\mathbb{P}(R_k)=\dfrac{r}{r+b}$. ■

运用乘法原理时，要灵活安排完成任务的步骤：通常是先安排有限制的环节，然后安排限制少或无限制的环节. 这里要完成R_k 中样本点的计数任务，其关键是第k位置为红球，因此可第一步确定此位置的球，然后再考虑剩余位置的球的排放问题.

此外，例1.2.7问题背景是不放回依次摸球，关心的问题是在这一背景下第k次摸出红球的古典概率. 该题解答中分别按同色球间是否可辨建立了两个不同的样本空间，它们之间本质区别在于样本点的选取不同，它们都可以表示所关心的事件R_k，都可以得到正确的概率计算结果.

一般地，对于同一问题背景下的事件，可以用不同的样本空间表示该事件，然后通过样本空间的概率性质计算这个事件的概率. 需要注意的是，样本空间选取可能会影响事件概率的计算方法，如在例1.2.1及其解答中，Ω和$\tilde{\Omega}$都是基于同一问题背景所构建的样本空间，它们都能表示事件$A=\{$出现0或2个正面$\}$，但在两个样本空间中计算$\mathbb{P}(A)$的方法却不同：Ω中的样本点不满足古典概型的条件，因此在Ω中不能用古典概率计算公式计算事件A的概率；$\tilde{\Omega}$中的样本点满足古典概型的条件，因此在$\tilde{\Omega}$中可以用古典概率计算公式计算事件A的概率.

抓阄模型：袋中有n个阄，其中有r个幸运阄（$r \leqslant n$），n个人依次从袋中任意取一阄.

在抓阄模型中，人们常关心每个人抓到幸运阄的概率是否相同，即这样抓阄是否公平？为了回答此问题，需要讨论"n个人依次从袋中任意取一阄"的含义，不同的含义对应着不同的概率模型，问题的答案可能会有所不同.

当采用取后不放回的方法抓阄时，对应的是**不放回抓阄模型**，由例1.2.7的结论知此时每人抓到幸运阄的概率都相同，即抓阄是公平的；当采用取后放回的方法抓阄时，对应的是**放回抓阄模型**，此时每人抓到幸运阄的概率都相等（详见练习1.2.12），即抓阄是公平的.

例 1.2.8 (摸球问题) 袋中有r个红球与b个黑球. 现从中任取n个($0 \leqslant n \leqslant r+b$)，请对(1) 有放回；(2) 不放回两种方式求事件

$$E=\{\text{恰含}k\text{个红球}\}$$

的概率.

解 (1) 有放回情形. 把球看作可辨的，把摸出的球依次排成一排，不同的重复排列看成不同的样本点，则

$$n(\Omega)=(r+b)^n.$$

可按如下的过程实现E：第一步，从n个位置中确定k个红球的位置；第二步，从红球中有放回地取k个放入给定位置；第三步，从黑球中有放回地取$n-k$个放入其余位置. 由乘法原理，

$$n(E)=\binom{n}{k}r^k b^{n-k}.$$

从而

$$\mathbb{P}(E)=\binom{n}{k}\left(\frac{r}{r+b}\right)^k\left(\frac{b}{r+b}\right)^{n-k}.$$

(2) 不放回情形. 把球看作可辨，不同的不重复排列看成不同的样本点，则

$$n(\Omega) = \frac{(b+r)!}{(b+r-n)!}.$$

可按如下的过程实现E：第一步，从n个位置中选取k个放红球的位置；第二步，从红球中选取k个依次放入红球位置；第三步，从黑球中选取$n-k$个依次放入剩下的位置. 由乘法原理，

$$n(E) = \binom{n}{k} \frac{r!}{(r-k)!} \frac{b!}{(b-n+k)!}.$$

所以

$$\mathbb{P}(E) = \frac{\binom{r}{k}\binom{b}{n-k}}{\binom{b+r}{n}}.$$

■

在例1.2.8中，呈现了两个不同的问题背景：有放回情景和不放回情景. 这一例子说明：同一事件在不同的问题背景下的概率可能会不同.

例 1.2.9 (配对问题) 参加集会的n个人将他们自己的帽子混放在一起，会后参会人员依次任选一顶帽子戴上，并称第k次选帽人为第k人. 问第k人戴上自己帽子的概率是多少？

解 称第k人自己的帽子的编号为第k，那么选帽的结果可以用帽子编号的排列表示，排列中第k位置的数为第k人所选帽子的编号. 这样，不同排列的总数$n(\Omega) = n!$.

用A_k表示第k人戴上自己的帽子，实现A_k可以分两步完成：第一步，将第k号帽子放在排列的第k位置，共有1种方法；第二步，将其余的帽子放到剩余的$n-1$位置，共有$(n-1)!$种方法. 由乘法计数原理知

$$n(A_k) = 1 \times (n-1)! = (n-1)!,$$

因此第k人戴上自己帽子的概率$\mathbb{P}(A_k) = \dfrac{1}{n}$. ■

例1.2.9中所建的古典概型称为**配对模型**，该模型中的样本点可以用1至n的整数的排列来表示，关心的问题是排列中的第k位置的数是否等于k. 很多古典概率的计算问题可以用配对模型来解决，如信封和信件的配对问题，人和衣服的配对问题，等等.

此外，也可以用抓阄模型解答例1.2.9中的概率计算问题：将n个帽子看成是n 个阄，唯一的幸运阄是第k号帽子，则第k人抓到幸运阄的概率为$\frac{1}{n}$，即第k人戴上帽子的概率为$\frac{1}{n}$.

§1.2.4 几何概型的定义与例子

几何概率可以看作古典概型向无穷样本空间的一种推广，这种推广要求样本空间是n维欧氏空间可求“体积”的子集. 这里的“体积”在1维欧氏空间中是长度，在2维欧氏空间中是面积，在3维欧氏空间中是体积. 对于n维欧氏空间的可求“体积”的子集A，用$m(A)$表示A的体积.

如果样本空间$\Omega \subset \mathbb{R}^n$可求体积，用$\mathscr{C}$ 表示Ω的可求体积子集全体. 可验证$\mathscr{C}$为事件域，本小节所提事件均在$\mathscr{C}$中.

定义 1.2.2 若$\Omega \subset \mathbb{R}^n$可求体积，且$0 < m(\Omega) < +\infty$，则称

$$\mathbb{P}(A) = \frac{m(A)}{m(\Omega)} \tag{1.22}$$

为事件A的**几何概率**，称(1.22)为**几何概率计算公式**. 若任何事件的概率都等于该事件的几何概率，则称相应的模型为**几何概型**.

显然，在几何概型中，任何样本点的概率都为0. 下一章中将指出：反过来却不对，即任何样本点的概率都为0不能保证相应的概率模型为几何概型.

当样本空间是欧氏空间的一个子集时，概率模型为几何概型的充要条件是满足“等可能性”，即体积相同事件的概率相等. 实际应用中，这种等可能性是判断可否用(1.22)计算概率的条件.

例 1.2.10 在一张打上正方形格子的纸上任意投一枚直径为1的硬币. 求方格的边长a要多小才能使硬币与方格不相交的概率小于0.01.

解 建立平面直角坐标系，使得原点恰为硬币中心所落在的正方形格子的左下角. 记(x,y)为硬币圆心坐标，则

$$\Omega = \{(x,y) : 0 \leqslant x, y \leqslant a\}.$$

记$A = \{$硬币与方格不相交$\}$，则

$$A = \left\{(x,y) : \frac{1}{2} < x, y < a - \frac{1}{2}\right\},$$

所以

$$\mathbb{P}(A) = \left(\frac{a-1}{a}\right)^2.$$

特别取$a < \dfrac{10}{9}$时，$\mathbb{P}(A) < 0.01$. ∎

另一种解法 记ρ为硬币中心距最近一条线的距离，则

$$\Omega = \left\{\rho : 0 \leqslant \rho \leqslant \frac{a}{2}\right\},$$

$$A = \{\text{硬币与线不相交}\} = \left\{\rho : \frac{1}{2} < \rho \leqslant \frac{a}{2}\right\},$$

$$\mathbb{P}(A) = \frac{\frac{a}{2} - \frac{1}{2}}{\frac{a}{2}} = 1 - \frac{1}{a},$$

$$\mathbb{P}(A) < 0.01 \quad \text{当且仅当} \quad 1 - \frac{1}{a} < 0.01.$$

即$0.99a < 1$，亦即$a < \dfrac{100}{99}$.

为什么得到不同的结论，哪一个结论正确？后一种解法不正确，因为对于不同的ρ，增量$\mathrm{d}\rho$的面积不相等，这个增量是一个以$\left(\dfrac{a}{2}, \dfrac{a}{2}\right)$为中心的矩形边框.

例 1.2.11 (蒲丰投针问题) 桌上画满间隔均为a的平行线，向桌面上任投一枚长为$l < a$的针，如图1.3(a)所示，求事件$E = \{\text{针与某直线相交}\}$的概率.

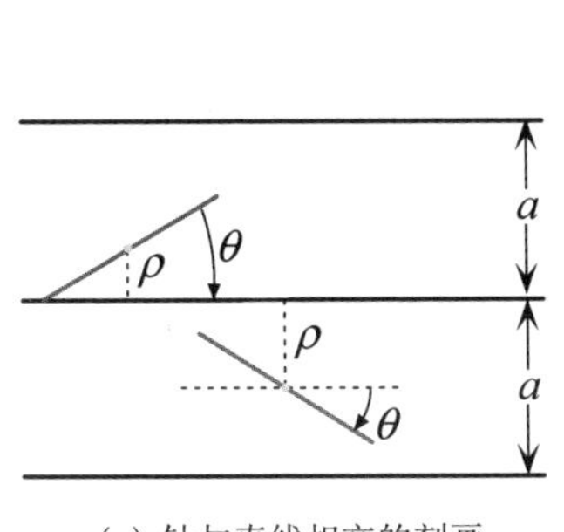

(a) 针与直线相交的刻画

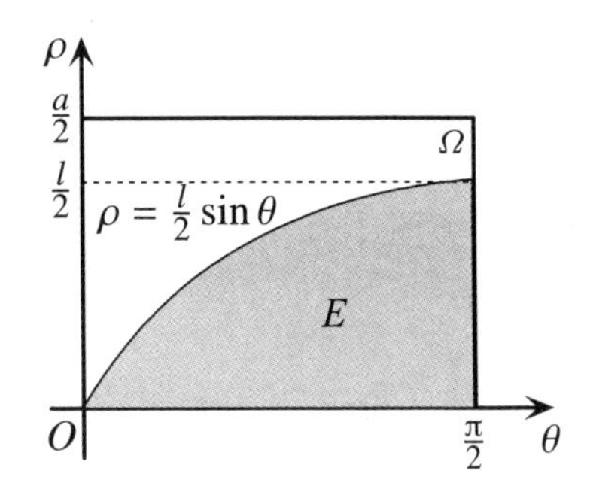

(b) 样本空间与事件E

图 1.3 蒲丰投针问题

解 用ρ表示针的中心点到最近直线的距离，θ为针与直线的夹角，则

$$\Omega=\left\{(\rho,\theta):\ 0\leqslant\rho\leqslant\frac{a}{2},0\leqslant\theta\leqslant\frac{\pi}{2}\right\},$$

如图1.3(a)所示，当针的顶点和线相交时，由直角三角形的性质得$\rho=\dfrac{l}{2}\sin\theta$，进而针与线相交的充要条件是$\rho\leqslant\dfrac{l}{2}\sin\theta$，即

$$E=\left\{(\rho,\theta)\in\Omega:\ \rho\leqslant\frac{l}{2}\sin\theta\right\}.$$

在以θ为横轴、ρ为纵轴的平面直角坐标系中，样本空间Ω和事件E分别为矩形和以$\rho=\dfrac{l}{2}\sin\theta$为顶的曲边梯形，如图1.3(b)所示. 显然

$$m(\Omega)=\frac{\pi a}{4},\quad m(E)=\int_0^{\frac{\pi}{2}}\frac{l\sin\theta}{2}\mathrm{d}\theta=\frac{l}{2},$$

由几何概率的计算公式得$\mathbb{P}(E)=\dfrac{2l}{\pi a}$. ∎

在实际应用中，常用频率替代概率以获得问题的近似解，这种解决问题的方法叫作**蒙特卡洛方法**(Monte Carlo method).

例 1.2.12 将投针实验重复n次，如果记录到m次针与线相交，求π的近似值.

解 由例1.2.11结论有$\dfrac{m}{n}\approx\dfrac{2l}{\pi a}$，即$\pi\approx\dfrac{2ln}{am}$. ∎

例 1.2.13 [贝特朗（Bertrand）悖论] 在单位圆（半径为1的圆）上任作一弦，求事件$E=\left\{\text{弦长大于}\sqrt{3}\right\}$的概率.

解法一 取定弦的一端A点，让另一端点在圆周上任意变化. 此时样本点由圆周上所有点构成，可用按逆时针方向从A点到另一端点的弧长x来刻画样本点，如图1.4(a)所示，即

$$\Omega=\{x:0<x\leqslant 2\pi\}.$$

而事件E等价于另一端点落在圆弧$\widehat{NM}$内，即

$$E=\left\{x:\frac{2\pi}{3}<x<\frac{4\pi}{3}\right\}.$$

由几何概率计算公式有$\mathbb{P}(E)=\dfrac{1}{3}$. ∎

解法二　将弦的中心C限制在给定的一直径EF上. 此时样本点由该直径上的所有点构成，可以用E到C的距离来刻画，如图1.4(b)所示，即

$$\Omega = \{x : 0 \leqslant x \leqslant 2\},$$

此时，事件E等价于C落在线段NM内，即

$$E = \left\{x : \frac{1}{2} < x < \frac{3}{2}\right\}.$$

由几何概率计算公式有$\mathbb{P}(E) = \dfrac{1}{2}$.　■

解法三　弦的中心C可以在单位圆内任意变化. 此时样本空间由单位圆内的所有点组成，如图1.4(c)所示，即

$$\Omega = \left\{(x, y) : x^2 + y^2 \leqslant 1\right\}.$$

此时，事件E等价于C落在小圆形区域内部，即

$$E = \left\{(x, y) : x^2 + y^2 < \left(\frac{1}{2}\right)^2\right\}.$$

由几何概率计算公式有$\mathbb{P}(E) = \dfrac{1}{4}$.　■

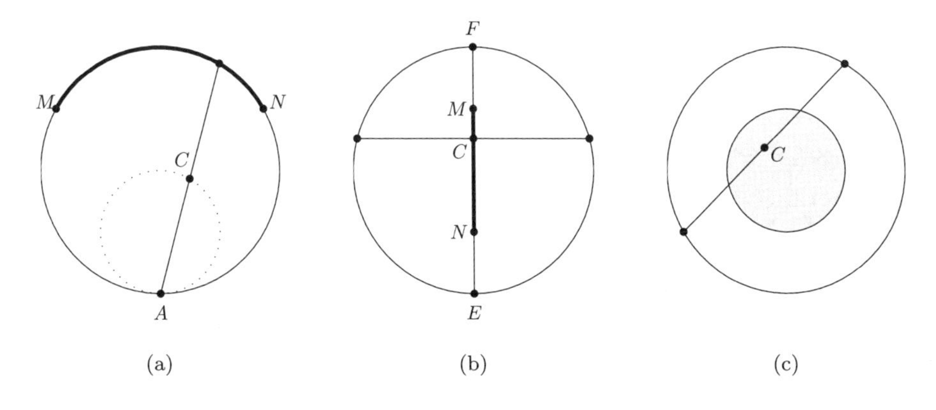

图 1.4　贝特朗悖论

同一事件E的概率为什么会不同？这是法国著名数学家贝特朗于1889年提出的问题，它困扰了许多数学家，由此引发人们对概率的概念与方法产生怀疑，后称为贝特朗悖论.

产生贝特朗悖论的关键在于："在单位圆上任作一弦"的含义不清，不同的解释会形成不同的概率空间. 为方便比较三种解法，可通过弦的中点坐标(x,y)等价刻画三种解法所使用的样本空间：解法一中的样本空间等价于

$$\Omega_1=\left\{(x,y):x^2+\left(y+\frac{1}{2}\right)^2=\left(\frac{1}{2}\right)^2\right\};\tag{1.23}$$

解法二中的样本空间等价于

$$\Omega_2=\{(x,y):x=0,|y|\leqslant 1\};\tag{1.24}$$

解法三中的样本空间等价于

$$\Omega_3=\left\{(x,y):x^2+y^2\leqslant 1\right\}.\tag{1.25}$$

显然，

$$\Omega_1\subset\Omega_3,\quad \Omega_2\subset\Omega_3.\tag{1.26}$$

下面考察Ω_3中的各个样本点的实际含义和事件"弦长大于$\sqrt{3}$"的表示方法. 以样本点$(0,0)$为中心的弦都是直径，即Ω_3中样本点$(0,0)$代表所有直径，这些直径的弦长都大于$\sqrt{3}$；对于非圆心点(x,y)，以该点为中心的弦唯一，该弦长度大于$\sqrt{3}$的充分必要条件是$x^2+y^2<\left(\frac{1}{2}\right)^2$. 因此用样本空间$\Omega_3$可以将事件"弦长大于$\sqrt{3}$"表达为

$$E=\left\{(x,y):x^2+y^2<\left(\frac{1}{2}\right)^2\right\}.\tag{1.27}$$

类似地，在Ω_2中，以样本点$(0,y)$为中心且垂直于y轴的弦唯一，该弦长度大于$\sqrt{3}$的充分必要条件是$y^2<\left(\frac{1}{2}\right)^2$. 因此在$\Omega_2$中，"弦长大于$\sqrt{3}$"的样本点全体为

$$\left\{(0,y):y^2<\left(\frac{1}{2}\right)^2\right\}=\left\{(x,y)\in\Omega_2:x^2+y^2<\left(\frac{1}{2}\right)^2\right\}=E\cap\Omega_2;\tag{1.28}$$

在Ω_1中，以样本点(x,y)为中心且垂直于y轴的弦唯一，该弦长度大于$\sqrt{3}$的充分必要条件是$x^2+y^2<\left(\frac{1}{2}\right)^2$，因此在$\Omega_1$中，"弦长大于$\sqrt{3}$"的样本点全体为

$$\left\{(x,y)\in\Omega_1:x^2+y^2<\left(\frac{1}{2}\right)^2\right\}=E\cap\Omega_1.\tag{1.29}$$

由(1.27)至(1.29)知：$E\cap\Omega_1$，$E\cap\Omega_2$和E是三个不同的事件，并且$E\cap\Omega_1\subset E$，$E\cap\Omega_2\subset E$，因此它们的概率有可能不等，即不能由三种解法的结论不同而怀疑概率的概念与方法.

进一步，由(1.27)知Ω_3中样本点能够刻画事件“弦长大于$\sqrt{3}$”中的所有弦，而由(1.28)和(1.29)知：Ω_1和Ω_2仅能刻画事件“弦长大于$\sqrt{3}$”中的部分弦. 因此用样本空间Ω_3来研究事件“弦长大于$\sqrt{3}$”的概率更为恰当.

一般地，研究具体随机现象过程中**构建样本空间的基本要求**是：所构建的样本空间能够描述该随机现象中的所有事件.

虽然样本空间Ω_3的结构更为合理，但在它上是否能用几何概率计算公式却是一个问题，这一问题的答案与生成弦的过程有关，下面以两个具体的生成弦的过程为例讨论这一问题.

在单位圆的圆周$\{(x,y):x^2+y^2=1\}$上任意投两点(x_1,y_1)和(x_2,y_2)，得到以这两点为端点的弦. 可以用沿顺时针方向从$(0,1)$到(x_i,y_i)的弧长l_i来等价刻画所投两点的位置，这样就可以用样本空间

$$\Omega_4=\{(l_1,l_2):0<l_1,l_2\leqslant 2\pi\} \tag{1.30}$$

来研究事件“弦长大于$\sqrt{3}$”的概率问题. 由于弦的端点是通过任意投点产生的，因此在样本空间Ω_4中，各个事件的概率可以用几何概型的概率计算公式来计算. 需要注意的是：此时也可以用样本空间Ω_3 来表达事件“弦长大于$\sqrt{3}$”的概率，但却不能在Ω_3中用几何概率计算公式计算该概率（详见练习1.2.15）.

类似地，在圆$\{(x,y):x^2+y^2\leqslant 1\}$上任意投一点，做以该点为中心的弦. 这样，样本空间Ω_3中的各个事件的概率就可以用几何概型的概率计算公式来计算，并且可以用Ω_3中的样本点将事件“弦长大于$\sqrt{3}$”表示为(1.27)，进而可以用几何概率计算公式计算事件“弦长大于$\sqrt{3}$”的概率. 但此时样本空间Ω_4却不满足几何概型的假设条件，进而不能用几何概率计算公式计算样本空间Ω_4中事件的概率（详见练习1.2.16）.

§1.2.5　练习题

练习 1.2.1　用计数原理证明

$$\sum_{i=1}^{n} i\binom{n}{i}=n2^{n-1}.$$

练习 1.2.2　把n个不同的元素分成r组，使各组中元素的个数分别为n_i，$1\leqslant i\leqslant r$，问有多少种不同的分组方法？

练习 1.2.3 袋中有r个红球与b个黑球，现一一摸出，直至剩下同色球为止，求剩下的全是红球的概率.

练习 1.2.4 甲投掷$n+1$个，乙投掷n个均匀硬币，求甲得正面比乙多的概率.

练习 1.2.5 从0至9这十个数中不放回地取出四个依次排好，求恰排成一个四位偶数的概率.

练习 1.2.6 袋中有n个球，分别标有号码$1,2,\cdots,n$. 从中任意不放回地取出k个球，求取出的球中有第i号球的概率.

练习 1.2.7 将r个红球与b个黑球任排成一列$(r\leqslant b)$,求没有两个红球相邻的概率.

练习 1.2.8 袋中有r个红球与b个黑球，现有放回地任意摸球，直到摸出i个红球为止，求恰好摸k次的概率.

练习 1.2.9 在单位圆的圆周上任取三点A,B,C，求事件

$$E=\{\triangle ABC\text{为锐角三角形}\}$$

的概率.

练习 1.2.10 把长为l的线段任意折成3段，求它们可构成一个三角形的概率.

练习 1.2.11 向面积为S的$\triangle ABC$内任投一点P,求$\triangle PBC$的面积小于$\dfrac{S}{2}$的概率.

练习 1.2.12 **(取后放回抓阄问题)** 袋中有r个红球与b个黑球，现任用取后放回的方法从袋中依次任意取球，求事件$R_k=\{\text{第}k\text{次摸出红球}\}$ 的概率.

练习 1.2.13 **(取后放回摸球问题)** 袋中有r个红球与b个黑球。现从中任取n个$(0\leqslant n\leqslant r+b)$，使对(1)放回；(2)不放回两种方式求事件$E=\{\text{恰含}k\text{个红球}\}$ 的概率。

练习 1.2.14 圆周$\{(x,y):x^2+y^2=1\}$上任意投两点，求“两点间距离大于$\sqrt{3}$”的概率.

练习 1.2.15 圆周$\{(x,y):x^2+y^2=1\}$上任意投两点，用(x,y)表示所投两点连线的中点坐标，建立样本空间

$$\widetilde{\Omega}=\{(x,y):x^2+y^2\leqslant 1\},$$

事件域

$$\mathscr{F}=\left\{C\cap\widetilde{\Omega}:C\in\mathscr{B}^2\right\}.$$

证明不能用几何概率计算公式计算$\mathscr{F}$中事件的概率.

练习 1.2.16 在圆$\{(x,y):x^2+y^2\leqslant 1\}$上任意投一点，做以该点为中心的弦

$$E=\left\{\text{弦长大于}\sqrt{3}\right\}.$$

取定点$a=(0,1)$，用s和t表示从a点到所得弦的两个端点在圆周$\{(x,y):x^2+y^2=1\}$上按顺时针方向的弧长，建立样本空间

$$\widetilde{\Omega}=\{(s,t):0<s,t\leqslant 2\pi\},$$

事件域

$$\mathscr{F}=\left\{C\cap\widetilde{\Omega}:C\in\mathscr{B}^2\right\}.$$

证明在$\widetilde{\Omega}$上不能用几何概率计算公式计算事件E的概率.

第 2 章　概率空间

19世纪末20世纪初，已经出现了概率论公理的思想萌芽. 苏联数学家柯尔莫戈洛夫(Kolmogorov)于1933年出版的《概率论的基本概念》，标志着概率论的公理化体系的建立，为现代概率论的发展奠定了基础. 本章主要介绍概率论的公理化定义、条件概率的定义和事件的独立性等概念及简单性质.

§2.1　概率空间及简单性质

为研究随机现象，我们在§1.1中定义了样本空间、事件域和事件的概念. 在随机现象中，不能预知特定事件是否出现，我们感兴趣的是它出现的概率（可能性）有多大，以及概率的性质.

经过长期研究，人们意识到事件的频率与其概率之间存在着内在的联系，并由此猜测出概率应该具备频率的一些性质，如非负性、规范性和可加性. 在此基础上，将可加性抽象为可列可加性，自然形成了概率公理体系.

定义 2.1.1　对Ω上事件域$\mathscr{F}$，若从$\mathscr{F}$到实数空间上的映射$\mathbb{P}$满足如下条件：

1° **非负性**：$\forall A \in \mathscr{F}$有$\mathbb{P}(A) \geqslant 0$;

2° **规范性**：$\mathbb{P}(\Omega) = 1$;

3° **可列可加性**：对于两两不相容的集列$\{A_n\} \subset \mathscr{F}$有

$$\mathbb{P}\left(\bigcup_{n=1}^{\infty} A_n\right) = \sum_{n=1}^{\infty} \mathbb{P}(A_n), \tag{2.1}$$

则称$\mathbb{P}$为$\mathscr{F}$上的**概率测度**，简称为**概率**；称$(\Omega, \mathscr{F}, \mathbb{P})$为**概率空间**.

人们称$1^\circ \sim 3^\circ$为**概率的公理**. 在本书中，总是用符号$\mathbb{P}$表示概率. $\mathbb{P}$为事件域到实数空间的一种映射，描述了所有事件发生的可能性；概率空间有广泛的适用性，在此基础上关于概率的研究结果具有普适性，能用于各个行业. 对于特定事件$A \in \mathscr{F}$，$\mathbb{P}(A)$表示概率在事件A处的值，称为**事件A的概率**.

案例 2.1　对于样本空间Ω的子集A，取$\mathscr{F} = \{\varnothing, A, \bar{A}, \Omega\}$，$0 < p < 1$，$q = 1 - p$，定义

$$\mathbb{P}(A) \triangleq p, \quad \mathbb{P}(\overline{A}) \triangleq q, \quad \mathbb{P}(\varnothing) \triangleq 0, \quad \mathbb{P}(\Omega) \triangleq 1,$$

则$(\Omega, \mathscr{F}, \mathbb{P})$为概率空间，称为**伯努利概率空间**. 习惯上称p为**成功概率**.

对于指定的样本空间Ω和事件域$\mathscr{F}$，可以有不同的映射都满足概率的基本公理，即定义在$\mathscr{F}$上的概率不唯一. 如在案例2.1中的概率$\mathbb{P}$与成功概率p有关，不同的成功概率对应着不同的概率.

案例 2.2　样本空间$\Omega = \{\omega_1, \omega_2, \cdots, \omega_n\}$，$\mathscr{F}$由$\Omega$的一切子集所构成. $\forall A \in \mathscr{F}$，定义

$$\mathbb{P}(A) \triangleq \sum_{i:\, \omega_i \in A} p_i,$$

其中$0 \leqslant p_i$，$1 \leqslant i \leqslant n$，满足$\sum\limits_{i=1}^{n} p_i = 1$. 则$(\Omega, \mathscr{F}, \mathbb{P})$为概率空间，称为**有限概率空间**. 特别地，当$p_i \equiv \dfrac{1}{n}$时，称有限概率空间为**古典概率空间**.

案例 2.3　样本空间$\Omega = \{\omega_1, \omega_2, \cdots, \omega_n\}$，$\mathscr{F}$ 由Ω的一切子集所构成. $\forall A \in \mathscr{F}$，定义

$$\mathbb{P}(A) \triangleq \sum_{i:\, \omega_i \in A} p_i,$$

其中$0 \leqslant p_i$，$i = 1, 2, \cdots$，满足$\sum\limits_{i=1}^{\infty} p_i = 1$. 则$(\Omega, \mathscr{F}, \mathbb{P})$为概率空间，称为**可数概率空间**.

在可数概率空间中，事件A的概率和有限概率空间中的表达形式相同，不同的是这里的A中可能包含无限多个样本点，此时定义的右端是可数和. 为交流方便，将有限概率空间和可数概率空间统称为**离散概率空间**.

案例 2.4　用$\mathscr{C}$表示$\mathbb{R}^n$的所有可求体积子集全体，$m(A)$表示$A \in \mathscr{C}$的体积. 若$\Omega \in \mathscr{C}$满足$0 < m(\Omega) < \infty$，记

$$\mathscr{F} = \mathscr{C} \cap \Omega \triangleq \{B \cap \Omega :\, B \in \mathscr{C}\}.$$

定义

$$\mathbb{P}(A) \triangleq \frac{m(A)}{m(\Omega)}, \quad \forall A \in \mathscr{F},$$

则$(\Omega,\mathscr{F},\mathbb{P})$为概率空间，称为$\Omega$上的**几何概率空间**.

在几何概率空间中，样本空间中有无穷多个样本点，每个样本点出现的概率都为0，这与离散概率空间不同.

定理2.1.1 设$(\Omega,\mathscr{F},\mathbb{P})$为概率空间，如下结论成立.

4° $\mathbb{P}(\varnothing)=0$.

5° **有限可加性**：$\forall$两两不相容$A_1,A_2,\cdots,A_n\in\mathscr{F}$有

$$\mathbb{P}\left(\bigcup_{i=1}^{n}A_i\right)=\sum_{i=1}^{n}\mathbb{P}(A_i).$$

6° **可减性**：对任何事件$A\subset B$有

$$\mathbb{P}(B-A)=\mathbb{P}(B)-\mathbb{P}(A).$$

7° **单调性**：对任何事件$A\subset B$有

$$\mathbb{P}(A)\leqslant\mathbb{P}(B).$$

8° $\mathbb{P}(\bar{A})=1-\mathbb{P}(A)$.

9° **下连续性**：若事件$A_n\subset A_{n+1},n\geqslant 1$，则

$$\mathbb{P}\left(\bigcup_{n=1}^{\infty}A_n\right)=\lim_{n\to\infty}\mathbb{P}(A_n).$$

10° **上连续性**：若事件$A_n\supset A_{n+1},n\geqslant 1$，则

$$\mathbb{P}\left(\bigcap_{n=1}^{\infty}A_n\right)=\lim_{n\to\infty}\mathbb{P}(A_n).$$

11° **次可加性**：$\forall A_n\in\mathscr{F},n\geqslant 1$，有

$$\mathbb{P}\left(\bigcup_{n=1}^{\infty}A_n\right)\leqslant\sum_{n=1}^{\infty}\mathbb{P}(A_n).$$

12° **加法定理**：$\forall A_1,A_2,\cdots,A_n\in\mathscr{F}$，

$$\mathbb{P}\left(\bigcup_{i=1}^{n}A_i\right)=\sum_{k=1}^{n}(-1)^{k-1}\sum_{1\leqslant i_1<i_2<\cdots<i_k\leqslant n}\mathbb{P}\left(A_{i_1}A_{i_2}\cdots A_{i_k}\right).$$

证明 由$\varnothing = \bigcup\limits_{i=1}^{\infty} \varnothing$和可列可加性得$\mathbb{P}(\varnothing) = \sum\limits_{k=1}^{\infty} \mathbb{P}(\varnothing)$，再由非负性得4°；对于$k \geqslant 1$，取$A_{n+k} = \varnothing$. 由可列可加性和4°得有限可加性；由$A \subset B$知$B = A \cup (B - A)$，且$A \cap (B - A) = \varnothing$，再由可加性得$\mathbb{P}(B) = \mathbb{P}(A) + \mathbb{P}(B - A)$ 即可减性成立；由可减性和非负性得单调性；由$\bar{A} = \Omega - A$, 可减性和规范性得8°.

由$A_n \subset A_{n+1}$得$\bigcup\limits_{n=1}^{\infty} A_n = \bigcup\limits_{n=1}^{\infty} (A_n - A_{n-1})$，其中$A_0 = \varnothing$. 再由可列可加性和可减性得

$$\begin{aligned}\mathbb{P}\left(\bigcup_{n=1}^{\infty} (A_n - A_{n-1})\right) &= \sum_{n=1}^{\infty} \mathbb{P}(A_n - A_{n-1}) = \sum_{n=1}^{\infty} (\mathbb{P}(A_n) - \mathbb{P}(A_{n-1})) \\ &= \lim_{n\to\infty} \sum_{k=1}^{n} (\mathbb{P}(A_k) - \mathbb{P}(A_{k-1})) = \lim_{n\to\infty} \mathbb{P}(A_n),\end{aligned}$$

即下连续性9°成立.

由$A_n \supset A_{n+1}$得$\overline{A_n} \subset \overline{A_{n+1}}$，由对偶法则和下连续性得

$$\begin{aligned}\mathbb{P}\left(\bigcap_{n=1}^{\infty} A_n\right) &= 1 - \mathbb{P}\left(\bigcup_{n=1}^{\infty} \overline{A_n}\right) = 1 - \lim_{n\to\infty} \mathbb{P}(\overline{A_n}) \\ &= 1 - \lim_{n\to\infty} (1 - \mathbb{P}(A_n)) = \lim_{n\to\infty} \mathbb{P}(A_n),\end{aligned}$$

即上连续性10°成立.

由于$\bigcup\limits_{n=1}^{\infty} A_n = \bigcup\limits_{n=1}^{\infty} \left(A_n - \left(\bigcup\limits_{k=1}^{n-1} A_k\right)\right)$，利用可列可加性和单调性得

$$\mathbb{P}\left(\bigcup_{n=1}^{\infty} \left(A_n - \left(\bigcup_{k=1}^{n-1} A_k\right)\right)\right) = \sum_{n=1}^{\infty} \mathbb{P}\left(A_n - \left(\bigcup_{k=1}^{n-1} A_k\right)\right) \leqslant \sum_{n=1}^{\infty} \mathbb{P}(A_n),$$

即次可加性11°成立.

下用数学归纳法证明加法定理12°成立. 当$n = 1$时加法定理显然成立. 设在n时加法定理成立，往证$n + 1$时加法定理成立. 记

$$B = \bigcup_{i=1}^{n} A_i, \quad C = A_{n+1},$$

则$B \cup C = (B - C) \cup (C - B) \cup (B \cap C)$，由有限可加性和可减性得

$$\mathbb{P}\left(\bigcup_{i=1}^{n+1} A_i\right) = \mathbb{P}(B \cup C) = \mathbb{P}(B - C) + \mathbb{P}(C - B) + \mathbb{P}(B \cap C)$$

$$
\begin{aligned}
&= \mathbb{P}(B-(B\cap C))+\mathbb{P}(C-(B\cap C))+\mathbb{P}(B\cap C)\\
&= \mathbb{P}(B)-\mathbb{P}(B\cap C)+\mathbb{P}(C)-\mathbb{P}(B\cap C)+\mathbb{P}(B\cap C)\\
&= \mathbb{P}(B)+\mathbb{P}(C)-\mathbb{P}(B\cap C). \qquad (2.2)
\end{aligned}
$$

由归纳假设

$$
\mathbb{P}(B)=\mathbb{P}\left(\bigcup_{i=1}^{n}A_i\right)=\sum_{k=1}^{n}(-1)^{k-1}\sum_{1\leqslant i_1<\cdots<i_k\leqslant n}\mathbb{P}(A_{i_1}\cdots A_{i_k}),
$$

$$
\begin{aligned}
\mathbb{P}(B\cap C)&=\mathbb{P}\left(\bigcup_{i=1}^{n}(A_i\cap A_{n+1})\right)\\
&=\sum_{k=1}^{n}(-1)^{k-1}\sum_{1\leqslant i_1<\cdots<i_k\leqslant n}\mathbb{P}(A_{i_1}\cdots A_{i_k}A_{n+1})\\
&=\sum_{k=2}^{n+1}(-1)^{k}\sum_{1\leqslant i_1<\cdots<i_{k-1}\leqslant n}\mathbb{P}\left(A_{i_1}\cdots A_{i_{k-1}}A_{n+1}\right),
\end{aligned}
$$

将上面两式代入(2.2)得

$$
\begin{aligned}
\mathbb{P}\left(\bigcup_{i=1}^{n+1}A_i\right)&=\sum_{k=1}^{n}(-1)^{k-1}\sum_{1\leqslant i_1<\cdots<i_k\leqslant n}\mathbb{P}(A_{i_1}\cdots A_{i_k})+\mathbb{P}(A_{n+1})\\
&\quad-\sum_{k=2}^{n+1}(-1)^{k}\sum_{1\leqslant i_1<\cdots<i_{k-1}\leqslant n}\mathbb{P}\left(A_{i_1}\cdots A_{i_{k-1}}A_{n+1}\right)\\
&=\sum_{k=1}^{n+1}(-1)^{k-1}\sum_{1\leqslant i_1<\cdots<i_k\leqslant n+1}\mathbb{P}(A_{i_1}\cdots A_{i_k}),
\end{aligned}
$$

即加法定理成立. ∎

在第1章中提到在概率的频率学派定义之下，不能证明古典概型中的概率计算公式(1.19). 现在基于概率的公理，可以完成这一任务.

例 2.1.1 证明定理1.2.1.

证明 不妨设$\Omega=\{\omega_1,\omega_2,\cdots,\omega_n\}$，事件域$\mathscr{F}$由样本空间的全体子集所构成，概率$\mathbb{P}$满足古典概型的等可能性条件，即

$$
\mathbb{P}(\{\omega_k\})=\mathbb{P}(\{\omega_1\}),\quad 1\leqslant k\leqslant n,
$$

则由概率的规范性和有限可加性得$\mathbb{P}(\{\omega_k\})=\dfrac{1}{n}$，再由概率的有限可加性即可得定理1.2.1结论. ∎

例 2.1.2 n对夫妇任意在一排$2n$个椅子上就座，求事件$A=\{$有夫妇不相邻$\}$的概率.

解 记$\bar{A}=\{$所有夫妇都相邻$\}$，则$n(\Omega)=(2n)!$，$n\left(\bar{A}\right)=n!2^n$. 所以

$$\mathbb{P}(A)=1-\mathbb{P}\left(\bar{A}\right)=1-\frac{1}{(2n-1)!!}.$$

■

计算事件A的概率时，先判断A和$\bar{A}$中哪一个事件的概率更容易计算，或许可达事半功倍的效果.

例 2.1.3 (蒲丰投针问题续) 桌上画满间隔均为a的平行线，向桌面上任投一直径为l（$l<a$）的半圆，求事件

$$E=\{\text{半圆与某直线相交}\}$$

的概率.

解 设想有一个新的半圆和题目中所考虑的半圆恰好构成一个圆，并记

$$F=\{\text{新的半圆与某直线相交}\}.$$

则

$$E\cap F=\{\text{长为}l\text{的针与某直线相交}\},$$
$$E\cup F=\{\text{直径为}l\text{的圆与某直线相交}\}.$$

利用例1.2.11结论和几何概率计算公式易得

$$\mathbb{P}(E\cap F)=\frac{2l}{\pi a},\quad \mathbb{P}(E\cup F)=\frac{l/2}{a/2}=\frac{l}{a}.$$

由$\mathbb{P}(E)=\mathbb{P}\left(F\right)$和加法定理得

$$\mathbb{P}\left(E\cup F\right)=\mathbb{P}(E)+\mathbb{P}(F)-\mathbb{P}(E\cap F)=2\mathbb{P}(E)-\mathbb{P}(E\cap F).$$

所以$\mathbb{P}(E)=\dfrac{l\pi+2l}{2\pi a}$. ■

如果直接用几何概型，由于半圆的不对称性，很难定义概率空间. 而圆和针与直线相交的概率更容易求得，再借助概率的性质解决本题中的概率计算问题.

§2.1.1 练习题

练习 2.1.1 在案例2.1中定义

$$\tilde{\mathbb{P}}(\Omega)=\tilde{\mathbb{P}}(A)=1,\quad \tilde{\mathbb{P}}(\bar{A})=\tilde{\mathbb{P}}(\varnothing)=0,$$

证明$\tilde{\mathbb{P}}$为概率.

练习 2.1.2 将一枚质地均匀的骰子投掷n次，求所得最大点数为4的概率.

练习 2.1.3 从一副扑克牌中有放回地任意抽取n张$(n\geqslant 4)$，求这n张牌包含全部4 种花色的概率.

练习 2.1.4 n对夫妇任意围成一圆桌就坐，求有夫妇不相邻的概率.

练习 2.1.5 从n阶行列式的一般展开式中任意抽取一项，问这项包含主对角线元素的概率是多少.

练习 2.1.6 向画满间隔为a的平行直线的桌面上任投一三角形. 假设该三角形的三条边长l_1, l_2和l_3均小于a，求此三角形与某直线相交的概率.

练习 2.1.7 设$\mathbb{P}(A)+\mathbb{P}(B)=1$，证明$\mathbb{P}(AB)=\mathbb{P}(\bar{A}\bar{B})$.

练习 2.1.8 证明

$$\mathbb{P}\left(\underline{\lim}_{n\to\infty} A_n\right)\leqslant \underline{\lim}_{n\to\infty}\mathbb{P}(A_n),$$
$$\mathbb{P}\left(\overline{\lim}_{n\to\infty} A_n\right)\geqslant \overline{\lim}_{n\to\infty}\mathbb{P}(A_n).$$

练习 2.1.9 对于任意n个事件A_n，证明

$$\mathbb{P}\left(\bigcap_{k=1}^{n} A_k\right)\geqslant \sum_{k=1}^{n}\mathbb{P}(A_k)-n+1.$$

练习 2.1.10 有一个空箱子和编号依次为n的球，$n\geqslant 1$. 在11点$\left(58+\sum\limits_{i=0}^{n-1}\left(\frac{1}{2}\right)^i\right)$分往箱中放入编号是$(10n-9)$至$10n$的10个球，同时按如下的三种方式之一从箱中取出球:

(1) 取出第$(10n-9)$号球;

(2) 取出第n号球;

(3) 从箱中任取一球.

分别在上述三种情况下求事件$A = \{$在12点整箱子空$\}$的概率.

练习 2.1.11 参加集会的n个人的帽子放在一起，会后每人任取一顶戴上，求恰有k人戴上自己帽子的概率.

§2.2 条件概率

在实际中，常会在某些附加条件下考虑事件$A \in \mathscr{F}$的概率. 一个自然的问题是附加条件是否会改变A的概率？实际上，附加条件相当于所感兴趣的样本点必需满足所附加的条件，这样的样本点全体构成样本空间的一个子集$\tilde{\Omega}$，结果得到一个新的概率空间$\left(\tilde{\Omega}, \tilde{\mathscr{F}}, \tilde{\mathbb{P}}\right)$. 现在的问题是$\tilde{\mathbb{P}}$应该如何定义？它与$\mathbb{P}$之间有何联系？本节将讨论这些问题.

§2.2.1 条件概率的定义

首先研究一个简单的例子，从$1, 2, \cdots, 10$中任意取一个数，记

$$A = \{\text{取出的数大于}3\}, \quad B = \{\text{取出的数为偶数}\},$$

显然

$$\mathbb{P}(A) = \frac{7}{10}, \quad \mathbb{P}(B) = \frac{1}{2}.$$

如果事先已经知道取出的是偶数，问A发生的概率$\mathbb{P}(A|B)$是多少？此时所有可能出现的数为2，4，6，8，10，并且各个数出现的概率相等，由古典概率计算公式可得

$$\mathbb{P}(A|B) = \frac{n(AB)}{n(B)} = \frac{4}{5}, \tag{2.3}$$

这个概率与事件A的概率已经不相等.

上述问题背景中，条件“已经知道取出的是偶数”，相当于将样本空间Ω缩小为$\widetilde{\Omega} = B$；事件“取出的数大于3”缩小为事件“取出的数为大于3的偶数”，即事件A缩小为事件AB；概率变为$\tilde{\mathbb{P}}(A) = \mathbb{P}(A|B)$.

下面讨论$\tilde{\mathbb{P}}(A)$与$\mathbb{P}(A)$及$\mathbb{P}(AB)$之间的联系. 由

$$\frac{n(AB)}{n(\Omega)} = \mathbb{P}(AB), \quad \frac{n(B)}{n(\Omega)} = \mathbb{P}(B),$$

以及(2.3)可得

$$\tilde{\mathbb{P}}(A) = \frac{\mathbb{P}(AB)}{\mathbb{P}(B)}.$$

这种联系可以推广到一般情形.

定义 2.2.1 设$(\Omega, \mathscr{F}, \mathbb{P})$为概率空间，$B \in \mathscr{F}$，满足条件$\mathbb{P}(B) > 0$. $\forall A \in \mathscr{F}$，称

$$\mathbb{P}(A|B) \triangleq \frac{\mathbb{P}(AB)}{\mathbb{P}(B)} \tag{2.4}$$

为**已知事件B发生情况下A的条件概率**，简称为**给定B下A的条件概率**，或**A的条件概率**，或**条件概率**.

显然，在定义中条件概率$\mathbb{P}(A|B)$作为事件A的函数满足非负性，规范性和可列可加性，也是定义在事件域$\mathscr{F}$上的概率，即$\left(\Omega,\mathscr{F},\tilde{\mathbb{P}}\right)$也为概率空间，其中

$$\tilde{\mathbb{P}}(A)=\mathbb{P}(A|B),\quad \forall A\in\mathscr{F}.$$

进一步，记

$$\tilde{\Omega}=\Omega\cap B,\quad \tilde{\mathscr{F}}=\{A\cap B:A\in\mathscr{F}\},$$

则$\tilde{\mathbb{P}}$也是定义在$\tilde{\mathscr{F}}$上的概率，即

$$\left(\tilde{\Omega},\tilde{\mathscr{F}},\tilde{\mathbb{P}}\right)\tag{2.5}$$

也为概率空间，称为**条件概率空间**. 显然，$\tilde{\Omega}\subset\Omega$，$\tilde{\mathscr{F}}\subset\mathscr{F}$，即条件概率空间(2.5)是在已知事件$B$发生的情况下$(\Omega,\mathscr{F},\mathbb{P})$的缩减概率空间，这个缩减概率空间中的概率$\tilde{\mathbb{P}}$和$\mathbb{P}$相差一个常数因子，即

$$\tilde{\mathbb{P}}(A)=\frac{1}{\mathbb{P}(B)}\mathbb{P}(A),\quad \forall A\in\tilde{\mathscr{F}}.\tag{2.6}$$

计算条件概率方法分为两大类，第一类是利用定义(2.4)计算，第二类是利用条件概率空间(2.5)计算. 特别地，由(2.6)知：当$(\Omega,\mathscr{F},\mathbb{P})$为古典概率空间时，条件概率空间(2.5)也为古典概率空间；当$(\Omega,\mathscr{F},\mathbb{P})$为几何概率空间时，条件概率空间(2.5)也为几何概率空间. 这一性质有助于古典概率空间和几何概率空间中的条件概率计算.

§2.2.2　乘法公式

从条件概率的定义可以得到$\mathbb{P}(AB)=\mathbb{P}(B)\mathbb{P}(A|B)$，这个性质可以推广为定理2.2.1.

定理2.2.1 (乘法公式)　设$(\Omega,\mathscr{F},\mathbb{P})$为概率空间，$A_i\in\mathscr{F}$，$1\leqslant i\leqslant n$. 如果$\mathbb{P}(A_1A_2\cdots A_{n-1})>0$，则

$$\mathbb{P}(A_1A_2\cdots A_n)=\mathbb{P}(A_1)\times\mathbb{P}(A_2|A_1)\times\cdots\times\mathbb{P}(A_n|A_1A_2\cdots A_{n-1}),\tag{2.7}$$

并称(2.7)为**概率乘法公式**，简称为**乘法公式**.

证明　将条件概率的定义代入即有结论. ∎

例 2.2.1 (结绳问题) 将n根绳的$2n$个头任意两两相接，求事件$A = \{$恰结成n个圈$\}$的概率.

解 记$B_i = \{$第i次结成绳圈$\}$，则$A = \bigcap_{i=1}^{n} B_i$，且

$$\mathbb{P}(B_1) = \frac{2n(2n-2)!}{(2n)!} = \frac{1}{2n-1}. \tag{2.8}$$

当已知$B_1B_2\cdots B_k$发生时，相当于n根绳子中已经有k根绳子结成圈，结果只剩下$2(n-k)$个绳头. 此时事件B_{k+1}等价于剩下的$2(n-k)$个绳头任意两两相接，在第一次结成绳圈. 利用(2.8)得

$$\mathbb{P}(B_{k+1}|B_1B_2\cdots B_k) = \frac{1}{2(n-k)-1}, \quad k = 1, 2, \cdots, n-1.$$

由乘法公式

$$\mathbb{P}(A) = \prod_{k=0}^{n-1} \frac{1}{2(n-k)-1} = \frac{1}{(2n-1)!!}.$$

∎

这里用了缩小样本空间的思路计算条件概率$\mathbb{P}(B_{k+1}|B_1B_2\cdots B_k)$.

§2.2.3 全概率公式

可以通过分割样本空间，借助于条件概率和乘法公式简化概率的计算. 为介绍这种概率计算方法，先引进几个符号及概念.

本书中，$\{B_n\}$特指该事件类中仅有有限或可数个事件，$\bigcup_n B_n$表示$\{B_n\}$中所有事件之并，$\bigcap_n B_n$表示$\{B_n\}$中所有事件之交，$\sum_n \mathbb{P}(B_n)$表示$\{B_n\}$中各个事件的概率之和.

定义 2.2.2 设$(\Omega, \mathscr{F}, \mathbb{P})$为概率空间. 如果两两不相容事件列$\{B_n\}$满足条件$\bigcup_n B_n = \Omega$, 那么称$\{B_n\}$为$\Omega$的一个**分割**.

定理2.2.2 (全概率公式) 设$(\Omega, \mathscr{F}, \mathbb{P})$为概率空间，$\{B_n\}$为$\Omega$的一个分割, 且$\mathbb{P}(B_n) > 0$，则

$$\mathbb{P}(A) = \sum_n \mathbb{P}(B_n)\mathbb{P}(A|B_n), \quad \forall A \in \mathscr{F}, \tag{2.9}$$

并称(2.9)为**全概率公式**.

证明 显然

$$A = A\left(\bigcup_n B_n\right) = \bigcup_n (AB_n).$$

而$\{AB_n\}$两两不相容，由概率可列（有限）可加性和乘法公式得

$$\mathbb{P}(A) = \sum_n \mathbb{P}(AB_n) = \sum_n \mathbb{P}(B_n)\mathbb{P}(A|B_n).$$

∎

例 2.2.2 (广义摸球问题) 袋中有r个红球与b个黑球，每次从袋中任意摸出1个球并连同s个同色球一起放回. 以R_n表示第n次摸出红球，证明

$$\mathbb{P}(R_n) = \frac{r}{r+b}.$$

证明 对n用归纳法. $n=1$时显然结论成立. 假设$n-1$时结论成立，则

$$\begin{aligned}\mathbb{P}(R_n) &= \mathbb{P}(R_1)\mathbb{P}(R_n|R_1) + \mathbb{P}(\bar{R}_1)\mathbb{P}(R_n|\bar{R}_1),\\ &= \frac{r}{r+b}\mathbb{P}(R_n|R_1) + \frac{b}{r+b}\mathbb{P}(R_n|\bar{R}_1).\end{aligned}$$

由归纳假设得

$$\mathbb{P}(R_n|R_1) = \frac{r+s}{r+b+s}, \quad \mathbb{P}(R_n|\bar{R}_1) = \frac{r}{r+b+s},$$

代入前面式子，得n时结论成立. ∎

例 2.2.3 (轮流投掷骰子问题) 甲、乙轮流投掷一枚均匀骰子. 甲先投掷，以后每当某人投掷出一点时交给对方投掷，否则此人继续投掷. 求$A_n = \{$第n次由甲投掷$\}$的概率.

解 记$p_n = \mathbb{P}(A_n)$，由全概率公式

$$\begin{aligned}p_n &= \mathbb{P}(A_{n-1})\mathbb{P}(A_n|A_{n-1}) + \mathbb{P}(\bar{A}_{n-1})\mathbb{P}(A_n|\bar{A}_{n-1})\\ &= p_{n-1}\cdot\frac{5}{6} + (1-p_{n-1})\cdot\frac{1}{6}\\ &= \frac{2}{3}p_{n-1} + \frac{1}{6}, \quad n>1,\end{aligned}$$

递推得

$$p_n = \left(\frac{2}{3}\right)^{n-1} p_1 + \frac{1}{6}\sum_{k=0}^{n-2}\left(\frac{2}{3}\right)^k = \frac{1}{2}\left(1+\left(\frac{2}{3}\right)^{n-1}\right).$$

∎

在例2.2.3中用A_{n-1}和$\bar{A}_{n-1}$作为样本空间的分割，使得条件概率容易计算. 在利用全概率公式计算概率时，关键是正确分割样本空间，使得所涉及的各个条件概率都容易计算.

定义 2.2.3 对于正整数a，质点在数轴的整数点上按如下规律运动：

1° 质点位于$i \in (0,a)$时，下一步以概率p向右移动到$i+1$，以概率$q = 1-p$移动到$i-1$；

2° 质点到达0或a后就停止运动.

称这种运动为$[0,a]$上的**随机游动**或**随机徘徊**，称0或a为**吸收壁**。

例 2.2.4 (随机游动问题) 考虑$[0,a]$上的随机徘徊. 求自$i(0<i<a)$出发的质点将被a吸收的概率.

解 记$E_i = \{$质点在i点$\}$，$G = \{$质点被a吸收$\}$，需要计算$Q_i = \mathbb{P}(G|E_i)$. 显然

$$Q_0 = 0, \quad Q_a = 1. \tag{2.10}$$

记$B = \{$质点向左移动$\}$，当$0<i<a$时利用全概率公式得

$$Q_i = \mathbb{P}(B|E_i)\mathbb{P}(G|BE_i) + \mathbb{P}(\bar{B}|E_i)\mathbb{P}(G|\bar{B}E_i) = qQ_{i-1} + pQ_{i+1},$$

即

$$Q_{i+1} - Q_i = \frac{q}{p}(Q_i - Q_{i-1}),\ 0<i<a.$$

递推得

$$Q_{i+1} - Q_i = \left(\frac{q}{p}\right)^i Q_1, \quad 0 \leqslant i < a. \tag{2.11}$$

(1) 当$p=q$时，$\{Q_i\}$为等差数列。由(2.10)得

$$Q_i = \frac{i}{a}, \quad 0<i<a.$$

(2) 当$p \neq q$时，对(2.11) 求和，再利用(2.10)得

$$Q_a = Q_1 \sum_{i=0}^{a-1} \left(\frac{q}{p}\right)^i, \quad Q_1 = \frac{1-(q/p)}{1-(q/p)^a},$$

代入(2.11)从0到$i-1$求和得

$$Q_i = \frac{1-(q/p)^i}{1-(q/p)^a}, \quad 0<i<a.$$

∎

例2.2.4最初以“输光问题”而出现. 若甲赌徒有赌本i元，乙赌徒有赌本$a-i$元. 甲和乙两人开始赌博，假设每一局甲都以概率p赢乙一元，以概率$q=1-p$输乙一元. 于是甲赌徒的赌本就在$[0,a]$上随机徘徊. 此时甲赢得乙的全部赌本的概率为

$$Q_i=\begin{cases}\dfrac{i}{a}, & p=0.5,\\ \dfrac{1-(q/p)^i}{1-(q/p)^a}, & p\neq 0.5.\end{cases}$$

例 2.2.5 某工厂的1, 2和3车间生产同一产品，产量依次占$\frac{1}{2}$, $\frac{1}{4}$和$\frac{1}{4}$，而次品率依次为0.01, 0.01和0.02. 现在从这个厂的产品中任意取出一件，求$A=\{$取到一件次品$\}$的概率.

解 记$B_i=\{$取到第i车间产品$\}$，则由全概率公式

$$\begin{aligned}\mathbb{P}(A)=&\mathbb{P}(B_1)\mathbb{P}(A|B_1)+\mathbb{P}(B_2)\mathbb{P}(A|B_2)+\mathbb{P}(B_3)\mathbb{P}(A|B_3)\\ =&\frac{1}{2}\times 0.01+\frac{1}{4}\times 0.01+\frac{1}{4}\times 0.02=0.0125.\end{aligned}$$

■

在例2.2.5中，还感兴趣如下问题：如果已知A 发生，哪个车间应对此负责？依据统计学基本思想，哪个车间生产出这件次品的概率大，应该由哪个车间负责，即如果

$$\mathbb{P}(B_k|A)\geqslant \mathbb{P}(B_i|A),\ 1\leqslant i\leqslant 3,$$

那么应该由第k车间负责.

接下来的问题是如何计算$\mathbb{P}(B_i|A)$？可用下一小节介绍的贝叶斯公式解答这一问题（详见练习2.2.8）.

§2.2.4 贝叶斯公式

在实际中，经常碰到这样的一类问题：已知某个实验结果由许多原因造成，研究人员希望知道产生该结果的原因是什么. 例如，某患者具有一些症状，为了诊断患者得的是什么病，医生希望知道由各种病因导致这些症状的概率，以诊断病情. 英国哲学家贝叶斯于1763年提出了解决这类问题的思路，一个新统计学派——贝叶斯学派也日渐形成.

定理2.2.3 (贝叶斯公式) 设$(\Omega, \mathscr{F}, \mathbb{P})$为概率空间，$\{B_n\}$为$\Omega$的一个分割. 对于任何$A \in \mathscr{F}$，如果$\mathbb{P}(A) > 0$，则对于任何$1 \leqslant k \leqslant n$有

$$\mathbb{P}(B_k|A) = \frac{\mathbb{P}(B_k)\mathbb{P}(A|B_k)}{\sum_{n=1}^{\infty} \mathbb{P}(B_n)\mathbb{P}(A|B_n)}, \tag{2.12}$$

并称(2.12)为**贝叶斯公式**.

证明 由条件概率的定义、乘法公式和全概率公式有

$$\mathbb{P}(B_k|A) = \frac{\mathbb{P}(AB_k)}{\mathbb{P}(A)} = \frac{\mathbb{P}(B_k)\mathbb{P}(A|B_k)}{\sum\limits_{n=1}^{\infty} \mathbb{P}(B_n)\mathbb{P}(A|B_n)}.$$

∎

在贝叶斯公式中，$\mathbb{P}(B_n)$是人们事先对各个条件B_n的认识，称为**验前概率**或**先验概率**，$\mathbb{P}(B_k|A)$是A出现后对条件B_k的重新认识，称为**验后概率**.

例 2.2.6 假设通过血液诊断出某种疾病的误诊率仅为0.05，接受检验的人中有0.005患此种疾病. 求一个化验为阳性的人确患此病的概率.

解 记$A = \{$化验的结果为阳性$\}$，$B = \{$受化验者患此病$\}$，所要计算的概率为$\mathbb{P}(B|A)$. 由贝叶斯公式，

$$\begin{aligned}\mathbb{P}(B|A) &= \frac{\mathbb{P}(B)\mathbb{P}(A|B)}{\mathbb{P}(B)\mathbb{P}(A|B) + \mathbb{P}(\bar{B})\mathbb{P}(A|\bar{B})} \\ &= \frac{0.005 \times 0.95}{0.005 \times 0.95 + 0.995 \times 0.05} = 0.087\,156.\end{aligned}$$

∎

“误诊”（非患者的化验结果为阳性）和“不误诊”（患者的化验结果为阳性）都是条件概率，是已知化验人为患者情况下的条件概率. 需要计算的也是条件概率，是已知“化验结果为阳性”情况下“患病”的条件概率.

直观上，误诊率很低意味着：化验结果为阳性的人确患此病的概率应该很高，为什么计算结果不是如此？原因是先验概率$\mathbb{P}(B)$太小.

§2.2.5 练习题

练习 2.2.1 若$(\Omega, \mathscr{F}, \mathbb{P})$为古典概率空间，证明条件概率空间(2.5)也为古典概率空间.

练习 2.2.2 若$(\Omega, \mathscr{F}, \mathbb{P})$为几何概率空间，证明条件概率空间(2.5)为几何概率空间.

练习 2.2.3 用全概率公式计算例2.2.1 中事件A的概率.

练习 2.2.4 盒中放有10个乒乓球，其中有7个是新的. 第一次比赛时从其中任取3个来用，比赛后仍放回盒中. 第二次比赛时再从盒中任取3个，求第二次取出的球都是新球的概率.

练习 2.2.5 试卷中有一道单项选择题，共有3个选项. 任一学生如果会解这道题，则一定能选出正确的答案；如果他不会解这道题，则他会任意选择一个答案. 设考生会解这道题的概率是0.7，求：

(1) 考生能够选出正确答案的概率；

(2) 已知某考生所选择的答案是正确的，他确实会解这道题的概率.

练习 2.2.6 已知一只母鸡生k个蛋的概率为$\dfrac{\lambda^k}{k!}\exp(-\lambda)$（$\lambda > 0$），并且每一个鸡蛋能孵化成小鸡的概率为$p$. 求一只母鸡恰好孵出$r$只小鸡的概率.

练习 2.2.7 接连投掷一枚质地均匀的硬币，直至第一次连续出现两个正面为止. 求恰投掷n次的概率.

练习 2.2.8 在例2.2.5中，在已知A发生的情况下，哪一车间应该对这件次品负责？

练习 2.2.9 在信号传递中，发送信号“0”或“1”，它们分别占$\dfrac{1}{3}$和$\dfrac{2}{3}$. 由于外界的随机干扰和信号传递系统内部的噪声，接收到的信号可能出错的概率均为0.05, 若已知接收到的信号为“1”，问发送的信号也是“1”的概率多大？

§2.3 事件的独立性

考察两个事件A和B，通常在事件B发生（不发生）的条件下会改变事件A出现的概率. 当然也有例外的情况，即无论事件B是否发生，都不会影响事件A出现的概率，本节讨论这类例外情况.

§2.3.1 两个事件的独立性

在随机实验中，可能出现如下情况：无论事件B是否发生，都不会影响事件A出现的概率，即

$$\mathbb{P}(A)=\mathbb{P}(A\,|B\,),\quad \mathbb{P}(A)=\mathbb{P}\left(A\,\middle|\,\bar{B}\right), \tag{2.13}$$

其中$0<\mathbb{P}(B)<1$. 此时可简化交事件概率的计算，因此引入下面定义.

定义 2.3.1 设$(\Omega,\mathscr{F},\mathbb{P})$为概率空间. 若

$$\mathbb{P}(AB)=\mathbb{P}(A)\mathbb{P}(B), \tag{2.14}$$

则称事件A和B**相互独立**，简称为**独立**.

如果$0<\mathbb{P}(B)<1$，则(2.14)等价于(2.13). 类似地，如果$0<\mathbb{P}(A)<1$，则(2.14)还等价于

$$\mathbb{P}(B)=\mathbb{P}(B\,|A\,),\quad \mathbb{P}(B)=\mathbb{P}\left(B\,\middle|\,\bar{A}\right).$$

因此，A和B相互独立，意味着无论其中哪一个事件发生，都不会使另外一个事件的概率发生变化.

例 2.3.1 袋中有r个红球与b个黑球，从中依次任取2个球. 用R_i表示事件“第i次取出的是红球”，问

(1) 在有放回情况下R_1与R_2是否相互独立?

(2) 在不放回情况下R_1与R_2是否相互独立?

解 在两种情况下都有$\mathbb{P}(R_1)=\mathbb{P}(R_2)=\dfrac{r}{r+b}$.

(1) 在有放回情况下，

$$\mathbb{P}(R_1R_2)=\left(\frac{r}{r+b}\right)^2,$$

此时R_1与R_2相互独立.

(2) 在不放回情况下，

$$\mathbb{P}(R_1R_2)=\frac{r(r-1)}{(r+b)(r+b-1)},$$

此时R_1与R_2不相互独立. ∎

例2.3.1表明：A和B是否相互独立与概率的定义有关，可能会出现两个不同的概率空间

$$(\Omega,\mathscr{F},\mathbb{P}) \text{ 和 } (\Omega,\mathscr{F},\tilde{\mathbb{P}}),$$

使得

$$\mathbb{P}(AB)=\mathbb{P}(A)\mathbb{P}(B) \text{ 和 } \tilde{\mathbb{P}}(AB)\neq\tilde{\mathbb{P}}(A)\tilde{\mathbb{P}}(B),$$

即A和B在概率空间$(\Omega,\mathscr{F},\mathbb{P})$上相互独立，但是在$(\Omega,\mathscr{F},\tilde{\mathbb{P}})$上不相互独立.

例 2.3.2 向区间$[0,1]$内任投一点，用事件A表示点落在区间$\left[0,\frac{1}{2}\right)$内，而事件$B$表示点落在区间$\left[\frac{1}{4},\frac{3}{4}\right)$内，问$A$与$B$是否相互独立？

解 显然

$$\mathbb{P}(A)=\frac{1}{2},\quad \mathbb{P}(B)=\frac{1}{2},\quad \mathbb{P}(AB)=\frac{1}{4},$$

所以A与B相互独立. ∎

例2.3.2说明：A与B相互独立与A与B 互不相容是两个不同的概念.

定理2.3.1 如果事件A与B相互独立，则A与$\bar{B}$相互独立，$\bar{A}$与$\bar{B}$相互独立，$\bar{A}$与B相互独立.

证明 由事件A与B相互独立得

$$\mathbb{P}\left(A\bar{B}\right)=\mathbb{P}(A)-\mathbb{P}(AB)=\mathbb{P}(A)\left(1-\mathbb{P}(B)\right)=\mathbb{P}(A)\mathbb{P}(\bar{B}),$$

即A与$\bar{B}$相互独立. 再利用A与$\bar{B}$相互独立得$\bar{A}$与$\bar{B}$相互独立；由$\bar{A}$与$\bar{B}$相互独立又可得$\bar{A}$与B相互独立. ∎

§2.3.2 多个事件的独立性

定义 2.3.2 设$(\Omega,\mathscr{F},\mathbb{P})$为概率空间，$A_1,A_2,\cdots,A_n\in\mathscr{F}$. 若对于任意正数$s\leqslant n$有

$$\mathbb{P}\left(\bigcap_{k=1}^{s}A_{i_k}\right)=\prod_{k=1}^{s}\mathbb{P}(A_{i_k}),\quad \forall 1\leqslant i_1<\cdots<i_s\leqslant n,$$

则称事件$A_1,A_2,\cdots,A_n$**相互独立**，简称为**独立**.

定义中的等式实际上等价于如下的2^n-n-1个等式

$$\begin{cases}\mathbb{P}(A_{i_1}A_{i_2})=\mathbb{P}(A_{i_1})\mathbb{P}(A_{i_2}), & 1\leqslant i_1<i_2\leqslant n,\\ \quad\vdots & \\ \mathbb{P}(A_{i_1}A_{i_2}\cdots A_{i_s})=\prod_{k=1}^{s}\mathbb{P}(A_{i_k}), & 1\leqslant i_1<\cdots<i_s\leqslant n,\\ \quad\vdots & \\ \mathbb{P}(A_1A_2\cdots A_n)=\prod_{k=1}^{n}\mathbb{P}(A_k). & \end{cases}$$

定理2.3.1告诉我们：事件A_1和A_2相互独立的充分必要条件是

$$\mathbb{P}(B_1\cap B_2)=\mathbb{P}(B_1)\mathbb{P}(B_2),\quad B_1\in\{A_1,\bar{A}_1\},B_2\in\{A_2,\bar{A}_2\}.$$

这一结论可以推广至n个事件的情形.

定理2.3.2 事件$A_1,A_2,\cdots,A_n$相互独立的充要条件为

$$\mathbb{P}\left(\bigcap_{k=1}^{n}B_k\right)=\prod_{k=1}^{n}\mathbb{P}(B_k),\quad \forall 1\leqslant k\leqslant n,B_k\in\{A_k,\bar{A}_k\}. \tag{2.15}$$

证明 利用定理2.3.1和数学归纳法可得结论（练习2.3.2）. ∎

例 2.3.3 假设A_1,A_2,A_3,A_4相互独立，$B=A_1A_2$，$C=A_3\cup A_4$，证明B和C相互独立.

证明 显然$BC=(BA_3)\cup(BA_4)=(A_1A_2A_3)\cup(A_1A_2A_4)$，因此

$$\begin{aligned}\mathbb{P}(BC)&=\mathbb{P}(A_1A_2A_3)+\mathbb{P}(A_1A_2A_4)-\mathbb{P}((A_1A_2A_3)\cap(A_1A_2A_4))\\&=\mathbb{P}(A_1)\mathbb{P}(A_2)\mathbb{P}(A_3)+\mathbb{P}(A_1)\mathbb{P}(A_2)\mathbb{P}(A_4)-\mathbb{P}(A_1)\mathbb{P}(A_2)\mathbb{P}(A_3)\mathbb{P}(A_4)\\&=\mathbb{P}(A_1)\mathbb{P}(A_2)(\mathbb{P}(A_3)+\mathbb{P}(A_4)-\mathbb{P}(A_3)\mathbb{P}(A_4))=\mathbb{P}(B)\mathbb{P}(C)\end{aligned}$$

即B和C相互独立. ∎

例2.3.3的结果可一般化为定理2.3.3.

定理2.3.3 若$A_1, A_2, \cdots, A_{m+n}$相互独立,

$$B \in \sigma\left(\{A_1, A_2, \cdots, A_m\}\right), \quad C \in \sigma\left(\{A_{m+1}, A_{m+2}, \cdots, A_{m+n}\}\right),$$

则B与C相互独立.

证明 利用定理2.3.2和事件域的定义可以证明（练习2.3.4）. ■

对于独立随机事件，可以利用其定义、定理2.3.2 和定理2.3.3 简化其运算结果的概率计算，详见§2.3.3小节.

定义 2.3.3 设$(\Omega, \mathscr{F}, \mathbb{P})$为概率空间. 若对于任意正数$1 \leqslant s < t \leqslant n$，事件$A_s$与$A_t$相互独立，则称事件$A_1, A_2, \cdots, A_n$**两两独立**.

相互独立可以推出两两独立，但两两独立不能推出相互独立. 事实上，当$n > 2$时，$A_1, A_2, \cdots, A_n$两两独立仅需要如下的$\binom{n}{2}$个等式成立：

$$\mathbb{P}\left(A_i A_j\right) = \mathbb{P}\left(A_i\right) \mathbb{P}\left(A_j\right), \quad 1 \leqslant i < j \leqslant n.$$

而它们相互独立需要更多的概率等式成立. 两两独立但不是相互独立的例子见练习2.3.5.

定义 2.3.4 设$(\Omega, \mathscr{F}, \mathbb{P})$为概率空间，$T$为一指标集. 对于事件族

$$\{A_t:\ t \in T\} \subset \mathscr{F},$$

若对任意$\{t_1, t_2, \cdots, t_n\} \subset T$，事件$A_{t_1}, A_{t_2}, \cdots, A_{t_n}$都相互独立，则称$\{A_t : t \in T\}$为**独立事件族**. 进一步，若事件列$\{A_n\}$为独立事件族，就称$\{A_n\}$为**独立事件列**.

显然，$\{A_n\}$为独立事件列的充要条件是$\forall n$，$A_1, A_2, \cdots, A_n$相互独立.

§2.3.3 独立性在概率计算中的应用

定理2.3.4 若$A_1, A_2, \cdots, A_n$相互独立，则乘法公式可以简化为

$$\mathbb{P}(A_1 A_2 \cdots A_n) = \mathbb{P}(A_1)\mathbb{P}(A_2) \cdots \mathbb{P}(A_n), \tag{2.16}$$

加法公式可以简化为

$$\mathbb{P}\left(\bigcup_{i=1}^{n} A_i\right) = 1 - \prod_{i=1}^{n}\left(1 - \mathbb{P}(A_i)\right). \tag{2.17}$$

证明 由独立性可得

$$\mathbb{P}(A_k|A_1A_2\cdots A_{k-1})=\mathbb{P}(A_k),$$

再由乘法公式(2.7)可得其简化形式(2.16).

由概率的性质和对偶法则有

$$\mathbb{P}\left(\bigcup_{i=1}^{n}A_i\right)=1-\mathbb{P}\left(\bigcap_{i=1}^{n}\bar{A}_i\right),$$

由$A_1,A_2,\cdots,A_n$相互独立和习题2.3.2知$\bar{A}_1,\bar{A}_2,\cdots,\bar{A}_n$相互独立，所以

$$\mathbb{P}\left(\bigcap_{i=1}^{n}\bar{A}_i\right)=\prod_{i=1}^{n}\mathbb{P}(\bar{A}_i)=\prod_{i=1}^{n}(1-\mathbb{P}(A_i)),$$

这样得到加法定理的简化形式(2.17). ∎

任何产品都是一个由有限个部件组成的系统，称该系统能够正常工作的概率为**系统的可靠性**或**产品的可靠性**.

由n个部件构成的**串联系统**如图2.1(a)所示，该系统正常工作当且仅当所有部件都正常工作. 串联系统的可靠性等价于串联随机开关电路的接通概率，如图2.1(b)所示.

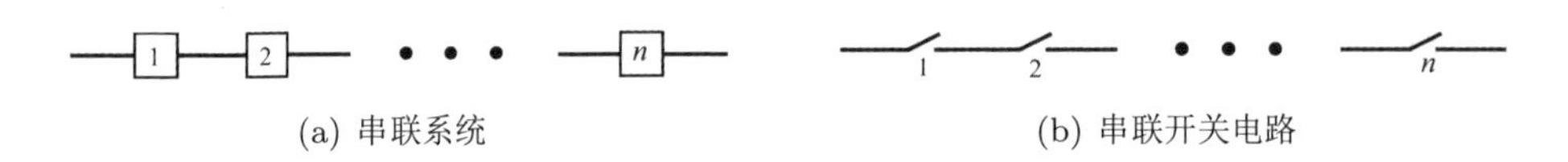

(a) 串联系统　　(b) 串联开关电路

图 2.1 串联系统及串联开关电路

由n个部件构成的**并联系统**如图2.2(a)所示，该系统就能正常工作当且仅当至少有一个部件正常工作. 并联系统的可靠性等价于并联随机开关电路的接通概率，如图2.2(b)所示.

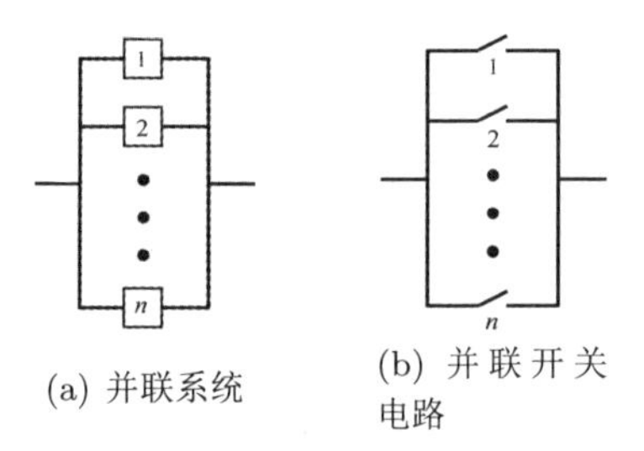

(a) 并联系统　　(b) 并联开关电路

图 2.2 并联系统及并联开关电路

任何复杂系统的可靠性等价于相应的随机开关电路的接通概率. 下面假定系统的各个部件能否正常工作是相互独立的，第i个部件正常工作的概率为p_i. 如果系统由n个部件串联组成，那么其可靠性$R_c = p_1p_2\cdots p_n$；如果系统由n个部件并联组成，那么其可靠性$R_c = 1 - \prod\limits_{i=1}^{n}(1-p_i)$.

例 2.3.4 图2.3中的四个电路(a)(b)(c)和(d)中，所有的开关接通的概率都为p，分别求这四个电路接通的概率R_1, R_2, R_3 和R_4.

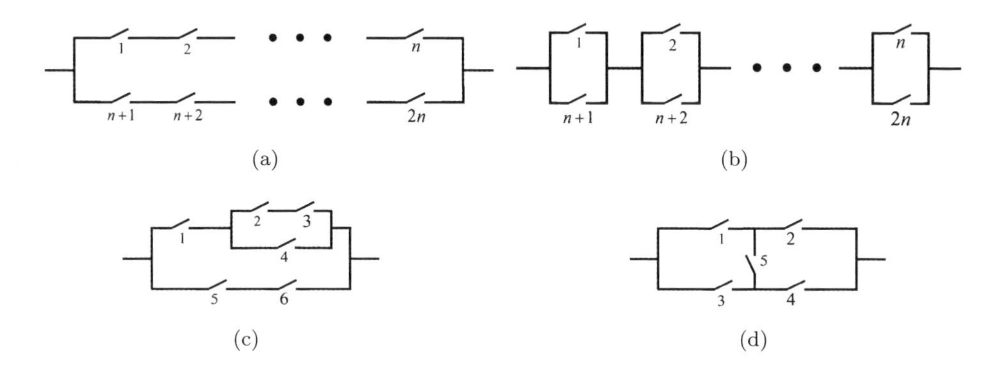

图 2.3 四个随机开关电路

解 用A_i表示第i个开关接通，则$\mathbb{P}(A_i) = p$.

由图2.3(a)知$\left(\bigcap\limits_{i=1}^{n} A_i\right) \cup \left(\bigcap\limits_{i=n+1}^{2n} A_i\right)$代表“电路通”，所以

$$R_1 = \mathbb{P}\left(\left(\bigcap_{i=1}^{n} A_i\right) \bigcup \left(\bigcap_{i=n+1}^{2n} A_i\right)\right) = 1 - (1-p^n)^2 = p^n\left(2-p^n\right).$$

由图2.3(b)知$\bigcap\limits_{i=1}^{n}(A_i \cup A_{n+i})$代表“电路通”，所以

$$R_2 = \mathbb{P}\left(\bigcap_{i=1}^{n}(A_i \cup A_{n+i})\right) = (1-(1-p)^2)^n = p^n(2-p)^n.$$

由图2.3(c)知$(A_1\left((A_2A_3) \cup A_4\right)) \cup (A_5A_6)$代表“电路通”，所以

$$R_3 = \mathbb{P}\left((A_1\left((A_2A_3) \cup A_4\right)) \cup (A_5A_6)\right) = 2p^2 + p^3 - 2p^4 - p^5 + p^6.$$

用E表示图2.3(d)中“电路通”，由全概率公式

$$\mathbb{P}(E) = \mathbb{P}(A_5)\mathbb{P}(E|A_5) + \mathbb{P}(\bar{A}_5)\mathbb{P}(E|\bar{A}_5) = p\mathbb{P}(E|A_5) + (1-p)\,\mathbb{P}(E|\bar{A}_5),$$

注意在开关5接通情况下，“电路通”可用$(A_1\cup A_3)\cap(A_2\cup A_4)$表示，即

$$\mathbb{P}(E|A_5)=\mathbb{P}\left((A_1\cup A_3)\cap(A_2\cup A_4)\right)=p^2\left(2-p\right)^2.$$

类似地，在开关5断开情况下，“电路通”可以用$(A_1A_2)\cup(A_3A_4)$表示，即

$$\mathbb{P}(E|\overline{A_5})=\mathbb{P}\left((A_1A_2)\cup(A_3A_4)\right)=p^2\left(2-p^2\right).$$

所以

$$R_4=pp^2\left(2-p\right)^2+\left(1-p\right)p^2\left(2-p^2\right)=2p^5-5p^4+2p^3+2p^2.$$

■

§2.3.4 随机实验的独立性

考虑一些随机实验，如果各个实验的结果是相互独立的，就可以认为这些随机实验是相互独立的. 例如在例1.2.8中，把每次取球看作一次实验，则放回摸球实验是相互独立的；而不放回摸球实验不是相互独立的. 下面讨论如何描述随机实验的独立性.

假设两个相互独立实验的概率空间分别为

$$\left(\Omega_i,\mathscr{F}_i,\mathbb{P}_i\right),\quad i=1,2,$$

$\forall\ A_i\in\mathscr{F}_i$，按照独立性的定义应该有

$$\mathbb{P}(A_1A_2)=\mathbb{P}(A_1)\mathbb{P}(A_2).$$

问题是这里的交事件A_1A_2是哪个概率空间中的事件？概率$\mathbb{P}$是什么？下面我们讨论这个问题.

用(ω_1,ω_2)表示两个实验出现的样本点，其中第一分量ω_1表示第1个实验出现的样本点，第二分量ω_2表示第2个实验出现的样本点，这样就可用**乘积样本空间**

$$\Omega_1\times\Omega_2\triangleq\{(\omega_1,\omega_2):\omega_1\in\Omega_1,\omega_2\in\Omega_2\}\tag{2.18}$$

表述这两个实验所有可能出现的结果，如事件“第1和第2个实验的结果分别为A_1和A_2”可以表示为

$$A_1\times A_2\triangleq\left\{(\omega_1,\omega_2):\ \omega_1\in A_1\text{ 且 }\omega_2\in A_2\right\}.\tag{2.19}$$

为交流方便，称$A_1\times A_2$为A_1和A_2的**乘积事件**.

现在我们关心的事件都可以用**乘积事件类**

$$\mathscr{C}=\{A_1\times A_2: A_1\in\mathscr{F}_1,\ A_2\in\mathscr{F}_2\}$$

中的事件来表示，但遗憾的是这个事件类可能对于可数次事件的运算不封闭（练习2.3.11），因而不能保证它为事件域.

为解决此问题，用**乘积事件域**

$$\mathscr{F}_1\times\mathscr{F}_2\triangleq\sigma(\mathscr{C}) \tag{2.20}$$

来同时描述两个实验中的所有事件.

显然，事件$A\times\Omega_2\in\mathscr{F}_1\times\mathscr{F}_2$，表示“在第1个实验中出现事件$A$”；事件$\Omega_1\times B\in\mathscr{F}_1\times\mathscr{F}_2$，表示“在第2个实验中出现事件$B$”；而

$$(A\times\Omega_2)\cap(\Omega_1\times B)=A\times B$$

表示第1和第2个实验中分别出现事件A和B.

定义 2.3.5　对于概率空间$(\Omega_1,\mathscr{F}_1,\mathbb{P}_1)$和$(\Omega_2,\mathscr{F}_2,\mathbb{P}_2)$，若定义在乘积事件域$\mathscr{F}_1\times\mathscr{F}_2$上的概率$\mathbb{P}$满足条件

$$\mathbb{P}(A\times B)=\mathbb{P}_1(A)\,\mathbb{P}_2(B),$$

则称$\mathbb{P}$为$\mathbb{P}_1$和$\mathbb{P}_2$的**乘积概率**，记为$\mathbb{P}_1\times\mathbb{P}_2$. 进一步，称

$$(\Omega_1\times\Omega_2,\mathscr{F}_1\times\mathscr{F}_2,\mathbb{P}_1\times\mathbb{P}_2) \tag{2.21}$$

为$(\Omega_1,\mathscr{F}_1,\mathbb{P}_1)$和$(\Omega_2,\mathscr{F}_2,\mathbb{P}_2)$ 的**乘积概率空间**.

显然乘积概率

$$\mathbb{P}_1\times\mathbb{P}_2\left((A_1\times\Omega_2)\cap(\Omega_1\times A_2)\right)=\mathbb{P}_1\times\mathbb{P}_2\left(A_1\times\Omega_2\right)\mathbb{P}_1\times\mathbb{P}_2\left(\Omega_1\times A_2\right),$$

这说明在乘积概率空间中，事件$A_1\times\Omega_2$与$\Omega_1\times A_2$相互独立，即两次实验的结果相互独立，亦即两次实验相互独立. 在$\mathscr{F}_1\times\mathscr{F}_2$上还可以存在其他概率定义，乘积概率表示两个随机实验相互独立.

可以将乘积概率空间(2.21)推广至描述n个随机实验的概率空间，为此先引入**集合**$A_1,A_2,\cdots,A_n$**的乘积**如下

$$\prod_{k=1}^{n}A_k\triangleq A_1\times A_2\times\cdots\times A_n\triangleq\left\{(x_1,x_2,\cdots,x_n):\forall 1\leqslant k\leqslant n, x_k\in A_k\right\}. \tag{2.22}$$

下面简述刻画n个随机实验的概率空间构建方法.

设有n个随机实验，第i个随机实验的概率空间为$(\Omega_i, \mathscr{F}_i, \mathbb{P}_i)$. 称$\prod\limits_{k=1}^{n} \Omega_k$为**乘积样本空间**；称

$$\sigma\left(\left\{\prod_{k=1}^{n} A_k : \forall 1 \leqslant k \leqslant n, A_k \in \mathscr{F}_k\right\}\right) \tag{2.23}$$

为**乘积事件域**，记为$\prod\limits_{k=1}^{n} \mathscr{F}_k$或$\mathscr{F}_1 \times \mathscr{F}_2 \times \cdots \times \mathscr{F}_n$. 进一步，若乘积事件域$\prod\limits_{k=1}^{n} \mathscr{F}_k$上的概率$\mathbb{P}$满足条件

$$\mathbb{P}\left(\prod_{k=1}^{n} A_k\right) = \prod_{k=1}^{n} \mathbb{P}_k\left(A_k\right), \quad \forall A_1, A_2, \cdots, A_n \in \mathscr{B}, \tag{2.24}$$

则称$\mathbb{P}$为$\mathbb{P}_1, \mathbb{P}_2, \cdots, \mathbb{P}_n$的**乘积概率**，记为$\prod\limits_{k=1}^{n} \mathbb{P}_k$或$\mathbb{P}_1 \times \mathbb{P}_2 \times \cdots \times \mathbb{P}_n$.

定义 2.3.6 对于概率空间$(\Omega_i, \mathscr{F}_i, \mathbb{P}_i)$，$1 \leqslant i \leqslant n$，称

$$\left(\prod_{k=1}^{n} \Omega_k, \prod_{k=1}^{n} \mathscr{F}_k, \prod_{k=1}^{n} \mathbb{P}_k\right) \tag{2.25}$$

为**乘积概率空间**. 若n个随机实验可以用乘积概率空间描述，则称这n个**随机实验相互独立**. 进一步，若这n个随机实验还有相同的概率空间，则称它们为n个**独立重复实验**.

为方便，记

$$\Omega^n \triangleq \underbrace{\Omega \times \cdots \times \Omega}_{n}, \quad \mathscr{F}^n \triangleq \underbrace{\mathscr{F} \times \cdots \times \mathscr{F}}_{n}, \quad \mathbb{P}^n \triangleq \underbrace{\mathbb{P} \times \cdots \times \mathbb{P}}_{n},$$

则可用乘积概率空间$(\Omega^n, \mathscr{F}^n, \mathbb{P}^n)$ 描述n个**独立重复实验**.

§2.3.5 练习题

练习 2.3.1 如果三个事件A, B, C相互独立，证明$A \cup B$，AB，$A\bar{B}$均与C独立.

练习 2.3.2 证明事件$A_1, A_2, \cdots, A_n$相互独立的充要条件为

$$\mathbb{P}\left(\bigcap_{k=1}^{n} B_k\right) = \prod_{k=1}^{n} \mathbb{P}\left(B_k\right), \quad \forall 1 \leqslant k \leqslant n, B_k \in \left\{A_k, \bar{A}_k\right\}.$$

练习 2.3.3　设事件A与B独立，仅A发生和仅B发生的概率分别是$\dfrac{3}{8}$和$\dfrac{1}{8}$，求$\mathbb{P}(A)$ 和$\mathbb{P}(B)$.

练习 2.3.4　若$A_1, A_2, \cdots, A_{m+n}$相互独立，$B \in \sigma(\{A_1, A_2, \cdots, A_m\})$，$C \in \sigma(\{A_{m+1}, A_{m+2}, \cdots, A_{m+n}\})$，证明$B$与$C$相互独立.

练习 2.3.5　有一个均匀正四面体，其中的三个面分别只涂上红色、黄色和蓝色，在剩下的一个面上同时涂有红色、黄色和蓝色. 投掷此四面体落地后，事件A表示四面体的底面有红色，事件B表示四面体的底面有黄色，事件C表示四面体的底面有蓝色. 证明A, B和C两两独立，但不相互独立.

练习 2.3.6　现有如下系统，

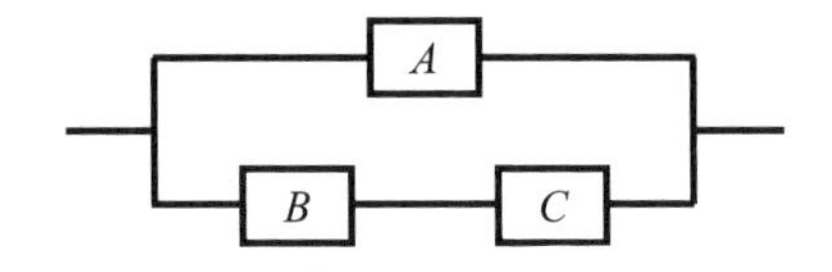

其中元件A, B, C互相独立，而且可靠性分别为p_1, p_2, p_3，求系统不正常工作的概率.

练习 2.3.7　设事件A, B, C两两独立，且满足$ABC = \varnothing$及$\mathbb{P}(A) = \mathbb{P}(B) = \mathbb{P}(C) = x$，证明$x \leqslant \dfrac{1}{2}$.

练习 2.3.8　已知事件A和B相互独立且互不相容，求$\min\{\mathbb{P}(A), \mathbb{P}(B)\}$.

练习 2.3.9　假设事件B发生的概率为$\mathbb{P}(B) \in (0,1)$，证明事件A与B独立的充要条件为$\mathbb{P}(A|B) = \mathbb{P}(A|\bar{B})$.

练习 2.3.10　称事件A与B关于事件C条件独立，如果事件A, B, C满足$\mathbb{P}(AB|C) = \mathbb{P}(A|C) \cdot \mathbb{P}(B|C)$，其中$\mathbb{P}(C) > 0$. 证明：(1)当$\mathbb{P}(BC) > 0$时，上述条件独立性的充要条件是$\mathbb{P}(A|BC) = \mathbb{P}(A|C)$；(2)举例说明“独立”与“条件独立”两者没有蕴含关系.

练习 2.3.11　若对于$i = 1, 2$，$\Omega_i = \{1, 2, 3\}$，$\mathscr{F}_i$由Ω_i的所有子集构成，证明$\mathscr{C} = \{A_1 \times A_2 : A_1 \in \mathscr{F}_1, A_2 \in \mathscr{F}_2\}$ 对于并运算不封闭.

§2.4 三门问题

三门问题出自美国的电视游戏节目主持人蒙提・霍尔的游戏情景：游戏设置了三扇门，节目组把一辆汽车任意摆放在其中一扇门的后面，另外两扇门后面摆放山羊. 游戏参与者可以在三扇门中选择一扇门，获取藏在门后的奖品.

在一期节目中，游戏参与者选择了1号门. 见状，主持人打开了3号门，展示门后的是山羊，然后对游戏参与者说："你想改选2号门吗？改变选择会对你有利吗？"在游戏参与者纠结是否改选2号门时，主持人认为不应该纠结，表示坚持选择1号门和改选2号门获得汽车的概率都是一样的.

在上述问题情景中，游戏参与者面临两种策略可供选择：换门策略，即改选另一扇门；不换门策略，即坚持最初选择. 现在关心的是两种策略获得汽车的概率各是多少，主持人认为两种策略获得汽车的概率相等.

1975年史蒂夫・塞尔文(Steve Selvin)对主持人的说法提出了质疑：他利用古典概率计算公式给出了换门策略和不换门策略选中汽车的概率（不是条件概率）分别是$\dfrac{2}{3}$和$\dfrac{1}{3}$, 据此史蒂夫认为主持人的结论不正确[1].

玛丽莲・莎凡特（Marilyn vos Savant）在《展示》"问玛丽莲"专栏上发布的三门问题解答，引发了人们对于此问题的关注[2]，众多学者参与其中，并将该问题称为**蒙提・霍尔悖论，或蒙提・霍尔问题，或三门问题**.

针对三门问题，有很多不同的解答，下面利用已经学过的概率知识评价几种常见的解答方法，以巩固所学知识，理解现实问题中的数学建模要点.

§2.4.1 史蒂夫的解答

史蒂夫用古典概率空间解答三门问题，具体如下：用(i,j)表示车在i号门，游戏参与者初始选择了j号门，这样形成样本空间如下

$$\Omega=\{(i,j):1\leqslant i,j\leqslant 3\}. \tag{2.26}$$

假设各个样本点出现的概率相等，就可以用古典概率计算公式计算"在换门策略下获得小汽车"的概率. 用列表的方式统计各个样本点的获奖结果如表2.1 所示， 可见事件"在换门策略下获得小汽车"中包含了6个样本点，由古典概率计算公式，得到换门策略获得小汽车的概率为$\dfrac{6}{9}=\dfrac{2}{3}$，与主持人的观点不符，因此史蒂夫质疑蒙提・霍尔的结论.

[1]是条件概率和概率的概念混淆，导致了塞尔文的质疑.

[2]近10000多名读者（其中近1000位博士），其中$\dfrac{1}{10}$的读者认为换门策略获得汽车的（条件）概率为$\dfrac{2}{3}$，$\dfrac{9}{10}$的读者认为换门策略获得汽车的（条件）概率为$\dfrac{1}{2}$.

表 2.1 各样本点在换门策略下获奖结果统计

样本点	打开门号	换门号	获奖结果
$(1,1)$	2或3	1换为 2或3	山羊
$(1,2)$	3	2换为1	汽车
$(1,3)$	2	3换为1	汽车
$(2,1)$	3	1换为2	汽车
$(2,2)$	1或3	2换为 1或3	山羊
$(2,3)$	1	3换为2	汽车
$(3,1)$	2	1换为3	汽车
$(3,2)$	1	2换为3	汽车
$(3,3)$	1或2	3换为 1或2	山羊

史蒂夫的解答是否正确？为解答此问题，我们需要对三门问题做背景分析，给出问题的数学刻画，然后分析该解答是否合理.

事实上在三门问题中，已经知道的信息是游戏参与者选择的门号和主持人打开的门号，以及主持人打开门的后面是山羊，因此需要求的是在已知上述信息的情况下“换门策略获得小汽车”的条件概率.

遗憾的是史蒂夫并没有用到这些已知信息，他计算的却是“换门策略获得小汽车”的概率. 我们知道概率和条件概率是两个不同的概念，即史蒂夫误用概率来解答条件概率问题.

此外，史蒂夫构建的样本点不包含主持人打开门的编号信息，导致他所建的概率空间无法表示主持人打开门的后面是山羊的信息，进而无法表示“换门策略获得小汽车”的条件概率，即无法用概率空间(2.26)刻画三门问题.

§2.4.2 三门问题的流行解答

针对史蒂夫关于三门问题解答中的问题，很多学者进行了改进研究，下面简要介绍其中一种广为认同的解答方法，简称为流行解答.

用A_i表示i号门后面是汽车，B_j表示主持人打开后面是山羊的j号门，则

$$\mathbb{P}(A_i) = \frac{1}{3}. \tag{2.27}$$

进一步，主持人只能打开有山羊的门，他所面临的情况如下.

1. 汽车在1号门后，此时主持人可打开2号和3号门，故

$$\mathbb{P}(B_3|A_1) = \frac{1}{2}. \tag{2.28}$$

2. 汽车在2号门后，此时主持人只能打开3号门，故

$$\mathbb{P}(B_3|A_2) = 1. \tag{2.29}$$

3. 汽车在3号门后，此时主持人只能打开2号门，故

$$\mathbb{P}(B_3|A_3) = 0. \tag{2.30}$$

利用全概率公式，主持人打开3号门的概率为

$$\mathbb{P}(B_3) = \sum_{i=1}^{3} \mathbb{P}(A_i)\mathbb{P}(B_3|A_i) = \frac{1}{2}, \tag{2.31}$$

再由(2.27), (2.28), (2.29), (2.30)和(2.31)知：在3号门打开的条件下，1号和2号门后有汽车的条件概率分别为

$$\mathbb{P}(A_1|B_3) = \frac{\mathbb{P}(A_1 \cap B_3)}{\mathbb{P}(B_3)} = \frac{\mathbb{P}(A_1)\mathbb{P}(B_3|A_1)}{\mathbb{P}(B_3)} = \frac{1}{3}, \tag{2.32}$$

$$\mathbb{P}(A_2|B_3) = \frac{\mathbb{P}(A_2 \cap B_3)}{\mathbb{P}(B_3)} = \frac{\mathbb{P}(A_2)\mathbb{P}(B_3|A_2)}{\mathbb{P}(B_3)} = \frac{2}{3}, \tag{2.33}$$

流行解答的思路是：在已知游戏参与者最初选择1号门情况下的概率空间(2.5) 上建模，再用已知主持人打开3号门的条件概率解答问题.

条件概率(2.28)是否符合实际情况？为解答此问题，需要考察三门问题背景. 在游戏参与者选择1号门，以及汽车在1号门后的情况下，主持人完全可以概率p打开3 号门，以概率$1-p$打开2号门，这样换门策略获取汽车的概率就可能与p有关.

§2.4.3 三门问题的解

知道流行解答的问题所在后，就可以运用已经掌握的概率知识解答三门问题. 在游戏参与者选择1号门，且汽车摆放在1号门的情况下，用p表示主持人打开3号门的概率，则有

$$\mathbb{P}(B_3|A_1) = p. \tag{2.34}$$

由(2.29)，(2.30)和(2.34)得

$$\mathbb{P}(B_3) = \sum_{i=1}^{3} \mathbb{P}(A_i)\mathbb{P}(B_3|A_i) = \frac{1}{3}(p+1+0) = \frac{p+1}{3}, \tag{2.35}$$

进而此时不换门策略获得汽车的概率

$$\mathbb{P}(A_1|B_3)=\frac{\mathbb{P}(A_1)\,\mathbb{P}(B_3|A_1)}{\mathbb{P}(B_3)}=\frac{p}{p+1},\tag{2.36}$$

换门策略获得汽车的概率

$$\mathbb{P}(A_2|B_3)=1-\mathbb{P}(A_1|B_3)=\frac{1}{p+1}.\tag{2.37}$$

因此，当$p=1$时，主持人的说法是正确的，即是否改选2号门不会影响获得汽车的概率；当$p=0.5$时，可以得到流行解答方法的结论. 由此可见，三门问题的答案操控在蒙提 · 霍尔的手中，主持人最有发言权.

进一步，

$$\frac{p}{p+1}\leqslant\frac{1}{p+1}\tag{2.38}$$

因此对于游戏参与者而言，此时应该采用换门策略，以保证获得汽车的条件概率最大.

§2.4.4 三门问题的反思

三门问题是一个实际问题，有客观的内在运行规律，可以从各种不同的角度研究该问题，数学是其中之一.

对于三门问题，史蒂夫构建的数学模型是样本空间为(2.26) 的古典概型，该模型不能描述换门策略获得小汽车的条件概率；§2.4.2中构建的数学模型是在已知游戏参与者初始选择1号门的条件下，满足条件(2.27) 至(2.30)的条件概率空间模型，该模型主观指定了主持人的开门规律（即假设主持人以等概率打开有山羊的门），但该规律不一定符合客观实际；§2.4.3中用条件(2.34)替换(2.28)，使得条件概率空间模型能刻画主持人的开门规律，更合理.

三门问题启示我们：在应用数学知识解决现实问题时，必需根据问题背景提出合理的数学抽象和数学假设；不同的数学抽象和假设会导致不同的答案；数学抽象和假设与问题的内在规律越接近，得到的逻辑推理结果与客观事实越接近；在脱离数学抽象和假设前提的情况下的结果争论毫无意义.

§2.4.5 练习题

练习 2.4.1 用史蒂夫提出的样本空间(2.26)表达事件“不换门策略获得汽车”，并计算该事件的古典概率.

练习 2.4.2 对于史蒂夫提出的样本空间(2.26)，事件$B = \{(i,j)\in\Omega : j\neq i\}$是事件“换门策略获得汽车”吗？请阐述答案的依据，并计算B的古典概率.

练习 2.4.3 能用样本空间(2.26)刻画节目主持人的开门规律吗？

练习 2.4.4 下述三门问题解答中是否存在错误，如果存在请指出，并阐明依据：用$\mathscr{F}$表示样本空间(2.26)的所有子集全体，$(\Omega,\mathscr{F},\mathbb{P})$为古典概率空间. 因此

$$A = \{(i,j)\in\Omega : j = i\}$$

为事件“不换门策略获得汽车”. 现在已知游戏参与者初始选择1号门且主持人打开的3号门后是山羊，在此种情况下不换门获得汽车的条件概率为

$$\mathbb{P}(A|i\neq 3, j=1) = \frac{\mathbb{P}(A\cap\{(i,j)\in\Omega : i\neq 3, j=1\})}{\mathbb{P}(\{(i,j)\in\Omega : i\neq 3, j=1\})} = \frac{1}{2}.$$

练习 2.4.5 构造能刻画三门问题的概率空间，并用样本点表达事件“换门策略获得汽车”和事件“不换门策略获得汽车”，以及§2.4.2中的事件A_n和B_n，$1\leqslant n\leqslant 3$. 并在假设(2.27), (2.29), (2.30)和(2.34)下，计算在游戏参与者初始选择1号门情况下换门策略获得汽车的概率.

练习 2.4.6 举例说明在应用概率知识解决实际问题过程中，提出明晰合理的数学假设的重要性.

第 3 章　随机变量与随机向量

虽然可以借助于概率空间$(\Omega, \mathscr{F}, \mathbb{P})$研究随机现象，但是样本空间没有数学结构，为研究带来不便. 如果能够用数来刻画样本空间和事件域，就可以借助数学分析工具研究随机现象，达到事半功倍的效果. 在这一章中我们探讨用欧式空间上的概率空间刻画随机现象的途径，以及相关的概念与性质.

§3.1　随机变量及其分布

这一节，通过探讨用实数刻画样本点、随机事件和概率的途径，进而引入随机变量及相关概念，并讨论其简单性质.

§3.1.1　随机变量的定义与等价条件

为用数表示样本点，一个自然的想法是建立映射$\xi: \Omega \to \mathbb{R}$. 现在的问题是如何用数表示事件？由于事件是样本空间的子集，因此应该用实数集合来表示事件. 我们最熟悉的实数集合是区间，若希望用区间代表事件，就需要

$$\xi^{-1}((-\infty, x]) \triangleq \{\omega \in \Omega : \xi(\omega) \leqslant x\} \in \mathscr{F}, \quad \forall x \in \mathbb{R}. \tag{3.1}$$

定义 3.1.1　设$(\Omega, \mathscr{F}, \mathbb{P})$为概率空间，$\xi$为定义在$\Omega$上的实函数，若对于任何实数$x$，$\xi^{-1}((-\infty, x]) \in \mathscr{F}$，则称$\xi$为**随机变量**，称$\xi(\Omega) \triangleq \{\xi(\omega) : \omega \in \Omega\}$为$\xi$**的值域**.

显然，随机变量的定义仅与事件域$\mathscr{F}$有关，与概率的定义无关. 为讨论方便，引入两个术语：对于集合A，称

$$\mathbb{1}_A(\omega) \triangleq \begin{cases} 1, & \omega \in A, \\ 0, & \omega \notin A \end{cases} \tag{3.2}$$

为集合A的**示性函数**，简记为$\mathbb{1}_A$；对于实数集合B，称

$$\{\xi \in B\} \triangleq \xi^{-1}(B) \triangleq \{\omega \in \Omega : \xi(\omega) \in B\} \tag{3.3}$$

为B关于ξ**的逆像**；进一步，可以用ξ的约束条件表示逆像，如

$$\{\xi \leqslant x\} \triangleq \xi^{-1}((-\infty, x]), \quad \{\xi \geqslant x\} \triangleq \xi^{-1}([x, \infty)),$$
$$\{\xi = x\} \triangleq \xi^{-1}(\{x\}), \quad \{\xi < x\} \triangleq \xi^{-1}((-\infty, x)),$$
$$\{\xi > x\} \triangleq \xi^{-1}((x, \infty)), \quad \{x_1 < \xi \leqslant x_2\} \triangleq \xi^{-1}((x_1, x_2]).$$

例 3.1.1　在投掷硬币实验中，

$$\Omega = \{正, 反\}, \quad \mathscr{F} = \{\varnothing, 正, 反, \Omega\}, \quad \mathbb{P}(正) = \mathbb{P}(反) = \frac{1}{2},$$

定义$\xi = \mathbb{1}_{\{正\}}$，证明ξ为随机变量.

证明　对于任意$x \in \mathbb{R}$，容易验证

$$\xi^{-1}((-\infty, x]) = \begin{cases} \varnothing, & 如果x < 0, \\ 反, & 如果0 \leqslant x < 1, \\ \Omega, & 如果1 \leqslant x, \end{cases}$$

即ξ为随机变量. ■

也可以用随机变量$\tilde{\xi} = 5\mathbb{1}_{\{正\}} - 2\mathbb{1}_{\{反\}}$表述例3.1.1中实验的所有可能出现的结果，如$\left\{\tilde{\xi} = 5\right\}$等价于实验出现的结果是正面，$\left\{\tilde{\xi} = -2\right\}$等价于实验出现的结果为反面.

虽然可以用$\tilde{\xi}$刻画投掷硬币实验的所有结果，但它不如例3.1.1中的ξ简单. 在实际应用中，可以选择的随机变量有无穷多个，**选取随机变量的原则**如下：有明确的实际含义，便于研究.

定理3.1.1　设$(\Omega, \mathscr{F}, \mathbb{P})$为概率空间，则映射$\xi : \Omega \to \mathbb{R}$为随机变量的充要条件是

$$\xi^{-1}(B) \subset \mathscr{F}, \quad \forall B \in \mathscr{B}.$$

证明　往证"充分性". $\forall x \in \mathbb{R}$，$\{\xi \leqslant x\} = \xi^{-1}((-\infty, x]) \in \mathscr{F}$，即$\xi$为随机变量.

往证"必要性". 记$\mathscr{E} \triangleq \{B \in \mathscr{B} : \xi^{-1}(B) \in \mathscr{F}\}$，则由$\xi$为随机变量知

$$\mathscr{E} \supset \mathscr{P} = \{(-\infty, x] : x \in \mathbb{R}\}.$$

现只需证明$\mathscr{E}$为σ代数. 显然$\mathbb{R} \in \mathscr{E}$；若$A \in \mathscr{E}$，则由引理1.1.9知

$$\xi^{-1}(\bar{A}) = \overline{\xi^{-1}(A)} \in \mathscr{F},$$

即$\bar{A} \in \mathscr{E}$；若$A_n \in \mathscr{E}$，$n \geqslant 1$，则由引理1.1.9知

$$\xi^{-1}\left(\bigcup_{n=1}^{\infty} A_n\right) = \bigcup_{n=1}^{\infty} \xi^{-1}(A_n) \in \mathscr{F},$$

即$\bigcup\limits_{n=1}^{\infty} A_n \in \mathscr{E}$. 所以$\mathscr{E}$为$\sigma$代数. ∎

由定理3.1.1知：若ξ为随机变量，则对任意波莱尔集A，$\xi^{-1}(A)$都为事件，这样就建立起了波莱尔集与事件之间的对应关系. 这样，对于给定的随机变量ξ，它所能描述的事件构成事件族

$$\xi^{-1}(\mathscr{B}) \triangleq \left\{\xi^{-1}(A) : A \in \mathscr{B}\right\}, \tag{3.4}$$

且有如下定理.

定理3.1.2　若ξ为定义在$(\Omega, \mathscr{F}, \mathbb{P})$上的随机变量，则$\xi^{-1}(\mathscr{B})$为事件域，且$\xi^{-1}(\mathscr{B}) \subset \mathscr{F}$.

证明　显然$\Omega = \xi^{-1}(\mathbb{R}) \in \xi^{-1}(\mathscr{B})$；再由引理1.1.9知$\xi^{-1}(\mathscr{B})$对于补运算和可数并运算封闭. 因此$\xi^{-1}(\mathscr{B})$为$\sigma$代数，进而由定理3.1.1知结论成立. ∎

依据定理3.1.2，$\xi^{-1}(\mathscr{B})$ 所包含事件多少由ξ的值域所决定，如对于例3.1.1中的随机变量ξ，其值域中只有两个值0和1，可以验证

$$\xi^{-1}(\mathscr{B}) = \{\Omega, \text{正}, \text{反}, \varnothing\} = \mathscr{F};$$

考虑另外一个随机变量$\eta \equiv 0.5$，其值域中只有一个值0.5，因此

$$\eta^{-1}(\mathscr{B}) = \{\Omega, \varnothing\} \neq \mathscr{F},$$

即η仅能表示$\mathscr{F}$中的部分事件，不能表示事件{正}和{反}. 一般地，随机变量的值域越大，它所能刻画的事件就越多.

考虑随机变量列$\{\xi_n\} \triangleq \{\xi_n : n \geqslant 1\}$，对于给定的样本点$\omega$，$\{\xi_n(\omega)\}$为一个实数列. 如果

$$\lim_{n\to\infty} \xi_n(\omega) = \xi(\omega), \quad \forall \omega \in \Omega,$$

那么称$\{\xi_n\}$**收敛于**ξ，记为$\lim\limits_{n\to\infty} \xi_n = \xi$. 问题是这里的$\xi$还是随机变量吗？下面的定理给出问题的答案.

定理3.1.3 (随机变量序列收敛定理)　若随机变量列$\{\xi_n\}$收敛于ξ，则ξ为随机变量.

证明 对于任何实数x有

$$\lim_{n\to\infty}\xi_n(\omega)\leqslant x \Longleftrightarrow \forall m\geqslant 1,\text{存在}N\geqslant 1,\text{使得}\forall n\geqslant N\text{时有}\xi_n(\omega)\leqslant x+\frac{1}{m},$$

即

$$\begin{aligned}\left\{\lim_{n\to\infty}\xi_n\leqslant x\right\}&=\left\{\forall m\geqslant 1,\text{存在}N\geqslant 1,\text{使得}\forall n\geqslant N\text{时有}\xi_n\leqslant x+\frac{1}{m}\right\}\\&=\bigcap_{m=1}^{\infty}\bigcup_{N=1}^{\infty}\bigcap_{n=N}^{\infty}\left\{\xi_n\leqslant x+\frac{1}{m}\right\}.\end{aligned}$$

因此

$$\{\xi\leqslant x\}=\left\{\lim_{n\to\infty}\xi_n\leqslant x\right\}=\bigcap_{m=1}^{\infty}\bigcup_{N=1}^{\infty}\bigcap_{n=N}^{\infty}\left\{\xi_n\leqslant x+\frac{1}{m}\right\}\in\mathscr{F},$$

即ξ为随机变量. ∎

§3.1.2 随机变量的离散化逼近

由例3.1.1的证明知：当A为事件时，$\mathbb{1}_A$是取值于$\{0,1\}$的随机变量. 进一步，若随机变量ξ的值域为有限集，则可以将它表示为事件的示性函数的线性组合，如下定理所述.

定理3.1.4 若随机变量ξ的值域$\xi(\Omega)=\{x_1,x_2,\cdots,x_n\}$，则

$$\xi=\sum_{i=1}^{n}x_i\mathbb{1}_{\{\xi=x_i\}}. \tag{3.5}$$

证明 对于任意$\omega\in\Omega$，存在$x_\omega\in\xi(\Omega)$，使得$\xi(\omega)=x_\omega$，即$\omega\in\{\xi=x_\omega\}$. 因此

$$\xi(\omega)=x_\omega=x_\omega\mathbb{1}_{\{\xi=x_\omega\}}(\omega)=\sum_{i=1}^{n}x_i\mathbb{1}_{\{\xi=x_i\}}(\omega),$$

即结论成立. ∎

显然，(3.5)的等价表达方式为

$$\xi=\sum_{x\in\xi(\Omega)}x\mathbb{1}_{\{\xi=x\}}, \tag{3.6}$$

这一表达式避免了求和式的上标，更为简洁.

定义 3.1.2 若随机变量ξ的值域$\xi(\Omega)$为有限集，则称ξ为**简单随机变量**，称(3.5)或(3.6)为ξ**的标准表达式**.

我们可以用简单随机变量一致逼近有界随机变量. 事实上，对于有界随机变量ξ，存在数$m \leqslant M$，使得

$$m = \inf_{\omega \in \Omega} \xi(\omega) \leqslant \sup_{\omega \in \Omega} \xi(\omega) = M.$$

记$x_i = \dfrac{i(M-m)}{n} + m$，

$$\xi_n = m\mathbb{1}_{\{\xi = m\}} + \sum_{i=1}^{n} x_{i-1} \mathbb{1}_{\xi^{-1}((x_{i-1}, x_i])}. \tag{3.7}$$

显然，ξ_n为简单随机变量，且

$$\sup_{\omega \in \Omega} |\xi(\omega) - \xi_n(\omega)| \leqslant \frac{M-m}{n}, \tag{3.8}$$

即ξ可以由$\{\xi_n\}$一致逼近.

对于无界随机变量$\xi \geqslant 0$，不能用简单随机变量一致逼近，问题是能否用简单随机变量逼近它？

记

$$\xi_n = \sum_{k=1}^{n2^n} \frac{k-1}{2^n} \mathbb{1}_{\left\{\frac{k-1}{2^n} < \xi \leqslant \frac{k}{2^n}\right\}} + n\mathbb{1}_{\{\xi > n\}}, \tag{3.9}$$

则ξ_n为简单随机变量.

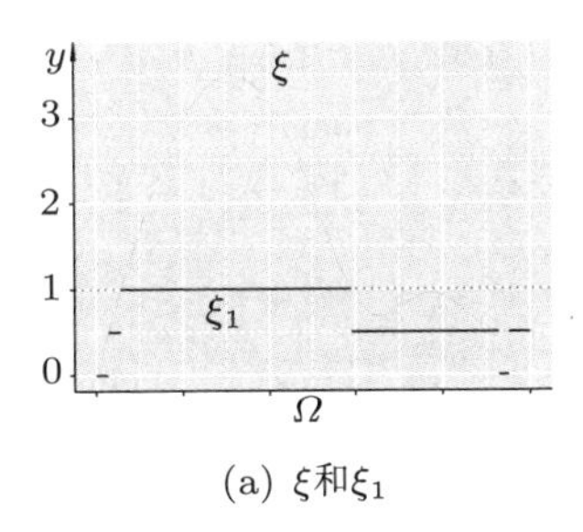

(a) ξ和ξ_1

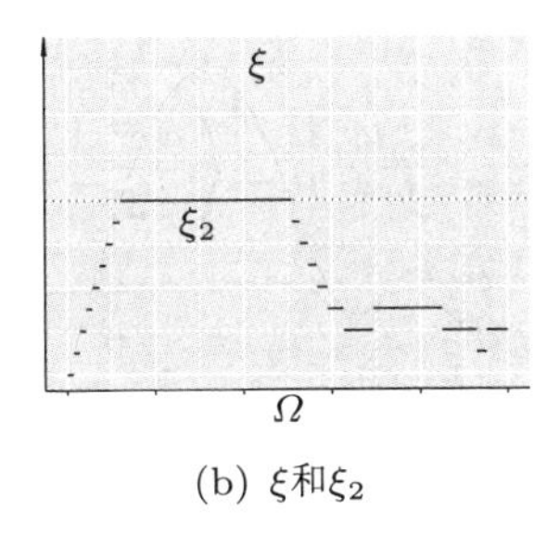

(b) ξ和ξ_2

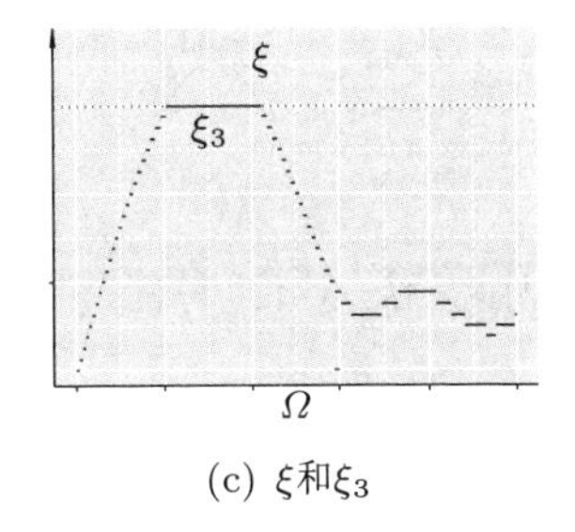

(c) ξ和ξ_3

图 3.1 ξ_n与ξ间关系示意图

可以通过图3.1(a)至图3.1(c)直观判断ξ_n，ξ_{n+1}和ξ之间的关系，这些图中坐标横轴表示样本空间Ω，坐标纵轴表示包含$\xi(\Omega)$ 的实数全体，黑色细实线表示非负随机变量ξ的图像，图3.1(a)中的黑色粗水平实线条表示ξ_1的图像，

图3.1(b)中的黑色粗水平实线条表示ξ_2的图像，图3.1(c)中的黑色粗水平实线条表示ξ_3的图像.

对比图3.1(a)和图3.1(b)，发现ξ_2 比ξ_1 近似ξ的效果好；对比图3.1(b)和图3.1(c)，发现ξ_3比ξ_2近似ξ的效果好. 由此可以猜想随着n的增加，ξ_n近似ξ的效果会越来越好. 进一步，对比ξ_1, ξ_2和ξ_3的图像，发现$\xi_1 \leqslant \xi_2 \leqslant \xi_3$，由此可以猜想$\xi_n \leqslant \xi_{n+1}$. 事实上，上述猜想都是正确的，如下定理所示.

定理3.1.5 (非负随机变量逼近定理) 若随机变量$\xi \geqslant 0$，则存在单增简单随机变量序列$\{\xi_n\}$，使得

$$\lim_{n\to\infty} \xi_n = \xi. \tag{3.10}$$

证明 只需证明(3.9)定义的简单随机变量ξ_n满足要求，即证明$\{\xi_n\}$为收敛于ξ的单增随机变量序列.

对于任意

$$\omega \in \Omega = \bigcup_{k=0}^{\infty} \left\{ \frac{k-1}{2^n} < \xi \leqslant \frac{k}{2^n} \right\} = \bigcup_{j=0}^{\infty} \left\{ \frac{j-1}{2^{n+1}} < \xi \leqslant \frac{j}{2^{n+1}} \right\},$$

存在非负正整数k和j，使得$\omega \in \left\{ \frac{k-1}{2^n} < \xi \leqslant \frac{k}{2^n} \right\}$和$\omega \in \left\{ \frac{j-1}{2^{n+1}} < \xi \leqslant \frac{j}{2^{n+1}} \right\}$，即

$$\xi(\omega) \in \left(\frac{k-1}{2^n}, \frac{k}{2^n} \right] = \left(\frac{2k-2}{2^{n+1}}, \frac{2k}{2^{n+1}} \right], \quad \xi(\omega) \in \left(\frac{j-1}{2^{n+1}}, \frac{j}{2^{n+1}} \right],$$

亦即$\left(\frac{k-1}{2^n}, \frac{k}{2^n} \right] \cap \left(\frac{j-1}{2^{n+1}}, \frac{j}{2^{n+1}} \right] \neq \varnothing$，所以

$$\left(\frac{j-1}{2^{n+1}}, \frac{j}{2^{n+1}} \right] \subset \left(\frac{k-1}{2^n}, \frac{k}{2^n} \right].$$

因此当$k \leqslant n2^n$时，

$$\xi_n(\omega) = \frac{k-1}{2^n} \leqslant \frac{j-1}{2^{n+1}} = \xi_{n+1}(\omega);$$

当$n2^n < k \leqslant (n+1)2^n$时，

$$\xi_n(\omega) = n \leqslant \frac{k-1}{2^n} \leqslant \frac{j-1}{2^{n+1}} = \xi_{n+1}(\omega);$$

当$k > (n+1)2^n$时，

$$\xi_n(\omega) = n \leqslant n+1 = \xi_{n+1}(\omega).$$

这表明$\{\xi_n\}$为单增随机变量序列.

进一步，给定$\omega\in\Omega$，存在正整数N，使得$\xi(\omega)\leqslant N$. 因此当$n\geqslant N$时有

$$\omega\in\{\xi\leqslant n\}=\bigcup_{k=1}^{n2^n}\left\{\frac{k-1}{2^n}<\xi\leqslant\frac{k}{2^n}\right\},$$

从而存在正整数k，使得$\omega\in\left\{\frac{k-1}{2^n}<\xi\leqslant\frac{k}{2^n}\right\}$，即

$$\xi_n(\omega)=\frac{k-1}{2^n},\quad \frac{k-1}{2^n}<\xi(\omega)\leqslant\frac{k}{2^n}.$$

因此

$$|\xi(\omega)-\xi_n(\omega)|\leqslant\frac{k}{2^n}-\frac{k-1}{2^n}=\frac{1}{2^n},\quad \forall n\geqslant N,$$

即(3.10)成立. ∎

由定理3.1.5可以证明任何随机变量都可以用简单随机变量逼近，为证明这一结论，引入最大运算符$\vee$和最小运算符$\wedge$如下：

$$a\vee b\triangleq\max\{a,b\},\quad a\wedge b\triangleq\min\{a,b\}.$$

对于任何随机变量ξ，称

$$\xi^+\triangleq\xi\vee 0$$

为ξ**的正部**，称

$$\xi^-\triangleq-(\xi\wedge 0)$$

为ξ**的负部**. 显然ξ^+和ξ^-都为非负随机变量，且$\xi=\xi^+-\xi^-$.

类似地，对于任何函数f，称

$$f^+\triangleq f\vee 0$$

为f**的正部**，称

$$f^-\triangleq-(f\wedge 0)$$

为f**的负部**. 显然f^+和f^-都为非负函数，且$f=f^+-f^-$.

定理3.1.6 (随机变量逼近定理) 假设ξ为定义Ω上的实值函数，则ξ为$(\Omega,\mathscr{F},\mathbb{P})$上随机变量的充分必要条件是：存在简单随机变量列$\{\xi_n\}$使得(3.10)成立.

证明 若(3.10)成立，由定理3.1.3知ξ为随机变量，即充分性成立.

若ξ为随机变量，记

$$\xi_n^+ = \sum_{k=1}^{n2^n} \frac{k-1}{2^n} \mathbb{1}_{\left\{\frac{k-1}{2^n} < \xi^+ \leqslant \frac{k}{2^n}\right\}} + n\mathbb{1}_{\{n<\xi^+\}},$$

$$\xi_n^- = \sum_{k=1}^{n2^n} \frac{k-1}{2^n} \mathbb{1}_{\left\{\frac{k-1}{2^n} < \xi^- \leqslant \frac{k}{2^n}\right\}} + n\mathbb{1}_{\{n<\xi^-\}}.$$

由定理3.1.5知

$$\xi^+ = \lim_{n\to\infty} \xi_n^+, \quad \xi^- = \lim_{n\to\infty} \xi_n^-.$$

显然$\xi_n = \xi_n^+ - \xi_n^-$为简单随机变量，再由极限的线性性质知(3.10)成立，即必要性成立. ∎

§3.1.3 分布与分布函数

设ξ是定义在$(\Omega, \mathscr{F}, \mathbb{P})$上的随机变量，为研究事件$\xi^{-1}(B)$的概率，引入如下定义.

定义 3.1.3 对于任何$B \in \mathscr{B}$，定义

$$\mathbb{F}_\xi(B) \triangleq \mathbb{P}(\xi \in B) \triangleq \mathbb{P}(\xi^{-1}(B)), \tag{3.11}$$

称$\mathbb{F}_\xi$为ξ的**概率分布**，简称为**分布**. 进一步，对于任何$x \in \mathbb{R}$，定义

$$F_\xi(x) \triangleq \mathbb{P}(\xi \leqslant x) \triangleq \mathbb{P}(\xi \in (-\infty, x]), \tag{3.12}$$

称F_ξ为ξ的**概率分布函数**，简称为**分布函数**.

若$\mathbb{P}$为$\mathscr{B}$上的概率，则恒等映射

$$I(x) \triangleq x, \quad \forall x \in \mathbb{R},$$

是$(\mathbb{R}, \mathscr{B}, \mathbb{P})$上的随机变量，该随机变量的分布为$\mathbb{P}$. 因此$\mathscr{B}$上的任何概率都是某一随机变量的分布.

在上下文不引起混乱的情况下，省略分布或分布函数的下标ξ，即将$\mathbb{F}_\xi$简记为$\mathbb{F}$，将F_ξ简记为F. 为表达简便，用$\xi \sim \mathbb{F}$ 表示ξ的分布为$\mathbb{F}$，用$\xi \sim F$ 表示ξ的分布函数为F. 下面定理说明：借助于随机变量，可以把随机现象纳入实数样本空间框架中研究.

定理3.1.7 若ξ为随机变量，则$\mathbb{F}_\xi$是$\mathscr{B}$上的概率，即$(\mathbb{R},\mathscr{B},\mathbb{F}_\xi)$为概率空间.

证明 显然$\mathbb{F}_\xi$具有非负性；由$\xi^{-1}(\mathbb{R})=\Omega$和$\mathbb{F}_\xi$的定义，可以得到规范性. 下面只需证明可列可加性.

设$\{B_n\}\subset\mathscr{B}$互不相容，则$\{\xi^{-1}(B_n)\}$也互不相容，再由引理1.1.9和概率的可列可加性得

$$\begin{aligned}\mathbb{F}_\xi\left(\bigcup_n B_n\right)&=\mathbb{P}\left(\xi^{-1}\left(\bigcup_n B_n\right)\right)=\mathbb{P}\left(\bigcup_n\xi^{-1}(B_n)\right)\\&=\sum_n\mathbb{P}\left(\xi^{-1}(B_n)\right)=\sum_n\mathbb{F}_\xi(B_n),\end{aligned}$$

即可列可加性成立. ∎

由定义3.1.3知，分布函数由分布唯一确定，反之也真，如下定理所示.

定理3.1.8 (分布唯一性定理) 分布与分布函数相互唯一确定，即：$\mathbb{F}_\xi=\mathbb{F}_\eta$的充分必要条件是$F_\xi=F_\eta$，其中$\xi$和$\eta$为随机变量.

证明 往证必要性. 由$(-\infty,x]\in\mathscr{B}$和$\mathbb{F}_\xi=\mathbb{F}_\eta$得

$$\begin{aligned}F_\xi(x)&=\mathbb{P}(\xi\in(-\infty,x])=\mathbb{F}_\xi((-\infty,x])\\&=\mathbb{F}_\eta((-\infty,x])=\mathbb{P}(\eta\in(-\infty,x])=F_\eta(x).\end{aligned}$$

往证明充分性. 由$F_\xi=F_\eta$得

$$\mathbb{P}(\xi\leqslant x)=F_\xi(x)=F_\eta(x)=\mathbb{P}(\eta\leqslant x),\quad\forall x\in\mathbb{R},$$

即

$$\mathbb{P}(\xi\in A)=\mathbb{P}(\eta\in A),\quad\forall A\in\mathscr{P},\tag{3.13}$$

其中$\mathscr{P}$的定义见(1.12). 记

$$\mathscr{A}=\{A\in\mathscr{B}:\mathbb{P}(\xi\in A)=\mathbb{P}(\eta\in A)\},$$

则由(3.13)知$\mathscr{A}\supset\mathscr{P}$. 此外，由概率的规范性、可减性和可列可加性知$\mathscr{A}$为$\mathbb{R}$上的$\lambda$类. 再注意到$\mathscr{P}$对交运算封闭，由单调类定理1.1.3知$\mathscr{B}=\sigma(\mathscr{P})=\lambda(\mathscr{P})\subset\mathscr{A}$，即

$$\mathbb{P}(\xi\in A)=\mathbb{P}(\eta\in A),\quad\forall A\in\mathscr{B},$$

亦即$\mathbb{F}_\xi=\mathbb{F}_\eta$，因此充分性成立. ∎

例 3.1.2 求例3.1.1中随机变量的分布函数.

解 显然

$$F(x)=\mathbb{P}(\xi\leqslant x)=\begin{cases}0, & x<0,\\ \dfrac{1}{2}, & 0\leqslant x<1,\\ 1, & x\geqslant 1.\end{cases}$$

∎

此例中分布函数有单增性与右连续性，这是分布函数的共性.

定理3.1.9 分布函数F具有如下的性质：

1° **单增性**，即$\forall x_1\leqslant x_2$，$F(x_1)\leqslant F(x_2)$；

2° **右连续性**，即$\lim\limits_{x\downarrow x_0}F(x)=F(x_0)$；

3° **规范性**，即$\lim\limits_{x\to-\infty}F(x)=0,\quad \lim\limits_{x\to\infty}F(x)=1.$

证明 由$\forall x_1\leqslant x_2$知$\{\xi\leqslant x_1\}\subset\{\xi\leqslant x_2\}$，再由概率的单调性得1°.
其次，由$\forall x_n\downarrow x_0$知

$$\{\xi\leqslant x_n\}\downarrow\bigcap_n\{\xi\leqslant x_n\}=\{\xi\leqslant x_0\},$$

再由概率的上连续性得$\lim\limits_{n\to\infty}F(x_n)=F(x_0)$，即右连续性.
最后由概率的上连续性和下连续性得

$$\lim_{n\to\infty}F(-n)=0,\quad \lim_{n\to\infty}F(n)=1,$$

再由分布函数的单调性得规范性. ∎

具有定理3.1.9中三条性质的实函数，必然是某一随机变量的分布函数（详见后面的随机变量存在定理3.7.8）. 对于概率空间$(\mathbb{R},\mathscr{B},\mathbb{F})$，其上的随机变量就是一种特殊的实函数，由此引入下面定义.

定义 3.1.4 若对于任意$x\in\mathbb{R}$，实函数f满足条件

$$f^{-1}\left((-\infty,x]\right)\triangleq\{t:f\left(t\right)\leqslant x\}\in\mathscr{B},$$

则称f为**波莱尔函数**.

波莱尔函数是定义在$(\mathbb{R},\mathscr{B},\mathbb{F})$上的随机变量，常见的函数均为波莱尔函数，如初等函数、连续函数和阶梯函数等.

例 3.1.3 证明$f(x)=x^2$为波莱尔函数.

证明 对于任意$x\in\mathbb{R}$，

$$f^{-1}\left((-\infty,x]\right)=\begin{cases}\varnothing, & x<0,\\ \left[-\sqrt{x},\sqrt{x}\right], & 0\leqslant x,\end{cases}$$

即$f(x)=x^2$为波莱尔函数. ∎

定理3.1.10 实函数f为波莱尔函数的充要条件是

$$f^{-1}(B)\in\mathscr{B},\quad \forall B\in\mathscr{B}.$$

证明 由定理3.1.1立得. ∎

下面的定理表明随机变量与波莱尔函数的复合还是随机变量.

定理3.1.11 若ξ为定义在$(\Omega,\mathscr{F},\mathbb{P})$上的随机变量，$f$为波莱尔函数，则$\eta=f(\xi)$为定义在$(\Omega,\mathscr{F},\mathbb{P})$上的随机变量.

证明 $\forall B\in\mathscr{B}$有$f^{-1}(B)\in\mathscr{B}$，从而

$$\eta^{-1}(B)=\xi^{-1}\left(f^{-1}(B)\right)\in\mathscr{F},$$

即结论成立. ∎

为推广定理3.1.11，引入一些符号：如无特殊声明，总是用$\mathbb{R}^n$表示n**维欧氏空间**；用黑体字母表示向量；若$\boldsymbol{x}$为向量，则将它的第k分量记为x_k；

$$(-\infty,\boldsymbol{x}]\triangleq\prod_{k=1}^{n}(-\infty,x_k],\quad \forall\boldsymbol{x}\in\mathbb{R}^n, \tag{3.14}$$

$$(\boldsymbol{a},\boldsymbol{b}]\triangleq\prod_{k=1}^{n}(a_k,b_k],\quad \forall\boldsymbol{a},\boldsymbol{b}\in\mathbb{R}^n, \tag{3.15}$$

$$\mathscr{P}_n\triangleq\left\{(-\infty,\boldsymbol{x}]:\boldsymbol{x}\in\mathbb{R}^n\right\}, \tag{3.16}$$

称

$$\mathscr{B}_1\times\mathscr{B}_2\times\cdots\times\mathscr{B}_n\triangleq\mathscr{B}^n\triangleq\sigma\left(\mathscr{P}_n\right)$$

为n**维波莱尔集类**，并称$\mathscr{B}^n$中的集合为n**维波莱尔集**.

定义 3.1.5 若n元函数g满足

$$g^{-1}(B) \in \mathscr{B}^n, \quad \forall B \in \mathscr{B},$$

则称g为n**元波莱尔函数**，并将其在$\boldsymbol{x}$处的值记为$g(x_1, x_2, \cdots, x_n)$或$g(\boldsymbol{x})$.

常见的n元函数均为n元波莱尔函数，如连续函数、分片连续函数等. 类似于定理3.1.11有如下定理，该定理的证明留作练习3.5.1.

定理3.1.12 设ξ_i为随机变量，g为n元波莱尔函数，则

$$\eta = g(\xi_1, \xi_2, \cdots, \xi_n)$$

为随机变量.

§3.1.4 随机变量的独立性

在定义2.3.2中给出了多个事件相互独立概念，可以应用这一概念探讨随机变量$\xi_1, \xi_2, \cdots, \xi_n$之间的关系，进而帮助计算

$$\xi_1^{-1}(B_1), \xi_2^{-1}(B_2), \cdots, \xi_n^{-1}(B_n)$$

之交、并、差和补事件的概率，其中$B_1, B_2, \cdots, B_n$为波莱尔集.

定义 3.1.6 若随机变量$\xi_1, \xi_2, \cdots, \xi_n$满足如下条件

$$\mathbb{P}\left(\bigcap_{k=1}^{n} \xi_k^{-1}(A_k)\right) = \prod_{k=1}^{n} \mathbb{P}\left(\xi_k^{-1}(A_k)\right), \quad \forall A_1, A_2, \cdots, A_n \in \mathscr{B}, \tag{3.17}$$

则称随机变量$\xi_1, \xi_2, \cdots, \xi_n$**相互独立**；若随机变量族$\{\xi_t : t \in T\}$中的任意有限个随机变量都相互独立，则称该随机变量族为**独立随机变量族**，其中T为指标集；若随机变量序列$\{\xi_n\}$为独立随机变量族，则称该序列为**独立随机变量序列**.

例 3.1.4 袋中有r个红球与b个黑球，从中用取后放回的方法依次任取球，记$\xi_i = \mathbb{1}_{\{第i次取到红球\}}$，$1 \leqslant i, j \leqslant r+b$，求概率$\mathbb{P}(\xi_i = 1, \xi_j = 1)$.

解 当$i = j$时，事件$\{\xi_i = 1\} \cap \{\xi_j = 1\} = \{\xi_i = 1\}$为第$i$次取出的是红球，由抓阄问题的公平性（或摸球问题例1.2.7）知

$$\mathbb{P}(\xi_i = 1, \xi_j = 1) = \mathbb{P}(\xi_i = 1) = \frac{r}{r+b}, \quad 1 \leqslant i \leqslant r+b.$$

当$i \neq j$时，不妨假设$i < j$. 由于是采用取后放回的方法，所以第i次取球的结果不会影响第j次取球的结果，即ξ_i和ξ_j相互独立，因此

$$\mathbb{P}(\xi_i = 1, \xi_j = 1) = \mathbb{P}(\xi_i = 1)\mathbb{P}(\xi_j = 1) = \left(\frac{r}{r+b}\right)^2.$$

■

在实际应用中，常通过问题背景判断两个随机变量是否相互独立，以决定是否可以利用独立性简化概率计算，如例3.1.4所示.

例 3.1.5 参加集会的n个人将他们自己的帽子混放在一起，会后参会人员依次任选一顶帽子戴上，$\xi_i = \mathbb{1}_{\{第i人戴上自己的帽子\}}$，证明当$i \neq j$时，$\xi_i$和$\xi_j$不相互独立.

解 由例1.2.9知$\mathbb{P}(\xi_i = 1) = \dfrac{1}{n}$，$\mathbb{P}(\xi_j = 1) = \dfrac{1}{n}$. 另外，由概率乘法公式有

$$\mathbb{P}(\xi_i = 1, \xi_j = 1) = \mathbb{P}(\xi_i = 1)\mathbb{P}(\xi_j = 1 \,|\xi_i = 1) = \frac{1}{n}\mathbb{P}(\xi_j = 1 \,|\xi_i = 1),$$

再注意到条件概率$\mathbb{P}(\xi_j = 1 \,|\xi_i = 1)$等于除第$i$人外的其他$n-1$人中第$j$人戴上自己帽子的概率$\dfrac{1}{n-1}$，可得

$$\mathbb{P}(\xi_i = 1, \xi_j = 1) = \frac{1}{n(n-1)} \neq \mathbb{P}(\xi_i = 1)\mathbb{P}(\xi_j = 1),$$

即结论成立. ■

在例3.1.5中，可以借助配对模型用古典概率计算公式计算概率$\mathbb{P}(\xi_i = 1, \xi_j = 1)$，但借助例1.2.9的结果和概率的乘法公式可以摆脱繁杂的样本空间和事件的计数过程，由此可以体会概率公理的价值. 当然，在上述解答中是依据实际问题背景分析条件概率空间的性质，然后依据这种性质来计算条件概率$\mathbb{P}(\xi_j = 1 \,|\xi_i = 1)$的值.

显然，例3.1.5中的随机变量$\xi_1, \xi_2, \cdots, \xi_n$不是相互独立的，这是因为

$$\begin{aligned}\mathbb{P}(\xi_1 = 1, \xi_2 = 1, \xi_3 \in \{0,1\}, \cdots, \xi_n \in \{0,1\}) &\neq \mathbb{P}(\xi_1 = 1)\mathbb{P}(\xi_2 = 1) \\ &= \mathbb{P}(\xi_1 = 1)\mathbb{P}(\xi_2 = 1)\prod_{k=3}^{n}\mathbb{P}(\xi_k \in \{0,1\}).\end{aligned}$$

此外，利用独立性可以简化各随机变量所刻画事件之交的概率计算，如下例所示.

例 3.1.6 对于例3.1.4中随机变量ξ_i和实数$x_i \in \{0,1\}$，求概率

$$\mathbb{P}\left(\xi_1 = x_1, \xi_2 = x_2, \cdots, \xi_n = x_n\right).$$

解 由于是采用取后放回的方法，所以$\xi_1, \xi_2, \cdots, \xi_n$相互独立，再由抓阄问题的公平性得

$$\mathbb{P}\left(\xi_1 = x_1, \xi_2 = x_2, \cdots, \xi_n = x_n\right) = \prod_{i=1}^{n} \mathbb{P}\left(\xi_i = x_i\right)$$
$$= \prod_{i=1}^{n} \left(\left(\frac{r}{r+b}\right)^{x_i} \left(\frac{b}{r+b}\right)^{1-x_i} \right) = \left(\frac{r}{r+b}\right)^{\sum\limits_{i=1}^{n} x_i} \left(\frac{b}{r+b}\right)^{n-\sum\limits_{i=1}^{n} x_i}.$$

■

定理3.1.13 若$\xi_1, \xi_2, \cdots, \xi_n$相互独立，则其中任何有限个也相互独立.

证明 由定义3.1.6立得结论. ■

$\xi_1, \xi_2, \cdots, \xi_n$中的任何$n-1$个随机变量都是相互独立的条件，不能保证这$n$个随机变量相互独立，详见习题3.1.14.

定义 3.1.7 考察随机变量族$\mathcal{F} = \{\xi_t : t \in T\}$和随机变量$\eta$，若对于任意$n$元波莱尔函数$g$和任意$\xi_1, \xi_2, \cdots, \xi_n \in \mathcal{F}$，$g\left(\xi_1, \xi_2, \cdots, \xi_n\right)$和$\eta$都相互独立，则称**随机变量族$\mathcal{F}$和$\eta$相互独立**或**$\mathcal{F}$和$\eta$相互独立**.

§3.1.5 离散型随机变量与连续型随机变量

定义 3.1.8 对于随机变量ξ，若存在$\{x_1, x_2, \cdots, x_n\} \subset \mathbb{R}$，使得

$$\sum_{k=1}^{n} \mathbb{P}\left(\xi = x_k\right) = 1,$$

则称ξ为**离散型随机变量**，称

$$p\left(x\right) = \mathbb{P}\left(\xi = x\right), \quad \forall x \in \mathbb{R}, \tag{3.18}$$

为ξ，$\mathbb{F}_\xi$或F_ξ的**密度**，并称

$$\{x \in \mathbb{R} : \mathbb{P}(\xi = x) > 0\} \tag{3.19}$$

为ξ的**概率支撑集**.

显然离散型随机变量ξ的概率支撑集A为有限或可数实数集合，并且$\sum\limits_{x\in A}\mathbb{P}(\xi=x)=1$. 人们常用矩阵

$$\begin{pmatrix} x_1 & x_2 & \cdots \\ p_1 & p_2 & \cdots \end{pmatrix} \tag{3.20}$$

表示密度(3.18)，其中x_k是概率支撑集中的第k个实数，$p_k=\mathbb{P}(\xi=x_k)$，并称(3.20)为ξ的**密度矩阵**. 进一步，为表达简洁，用

$$\xi\sim\begin{pmatrix} x_1 & x_2 & \cdots \\ p_1 & p_2 & \cdots \end{pmatrix}$$

表示ξ为离散型随机变量，其密度矩阵为(3.20).

显然，常数c是离散型随机变量，其密度矩阵为

$$\begin{pmatrix} c \\ 1 \end{pmatrix},$$

称该密度矩阵所对应的分布为**单点分布**.

进一步，称密度矩阵

$$\begin{pmatrix} 0 & 1 \\ q & p \end{pmatrix},$$

所对应的分布为**两点分布**，或**伯努利分布**.

借助于离散型随机变量ξ的概率支撑集$A=\{x_1,x_2,\cdots,x_n\}$[1]和密度(3.18)，可以将它的分布和分布函数分别表示为

$$\mathbb{F}_\xi(B)=\sum_{u\in A\cap B}\mathbb{P}(\xi=u)=\sum_{u\in A}\mathbb{1}_B(u)p(u)=\sum_{k=1}^{n}\mathbb{1}_B(x_k)p(x_k),\quad \forall B\in\mathscr{B}, \tag{3.21}$$

$$F_\xi(x)=\sum_{u\in A\cap(-\infty,x]}\mathbb{P}(\xi=u)=\sum_{u\in A}\mathbb{1}_{(-\infty,x]}(u)p(u)=\sum_{k=1}^{n}p_k\mathbb{1}_{(-\infty,x]}(x_k),\quad \forall x\in\mathbb{R}, \tag{3.22}$$

所以离散型随机变量的分布、分布函数由密度唯一确定.

利用概率的可加性可以证明(3.21)，证明细节留作练习3.1.24. (3.22)的证明留作练习3.1.25，它是(3.21)的一个特例.

离散型随机变量分布函数图像特点：分布函数是右连续阶梯函数，每个跳跃点的跳跃度恰为该点的密度. 离散型随机变量的密度和分布函数图像如图3.2所示.

[1]以后约定：当$n=\infty$时，$\{x_1,x_2,\cdots,x_n\}\triangleq\{x_k:k\geqslant1\}$.

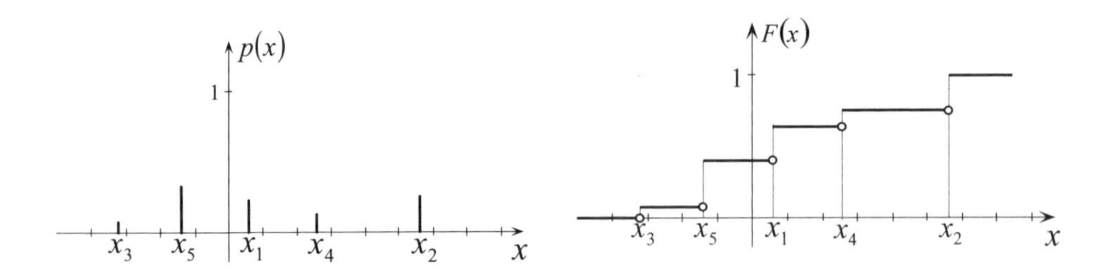

图 3.2 离散型密度与分布函数图像

定理3.1.14 (离散卷积公式) 设ξ为随机变量. 若离散型随机变量η的概率支撑集为A，$f(x,y)$为二元波莱尔函数，则随机变量$\zeta=f(\xi,\eta)$的分布为

$$\mathbb{F}(B)=\sum_{x\in A}\mathbb{P}\left(\eta=x\right)\mathbb{P}\left(f(\xi,x)\in B|\eta=x\right),\quad \forall B\in\mathscr{B}. \tag{3.23}$$

特别对于$\zeta=\xi+\eta$，若ξ和η是相互独立的离散型随机变量，且它们的概率支撑集都是非负整数值，则有如下的**离散卷积公式**:

$$\mathbb{P}\left(\zeta=n\right)=\sum_{k=0}^{n}\mathbb{P}(\xi=n-k)\mathbb{P}(\eta=k). \tag{3.24}$$

证明 由概率的可加性和乘法公式得

$$\begin{aligned}\mathbb{F}(B)&=\mathbb{P}(\zeta\in B)=\mathbb{P}(\zeta\in B,\eta\in A)+\mathbb{P}(\zeta\in B,\eta\in\mathbb{R}-A)\\&=\sum_{x\in A}\mathbb{P}(\zeta\in B,\eta=x)=\sum_{x\in A}\mathbb{P}(\eta=x)\mathbb{P}\left(f(\xi,\eta)\in B|\eta=x\right)\\&=\sum_{x\in A}\mathbb{P}(\eta=x)\mathbb{P}\left(f(\xi,x)\in B|\eta=x\right).\end{aligned}$$

特别地，当ξ和η是相互独立的离散型随机变量，且它们的概率支撑集都是非负整数值时，取$f(x,y)=x+y$，$B=\{n\}$，得

$$\begin{aligned}\mathbb{P}\left(\zeta=n\right)&=\sum_{k=0}^{\infty}\mathbb{P}(\xi+k\in B|\eta=k)\mathbb{P}(\eta=k)\\&=\sum_{k=0}^{n}\mathbb{P}(\xi=n-k|\eta=k)\mathbb{P}(\eta=k)=\sum_{k=0}^{n}\mathbb{P}(\xi=n-k)\mathbb{P}(\eta=k),\end{aligned}$$

即离散卷积公式成立. ∎

定义 3.1.9 设ξ为随机变量，如果存在非负函数$p(x)$，使得分布函数

$$F_\xi(x) = \int_{-\infty}^{x} p(t)\mathrm{d}t, \quad \forall x \in \mathbb{R}, \tag{3.25}$$

则称ξ为**连续型随机变量**，称$p(x)$为ξ的**密度函数**，简称为**密度**，称分布$\mathbb{F}_\xi$为**连续型分布**，称分布函数F_ξ为**连续型分布函数**，称

$$\{t \in \mathbb{R} : p(t) > 0\} \tag{3.26}$$

为连续型随机变量ξ的**概率支撑集**.

显然，密度函数$p(x)$满足

$$\int_{-\infty}^{\infty} p(x)\mathrm{d}x = 1.$$

反之，满足该条件的非负函数是某随机变量的密度函数. 为表述简便，我们用$\xi \sim p(x)$表示ξ的密度函数为$p(x)$. 连续型随机变量的分布$\mathbb{F}$可由密度函数$p(x)$表示为

$$\mathbb{F}(B) = \int_B p(x)\mathrm{d}x = \int_{-\infty}^{\infty} \mathbb{1}_B(x)\, p(x)\mathrm{d}x, \quad \forall B \in \mathscr{B}, \tag{3.27}$$

所以密度唯一确定分布函数和分布，反之却不真.

(3.27)的证明留作练习3.1.26，其证明思路与分布唯一性定理3.1.8的充分性证明思路类似，是利用单调类定理1.1.3证明.

众所周知，$\int_{-\infty}^{x} p(t)\mathrm{d}t$是$x$的连续函数，即连续型分布函数一定是连续函数. 另外，连续型随机变量ξ落入区间$(a,b]$的概率

$$\mathbb{P}\left(\xi \in (a,b]\right) = \int_a^b p(x)\,\mathrm{d}x,$$

即ξ落入区间$(a,b]$的概率等于以$(a,b]$为底的、以密度函数为顶的曲边梯形的面积，如图3.3所示.

当x为密度函数的连续点且$\delta > 0$很小时，

$$\mathbb{P}(\xi \in (x-\delta/2, x+\delta/2]) = \int_{x-\delta/2}^{x+\delta/2} p(t)\mathrm{d}t \approx p(x)\delta,$$

即$p(x)$正比于ξ落到x邻域内的概率. 因此在实际应用中，人们总是用密度函数在x处的值来度量随机变量位于x邻域的概率大小，为实施极大似然方法奠定基础（详见统计学教材，如 [3]第62页）.

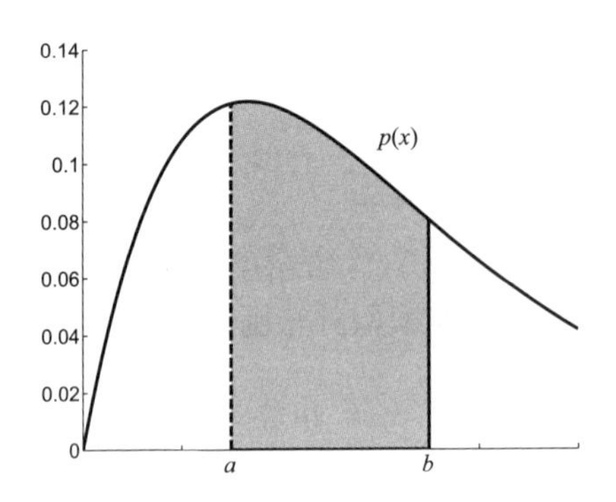

图 3.3 密度函数与概率

若分布函数F为连续函数，且分段可微，则F为连续型分布函数，其密度函数

$$p(x) = \mathbb{1}_A(x) \frac{\mathrm{d}F(x)}{\mathrm{d}x},$$

其中A是F的可微点构成的实数集合.

除离散型分布和连续型分布外，还存在奇异型分布（分布集中在长度为0的集合上，但是又不是离散型分布，详见 [4] 第232页）. 分布（分布函数或密度）的概率加权平均还是分布（分布函数或密度），参见练习3.6.5. 任何分布都可以表达为离散型分布、连续型分布和奇异型分布的概率加权平均（见 [4] 第232页Lebesgue分解定理）.

§3.1.6 练习题

练习 3.1.1 设Ω为样本空间，$\xi:\Omega\to\mathbb{R}$，$A\subset B\subset\mathbb{R}$，证明$\xi^{-1}(A)\subset\xi^{-1}(B)$.

练习 3.1.2 证明事件A的示性函数为随机变量.

练习 3.1.3 证明实数a为随机变量.

练习 3.1.4 已知ξ为随机变量，a和b为实数，证明$a\xi+b$为随机变量.

练习 3.1.5 若对每个$n\geqslant 1$，ξ_n为随机变量，证明：

$$\sup_n \xi_n,\quad \inf_n \xi_n,\quad \overline{\lim_n}\, \xi_n,\quad \underline{\lim_n}\, \xi_n,$$

均为随机变量.

练习 3.1.6 设ξ和η均为随机变量，证明$\xi+\eta$为随机变量.

练习 3.1.7 证明如下结论.

(1) $\mathbb{1}_{A\cap B}=\mathbb{1}_A\times\mathbb{1}_B$.

(2) 若$A\subset B$，则$\mathbb{1}_{B-A}=\mathbb{1}_B-\mathbb{1}_A$.

(3) 若$A\cap B=\varnothing$，则$\mathbb{1}_{A\cup B}=\mathbb{1}_A+\mathbb{1}_B$.

(4) 若$\{A_n\}$为样本空间的一个分割，则$\sum\limits_n\mathbb{1}_{A_n}=1$.

练习 3.1.8 对于事件$A_1,A_2,\cdots,A_n$和实数$x_1,x_2,\cdots,x_n$，其中n为正整数，证明$\xi=\sum\limits_{k=1}^{n}x_k\mathbb{1}_{A_k}$是随机简单变量.

练习 3.1.9 假设ξ为非负随机变量，

$$\xi_n=\sum_{k=1}^{n^2}\frac{k-1}{n}\mathbb{1}_{\left\{\frac{k-1}{n}<\xi\leqslant\frac{k}{n}\right\}},$$

证明$\{\xi_n\}$为收敛于ξ的简单随机变量序列.

练习 3.1.10 假设ξ为随机变量，

$$\xi_n=\sum_{k=-\infty}^{\infty}\frac{k-1}{n}\mathbb{1}_{\left\{\frac{k-1}{n}<\xi\leqslant\frac{k}{n}\right\}},$$

证明$\{\xi_n\}$一致收敛于ξ.

练习 3.1.11 若F为ξ的分布函数，证明如下等式

$$\begin{aligned}&\mathbb{P}\left(\xi=x\right)=F\left(x\right)-F\left(x-\right),\\&\mathbb{P}\left(\xi>x\right)=1-F\left(x\right),\\&\mathbb{P}\left(a<\xi\leqslant b\right)=F\left(b\right)-F\left(a\right).\end{aligned}$$

练习 3.1.12 设随机变量ξ的分布函数为$F(x)$，证明$\eta=\mathrm{e}^{\xi}$也是随机变量，并求η的分布函数.

练习 3.1.13 证明常数c与任何随机变量ξ相互独立.

练习 3.1.14 若ξ,η相互独立，都服从-1与1这两点上的等可能分布，而$\zeta=\xi\eta$，证ξ,η,ζ两两独立但不相互独立.

练习 3.1.15 若ξ为连续型随机变量，证明

$$\mathbb{P}(\xi = x) = 0, \quad \forall x \in \mathbb{R}^1.$$

练习 3.1.16 假设分布函数是分段可微连续函数，证明该分布函数为连续型的.

练习 3.1.17 证明连续型分布函数为连续增函数.

练习 3.1.18 在半径为R的车轮边缘上有一裂纹，求随机停车后裂纹距地面高度ξ的分布函数.

练习 3.1.19 设ξ的密度函数

$$p(x) = \mathrm{e}^{-\mathrm{e}(x-a)}, \quad x \geqslant 0,$$

求b，使$\mathbb{P}(\xi > b) = b$.

练习 3.1.20 设

$$F(x) = \begin{cases} 0, & x < 0, \\ \dfrac{1+2x}{3}, & 0 \leqslant x < 1, \\ 1, & 1 \leqslant x. \end{cases}$$

证明$F(x)$为离散型分布函数和连续型分布函数的线性组合.

练习 3.1.21 证明$f(x) = x^3$为波莱尔函数.

练习 3.1.22 若ξ和η为相互独立的随机变量，

$$F_\xi(x) = \mathrm{e}^{-x}\mathbb{1}_{[0,\infty)}, \quad \eta(\Omega) = \{0, 1\}, \quad \mathbb{P}(\eta = 1) = 0.5,$$

求$\xi\eta$的分布函数.

练习 3.1.23 若离散型随机变量ξ的概率支撑集为A,

$$\eta = \sum_{x \in A} x \mathbb{1}_A,$$

证明$\eta(\Omega) = A \cup \{0\}$，且$\xi$和$\eta$的分布相同.

练习 3.1.24 假设离散型随机变量ξ的概率支撑集

$$A = \{x_1, x_2, \cdots, x_n\},$$

证明

$$\mathbb{F}_\xi(B)=\sum_{s\in A\cap B}\mathbb{P}(\xi=s)=\sum_{k:x_k\in B}p_k=\sum_{k=1}^{n}p_k\mathbb{1}_B(x_k),\quad \forall B\in\mathscr{B},$$

其中$p_k=\mathbb{P}(\xi=x_k)$.

练习 3.1.25　假设离散型随机变量ξ的概率支撑集

$$A=\{x_1,x_2,\cdots,x_n\},$$

证明

$$F_\xi(x)=\sum_{s\in A\cap(-\infty,x]}\mathbb{P}(\xi=s)=\sum_{k:x_k\leqslant x}p_k=\sum_{k=1}^{n}p_k\mathbb{1}_{(-\infty,x]}(x_k),\quad \forall x\in\mathbb{R},$$

其中$p_k=\mathbb{P}(\xi=x_k)$.

练习 3.1.26　假设连续型随机变量ξ的密度函数为$p(x)$，证明

$$\mathbb{F}_\xi(B)=\int_B p(x)\mathrm{d}x=\int_{-\infty}^{\infty}\mathbb{1}_B(x)p(x)\mathrm{d}x,\quad \forall B\in\mathscr{B}.$$

练习 3.1.27　假设$\xi_1,\xi_2,\cdots,\xi_n$相互独立，h是k元波莱尔函数，g是$n-k$元波莱尔函数，证明$h(\xi_1,\xi_2,\cdots,\xi_k)$和$g(\xi_{k+1},\xi_{k+2},\cdots,\xi_n)$相互独立.

§3.2 伯努利实验及相关的离散型分布

伯努利实验有广泛的应用，与之相关的各种问题会导出不同的概率分布，本节介绍一些与伯努利实验相关的离散型分布.

定义 3.2.1 称只有两种结果的随机实验为**伯努利实验**. 称n次独立重复的伯努利实验为n**重伯努利实验**. 称可列次独立重复的伯努利实验为**可列重伯努利实验**.

这里“两种结果”的理解要稍广一些，它们可以为互余的两个事件. 伯努利实验的例子：投掷一枚硬币，可能出现正面或反面；取一件产品，可能是次品与正品；打靶，可能中靶或脱靶；买彩票，可能中奖或不中奖.

可以用案例2.1中的伯努利概率空间$(\Omega, \mathscr{F}, \mathbb{P})$刻画伯努利实验，用乘积概率空间$(\Omega^n, \mathscr{F}^n, \mathbb{P}^n)$刻画$n$重伯努利实验.

§3.2.1 二项分布

考虑n重伯努利实验，p为成功概率，$q = 1 - p$，$\xi_i = \mathbb{1}_{\{第i次实验成功\}}$，则$\xi = \sum\limits_{i=1}^{n} \xi_i$ 表示这些实验中获得成功的次数. 显然，ξ的值域为$\{0, 1, 2, \cdots, n\}$，所以它是离散型随机变量，下面讨论其密度.

显然$\xi_1, \xi_2, \cdots, \xi_n$相互独立，因此对于任意$x_1, x_2, \cdots, x_n \in \{0, 1\}$有

$$\mathbb{P}\left(\bigcap_{i=1}^{n} \{\xi_i = x_i\}\right) = \prod_{i=1}^{n} \left(p^{x_i} (1-p)^{1-x_i}\right) = p^{\sum\limits_{i=1}^{n} x_i} q^{n - \sum\limits_{i=1}^{n} x_i}. \tag{3.28}$$

进一步，记

$$B_k = \left\{(x_1, x_2, \cdots, x_n) : x_1, x_2, \cdots, x_n \in \{0, 1\},\ \sum_{i=1}^{n} x_i = k\right\},$$

有

$$\{\xi = k\} = \bigcup_{(x_1, x_2, \cdots, x_n) \in B_k} \left(\bigcap_{j=1}^{n} \{\xi_j = x_j\}\right). \tag{3.29}$$

显然，对于B_k中的两个不同的点$(x_1, x_2, \cdots, x_n)$和$(\widetilde{x}_1, \widetilde{x}_2, \cdots, \widetilde{x}_n)$有

$$\left(\bigcap_{j=1}^{n} \{\xi_j = x_j\}\right) \cap \left(\bigcap_{j=1}^{n} \{\xi_j = \widetilde{x}_j\}\right) = \varnothing,$$

再由(3.29)和概率的有限可加性得

$$\begin{aligned}\mathbb{P}(\xi=k) &= \sum_{(x_1,x_2,\cdots,x_n)\in B_k} \mathbb{P}\left(\bigcap_{j=1}^{n}\{\xi_j=x_j\}\right) \\ &= \sum_{(x_1,x_2,\cdots,x_n)\in B_k} p^k q^{n-k} = \binom{n}{k} p^k q^{n-k},\end{aligned}$$

即ξ的密度

$$b(k;n,p) \triangleq \mathbb{P}(\xi=k) = \binom{n}{k} p^k q^{n-k}, \quad 0 \leqslant k \leqslant n. \tag{3.30}$$

定义 3.2.2 若随机变量ξ的密度为$\{b(k;n,p)\}$，则称ξ服从参数为n和p的**二项分布**$B(n,p)$，记为$\xi \sim B(n,p)$.

下面讨论二项分布密度的极大值点问题，为此先引进几个记号. 对于实函数$f(x)$，用$\underset{x\in D}{\operatorname{argmax}}\ f(x)$ 表示$f(x)$在区域D内的最大值点；用$\underset{x\in D}{\operatorname{argmin}}\ f(x)$表示$f(x)$在区域$D$内的最小值点；用$[a]$表示不超过$a$的最大整数.

定理3.2.1 (**二项分布的最可能值**) 若$\xi \sim B(n,p)$，则

$$[(n+1)p] = \underset{0\leqslant k\leqslant n}{\operatorname{argmax}}\ b(k;n,p), \tag{3.31}$$

并称该值为ξ的**最可能值**，或n重伯努利实验的**最可能成功次数**.

证明 事实上，

$$\frac{b(k;n,p)}{b(k-1;n,p)} = \frac{(n-k+1)p}{kq} = 1 + \frac{(n+1)p-k}{kq},$$

由此可得(3.31). ∎

例 3.2.1 投掷一枚均匀的硬币$2n$次，用ξ_n表示出现正面的次数，计算

$$\lim_{n\to\infty} \mathbb{P}(\xi_n = k).$$

解 用ξ_n表示出现正面的次数，则$\xi_n \sim b\left(k;2n,\frac{1}{2}\right)$，这样由二项分布的最可能值$\left[\frac{2n+1}{2}\right] = n$得

$$\mathbb{P}(\xi_n=k) = b\left(k;2n,\frac{1}{2}\right) \leqslant b\left(n;2n,\frac{1}{2}\right) = \binom{2n}{n}\left(\frac{1}{2}\right)^{2n}, \quad 0 \leqslant k \leqslant n.$$

而由Stirling(斯特林)公式知当n很大时，$n! \approx n^{n+\frac{1}{2}}\mathrm{e}^{-n}\sqrt{2\pi}$，因此

$$\lim_{n\to\infty}\binom{2n}{n}\left(\frac{1}{2}\right)^{2n} = \lim_{n\to\infty}\frac{1}{\sqrt{n\pi}} = 0,$$

即$\lim\limits_{n\to\infty}\mathbb{P}\left(\xi_n = k\right) = 0$. ∎

例 3.2.2 在可列重伯努利实验中，求事件$E = \{$实验终将成功$\}$的概率.

解 用F_n表示“前n次实验均失败”，则$\{F_n\}$为单调下降事件列，且

$$\lim_{n\to\infty}F_n = \bigcap_{n=1}^{\infty}F_n = \bar{E}.$$

由$\mathbb{P}(F_n) = b(0;n,p) = q^n$和概率的上连续性得

$$\mathbb{P}\left(E\right) = 1 - \mathbb{P}\left(\lim_{n\to\infty}F_n\right) = 1 - \lim_{n\to\infty}\mathbb{P}\left(F_n\right) = 1 - \lim_{n\to\infty}q^n,$$

即$\mathbb{P}(E) = 1 - \mathbb{1}_{\{1\}}\left(q\right)$. ∎

小概率事件指的是发生概率很小，但是非0的事件. 例3.2.2说明：小概率事件在不断重复的实验中一定会出现. 这是成语“失败是成功之母”的一种概率解释. 正因如此，物理、化学、生物学等学科的实验是非常重要的，持之以恒，从实验中可以发现新知识（小概率事件）.

“失败是成功之母”还有更深层次的含义，即充分利用失败的教训，可以加速成功的到来，但是这已不能用可列重伯努利实验来描述（参见例3.2.4）.

例 3.2.3 设每台自动机床在运行的过程中需要维修的概率为$p = 0.01$，且各个机床相互独立工作. 假设(1)每名工人看管20台机床；(2)3名工人共同看管80台机床，求不能及时维修机床的概率.

解 (1)记ξ为同一时刻20台机器中出故障的台数，则$\xi \sim B(20, 0.01)$，从而不能及时维修机床的概率

$$\mathbb{P}\left(\xi > 1\right) = 1 - b(0;20,0.01) - b(1;20,0.01) \approx 0.016\,9.$$

(2) 记ξ为同一时刻80台机器中出故障的台数，则$\xi \sim B(80, 0.01)$，从而不能及时维修机床的概率

$$\mathbb{P}\left(\xi > 3\right) = 1 - \sum_{k=0}^{3}b\left(k;80,0.01\right) \approx 0.008\,7.$$

∎

在例3.2.3的解答中，忽略了“维修时间”因素. 若考虑这一因素，问题变得复杂，“排队论”专门研究该问题. 另外，这里涉及阶乘，计算量大，可以利用后面将要学到的泊松分布或中心极限定理来近似计算.

§3.2.2 几何分布

用ξ表示可列重伯努利实验中首次出现成功的时间（实验次数），则它为离散型分布，密度为

$$g(k;p) \triangleq \mathbb{P}(\xi = k) = q^{k-1}p, \quad k \geqslant 1. \tag{3.32}$$

称首次成功出现的时间为**首中时**，许多应用问题都归结于首中时的概率计算.

定义 3.2.3 若ξ的密度为$\{g(k;p)\}$，则称ξ服从参数为p的**几何分布**$G(p)$，记为$\xi \sim G(p)$.

定理3.2.2 取值于正整数的随机变量ξ为几何分布的充要条件是它有**无记忆性**，即

$$\mathbb{P}(\xi > m+n|\xi > m) = \mathbb{P}(\xi > n),$$

其中m和n为正整数.

证明 往证必要性. 设$\xi \sim G(p)$，则

$$\begin{aligned}\mathbb{P}(\xi > m+n|\xi > m) &= \frac{\mathbb{P}(\xi > n+m, \xi > m)}{\mathbb{P}(\xi > m)} = \frac{\mathbb{P}(\xi > n+m)}{\mathbb{P}(\xi > m)} \\ &= \frac{q^{n+m}}{q^m} = \sum_{k=n+1}^{\infty} q^{k-1}p = \mathbb{P}(\xi > n), \quad \forall m, n \geqslant 1,\end{aligned}$$

即必要性成立.

往证充分性. 设ξ具有无记忆性，记$Q_n = \mathbb{P}(\xi > n)$，由乘法公式知：对于任何正整数$m$和$n$有

$$\begin{aligned}Q_{n+m} &= \mathbb{P}(\xi > n+m) = \mathbb{P}(\xi > n+m, \xi > m) \\ &= \mathbb{P}(\xi > m)\mathbb{P}(\xi > n+m|\xi > m) = \mathbb{P}(\xi > m)\mathbb{P}(\xi > n) = Q_nQ_m,\end{aligned}$$

从而

$$Q_n = (Q_1)^n, \quad \forall n \geqslant 1.$$

因此$p = 1 - Q_1 = \mathbb{P}(\xi = 1) > 0$，进而

$$\mathbb{P}(\xi = k) = \mathbb{P}(\xi > k-1) - \mathbb{P}(\xi > k) = g(k;p), \quad k \geqslant 2,$$
$$\mathbb{P}(\xi = 1) = 1 - \sum_{k=2}^{\infty} g(k;p) = g(1;p),$$

即$\xi \sim G(p)$. ■

如果不总结前面实验的经验，一直按最初的方式进行尝试性实验，就会出现伯努利实验列，几何分布的无记忆性说明：如果不总结经验，就不能改变下一次成功等待时间的变化规律，就不能提高“成功之母”的效率.

例 3.2.4 十把外形相同的钥匙中只有一把能够打开门. 现任意一一试开，试对(1) 有放回；(2) 不放回两种情形求事件

$$E = \{至多试3次打开门\}$$

的概率.

解 (1) 用ξ表示首次开门的等待时间，则$\xi \sim G(0.1)$，从而

$$\mathbb{P}(E) = \mathbb{P}(\xi \leqslant 3) = g(1;0.1) + g(2;0.1) + g(3;0.1) = 0.271.$$

(2) 这是古典概型，$\mathbb{P}(E) = 1 - \mathbb{P}(\bar{E}) = 1 - \dfrac{9 \times 8 \times 7}{10 \times 9 \times 8} = 0.3.$ ■

在例3.2.4中，情形(1)是不总结经验，试开门的过程构成重复伯努利实验列；情形(2)是总结经验，试开门的过程构成非重复伯努利实验列. 此例说明：在尝试过程中不断总结经验，就能提高成功概率. 这是“失败是成功之母”更深层次的含义：总结失败教训，提高成功概率.

§3.2.3 负二项分布

用η_r表示可列重伯努利实验中第r次成功等待的时间，则它为离散型分布. 记$\xi_i = \mathbb{1}_{\{第i次实验成功\}}$，且$\{\eta_r = k\} = \left\{\sum\limits_{i=1}^{k-1} \xi_i = r-1\right\} \cap \{\xi_k = 1\}$，由练习3.1.27结论和$\sum\limits_{i=1}^{k-1} \xi_i \sim B(k-1,p)$知$\eta_r$的密度为

$$\mathbb{P}(\eta_r = k) = \mathbb{P}\left(\sum_{i=1}^{k-1} \xi_i = r-1\right) \mathbb{P}(\xi_k = 1) = \binom{k-1}{r-1} p^r (1-p)^{k-r}, \ k \geqslant r.$$

定义 3.2.4 若ξ的密度为

$$f(k;r,p) \triangleq \binom{k-1}{r-1} p^r q^{k-r}, \quad k \geqslant r, \tag{3.33}$$

则称ξ服从参数为r和p的**负二项分布**$Nb(r,p)$，记为$\xi \sim Nb(r,p)$.

显然，当$r = 1$时负二项分布变成几何分布. 进一步，若$\tau_n = \eta_n - \eta_{n-1}$，$n \geqslant 2$，则可以证明$\{\tau_n\}$独立同分布，且$\tau_n \sim G(p)$（参见例3.5.4和例3.5.6）.

例 3.2.5 (**分赌注问题**) 在可列重伯努利实验中，求事件

$$E = \{n\text{次成功发生在}m\text{次失败之前}\}$$

的概率.

解 用ξ_n表示第n次成功发生的时间，则$\xi_n \sim Nb(n,p)$，且$E = \{n \leqslant \xi_n < n+m\}$，所以

$$\mathbb{P}(E) = \sum_{k=n}^{n+m-1} \mathbb{P}(\xi_n = k) = \sum_{k=n}^{n+m-1} \binom{k-1}{n-1} p^n q^{k-n}.$$

∎

例3.2.5起源于史上著名的“分赌注”问题：甲、乙两人各下赌注d元，商定先胜三局者赢得全部赌金. 假定在每一局中两人获胜机会相等，且各局胜负相互独立. 当甲胜一局而乙尚未获胜时赌博被迫中止，问赌注应该如何分？

为解决此问题，帕斯卡与费马进行了讨论，结果引起当时欧洲数学家对概率论的兴趣，因此负二项分布的最初名称为**帕斯卡分布**. 公平分赌注的方法为：分给甲的部分占赌注总数的比率等于甲赢得全部赌注的概率，即甲在输三局之前胜两局的概率为

$$\sum_{k=2}^{4} f\left(k; 2, \frac{1}{2}\right) = \frac{11}{16}.$$

§3.2.4 练习题

练习 3.2.1 向目标进行20次独立的射击，假定每次命中率均为0.2. 求至少命中19次的概率.

练习 3.2.2 同时投掷两枚骰子，直到某个骰子出现6点为止. 用ξ表示投投掷的次数，求ξ的密度.

练习 3.2.3 某公司经理拟将一提案交董事代表会批准，规定若提案获多数代表赞成则通过. 经理估计各代表对此提案投赞成票的概率为0.6，且各代表投票情况相互独立. 为以较大概率通过提案，问经理请3名董事代表好还是请5名好?

练习 3.2.4 假定一硬币投掷出正面的概率为$p(0 < p < 1)$，反复投掷这枚硬币直至正面与反面都出现过为止，求投掷数恰为k的概率.

练习 3.2.5 甲、乙两队比赛篮球. 假定每一场甲乙队获胜的概率分别为0.6与0.4，且各场胜负独立. 如果规定先胜4场者为冠军，求甲队经i场($i = 4,5,6,7$)比赛而成为冠军的概率p_i. 再问与“三场两胜”制相比较，采用哪种赛制甲队最终夺得冠军的概率较小?

练习 3.2.6 某人口袋中有甲、乙两盒火柴，开始时每盒火柴各装n根火柴. 每次他从口袋中任取一盒使用其中一根火柴. 求此人发现取出的一盒已空，而另一盒尚剩r根的概率.

练习 3.2.7 在可列重伯努利实验中，以ξ_i表第i次成功的等待时间，求证$\xi_2 - \xi_1$与ξ_1有相同的概率分布.

练习 3.2.8 广义伯努利实验中假定一实验有r个可能结果$A_1, A_2, \cdots, A_r$，并且$\mathbb{P}(A_i) = p_i > 0$，$p_1 + p_2 + \cdots + p_r = 1$. 现将此实验独立地重复$n$次. 求$A_1$恰出现$k_1$次，…，$A_r$恰出现$k_r$次($k_i \geqslant 0, k_1 + k_2 + \cdots + k_r = n$)的概率.

练习 3.2.9 若$\xi \sim B(1,p)$，$\eta \sim B(1,p)$，且ξ和η相互独立，求$\xi + \eta$的分布.

练习 3.2.10 若$\xi \sim B(1,p)$，$\eta \sim B(1,p)$，且ξ和η相互独立，求$\xi\eta$的分布.

练习 3.2.11 若$\xi \sim G(p)$，$\eta \sim G(p)$，且ξ和η相互独立，求$\xi + \eta$的分布.

练习 3.2.12 若$\xi \sim Nb(1,p)$，$\eta \sim Nb(2,p)$，且ξ和η相互独立，求$\xi + \eta$的分布.

§3.3 泊松分布

泊松分布常用于刻画一定时期内稀有事件数（如意外事故数、灾害数等），本节讨论这一分布及简单性质.

§3.3.1 泊松粒子流及其分布

假定有一个于随机时刻陆续到来的粒子流，以ξ_t代表在$(0,t]$时段内到达的粒子个数，假定如下条件成立：

1° **独立增量性** 对任何$0\leqslant t_1<t_2\leqslant t_3<t_4$，$\xi_{t_2}-\xi_{t_1}$和$\xi_{t_4}-\xi_{t_3}$都相互独立，即在不相交时段内到达的粒子数目相互独立；

2° **平稳性** 在长为t的时段$(a,a+t]$内到达k个粒子的概率，只与计时长度t有关而与计时起点a无关，于是可记

$$P_k(t)\triangleq\mathbb{P}(\xi_{a+t}-\xi_a=k); \tag{3.34}$$

3° **普通性** 在有限的时间区间内只来有限个粒子，即对任意$t>0$有

$$\sum_{k=0}^{\infty}P_k(t)=1, \tag{3.35}$$

在充分短的时间内最多来一个粒子，即

$$\sum_{k=2}^{\infty}P_k(t)=o(t), \tag{3.36}$$

排除总也不来粒子这种无意义的情形，即假定

$$P_0(t)\neq 1,\quad \forall t>0. \tag{3.37}$$

称满足条件1° ~ 3°的粒子流为**泊松粒子流**.

定理3.3.1 若ξ_t满足条件1° ~ 3°，则必存在常数$\lambda>0$，使对一切$t>0$有

$$P_k(t)=\frac{(\lambda t)^k}{k!}\mathrm{e}^{-\lambda t},\quad k=0,1,2,\cdots \tag{3.38}$$

证明 $\forall t, \Delta t > 0$，由全概率公式及独立增量性1°可得

$$P_k(t+\Delta t) = \sum_{i=0}^{k} P_{k-i}(t) P_i(\Delta t). \tag{3.39}$$

特别地，当$k=0$时，(3.39)化为

$$P_0(t+\Delta t) = P_0(t) P_0(\Delta t).$$

从而存在$\lambda > 0$，使得（见练习3.3.7）

$$P_0(t) = \mathrm{e}^{-t\lambda},\ t \geqslant 0, \tag{3.40}$$

即当$k=0$时结论成立.

设在$k-1 \geqslant 0$时结论已成立，往证k时结论成立. 由(3.39)和条件3°得

$$\begin{aligned} P_k(t+\Delta t) &= P_k(t) P_0(\Delta t) + P_{k-1}(t) P_1(\Delta t) + o(\Delta t) \\ &= P_k(t) \mathrm{e}^{-\lambda \Delta t} + P_{k-1}(t)\left(1 - \mathrm{e}^{-\lambda \Delta t}\right) + o(\Delta t), \end{aligned}$$

两边同时减$P_k(t)$后，再除以Δt，并令$\Delta t \to 0$有

$$\frac{\mathrm{d}P_k(t)}{\mathrm{d}t} = -\lambda P_k(t) + \lambda P_{k-1}(t).$$

将归纳假设$P_{k-1}(t) = \frac{(\lambda t)^{k-1}}{(k-1)!}\mathrm{e}^{-\lambda t}$代入上式得

$$\frac{\mathrm{d}P_k(t)}{\mathrm{d}t} = -\lambda P_k(t) + \frac{\lambda (\lambda t)^{k-1}}{(k-1)!}\mathrm{e}^{-\lambda t},$$

即

$$\frac{\mathrm{d}}{\mathrm{d}t}\left(\mathrm{e}^{\lambda t} P_k(t)\right) = \frac{\lambda (\lambda t)^{k-1}}{(k-1)!}.$$

在$[0, t]$区间上对t积分得

$$\mathrm{e}^{\lambda t} P_k(t) = \frac{(\lambda t)^k}{k!}.$$

综上所述，定理成立. ■

记

$$p(k;\lambda) \triangleq \frac{\lambda^k}{k!}\mathrm{e}^{-\lambda}, \quad k = 0, 1, 2, \cdots \tag{3.41}$$

由定理3.3.1知：对于任何$\lambda > 0$，$\{p(k;\lambda)\}$为密度.

定义 3.3.1 若ξ的密度为$\{p(k;\lambda)\}$，则称ξ服从参数为λ的**泊松分布**$P(\lambda)$，记为$\xi \sim P(\lambda)$，并称λ为泊松分布的**强度参数**，简称为**强度**.

对于泊松粒子流有$\xi_1 \sim P(\lambda)$，我们称λ为该**粒子流的强度**：粒子流的强度越大，单位时间内平均到达的粒子数越多(详见例4.1.7).

定义 3.3.2 对于任何$t \in [0,\infty)$，若ξ_t为随机变量，则称$\{\xi_t\}$为**随机过程**，简称为**过程**.

随机过程可以看成函数概念的推广，这里t相当于自变量，ξ_t相当于对应于t的函数“值”，只不过这里的“值”的含义为随机变量. 还可以将t理解为时间，ξ_t解释为随时间演化的随机现象在时刻t的状态.

定义 3.3.3 称满足定理3.3.1诸条件过程$\{\xi_t\}$为**泊松过程**，称λ为该过程的**强度**.

若$\{\xi_t\}$是**强度参数**为λ的泊松过程，则任给$t>0$，$\xi_t \sim P(\lambda t)$. 因此，强度参数越大，在$(0,t]$时间段内平均到达的粒子越多(详见例4.1.7).

§3.3.2 泊松分布的性质

二项分布和泊松分布有密切关系，可以将泊松分布的密度看成是二项分布密度的极限，这种关系常被用来估计二项分布的密度.

定理3.3.2 设二项分布列$\{B(n,p_n)\}$满足条件$\lim\limits_{n\to\infty} np_n = \lambda > 0$，则对于任何非负整数$k$有

$$\lim_{n\to\infty} b(k;n,p_n) = \frac{\lambda^k}{k!}\mathrm{e}^{-\lambda}. \tag{3.42}$$

证明 由二项分布密度的定义得

$$b(k;n,p_n) = \binom{n}{k} p_n^k (1-p_n)^{n-k} = \frac{1}{k!}\left(\prod_{j=0}^{k-1}(n-j)\right) p_n^k (1-p_n)^{n-k}$$

$$= \frac{1}{k!}\left(\prod_{j=0}^{k-1}\left(1-\frac{j}{n}\right)\right)(np_n)^k (1-p_n)^n (1-p_n)^{-k}. \tag{3.43}$$

另外，

$$\lim_{n\to\infty} np_n = \lambda, \qquad \lim_{n\to\infty} p_n = 0, \quad \lim_{n\to\infty}\left(1-\frac{j}{n}\right) = 1,$$

$$\lim_{n\to\infty}(1-p_n)^n = \lim_{n\to\infty}\left(1-\frac{np_n}{n}\right)^n = \mathrm{e}^{-\lambda}.$$

因此在(3.43)中令$n \to \infty$可得(3.42). ■

例 3.3.1 在例3.2.3中，如果需要维修机器的数目

$$\xi \sim B(200, 0.01),$$

求5名工人不能及时维修机器的概率.

解 由定理3.3.2，

$$\mathbb{P}(\xi > 5) \approx 1 - \sum_{k=0}^{5} p(k; 0.01 \times 200) \approx 0.0166.$$

■

另外，由二项分布的密度直接计算得

$$\mathbb{P}(\xi > 5) = 1 - \sum_{k=0}^{5} b(k; 200, 0.01) \approx 0.0160.$$

当成功概率很小，且n很大时，可以用泊松密度近似二项分布密度. 从例3.3.1可以体会这种近似的精度可以接受.

定理3.3.3 (泊松分布的随机选择不变性) 设$\xi \sim P(\lambda)$，$\{\eta_i\}$为独立同分布随机变量列，$\eta_1 \sim B(1, p)$，且$\{\eta_i\}$和ξ相互独立. 则

$$\eta = \sum_{i=1}^{\xi} \eta_i \sim P(\lambda p), \tag{3.44}$$

这里及以后约定$\sum\limits_{i=1}^{0} \eta_i = 0$.

证明 由全概率公式，

$$\mathbb{P}(\eta = k) = \sum_{n=0}^{\infty} \mathbb{P}(\xi = n)\mathbb{P}(\eta = k|\xi = n).$$

显然当$n < k$时，

$$\mathbb{P}(\eta = k|\xi = n) = 0;$$

当$n \geqslant k$时，由$\{\eta_i\}$与ξ的独立性得

$$\mathbb{P}(\eta = k|\xi = n) = \mathbb{P}\left(\sum_{i=1}^{\xi} \eta_i = k \,\middle|\, \xi = n\right) = \mathbb{P}\left(\sum_{i=1}^{n} \eta_i = k \,\middle|\, \xi = n\right)$$

$$= \mathbb{P}\left(\sum_{i=1}^{n} \eta_i = k\right) = \binom{n}{k} p^k (1-p)^{n-k}.$$

所以

$$\mathbb{P}(\eta = k) = \sum_{n=k}^{\infty} \frac{\lambda^n}{n!} \mathrm{e}^{-\lambda} \binom{n}{k} p^k (1-p)^{n-k} = \frac{(\lambda p)^k}{k!} \mathrm{e}^{-\lambda p}, \quad k \geqslant 0,$$

即$\eta \sim P(\lambda p)$. ∎

可以将定理3.3.3中的ξ解释为一泊松粒子流在$(0,1]$时间内到达的粒子数，如果每一粒子被仪器记录下来的概率为p，那么被记录下来的粒子数$\eta = \sum_{i=1}^{\xi} \eta_i$. 由定理3.3.3 知：被记录下的粒子数还服从泊松分布，该分布的强度为λp. 因此人们称(3.44)为**泊松分布的随机选择不变性**.

定理3.3.4 泊松分布的最可能值$\underset{k \geqslant 0}{\operatorname{argmax}}\ p(k;\lambda) = [\lambda]$.

证明 显然$\dfrac{p(k+1;\lambda)}{p(k;\lambda)} = \dfrac{\lambda}{k+1}$，因此结论成立. ∎

§3.3.3 练习题

练习 3.3.1 假定一本500页的书总共有500个错字，每个错字等可能地出现在每一页上. 用泊松分布近似计算指定一页上有至少3 个错字的概率.

练习 3.3.2 假设一块放射性物质在单位时间内放射出的α粒子数$\xi \sim P(\lambda)$，而每个放射出的α粒子被仪器记录下来的概率均为p. 如果各α粒子是否被记录相互独立，求被记录下的α粒子数η的分布.

练习 3.3.3 在泊松粒子流中，用ξ_t表示$(0,t]$时间段内到达的粒子数，用η表示第一个粒子到达的时间，证明

$$\mathbb{P}(\eta \leqslant s \,|\, \xi_t = 1) = \frac{s}{t}, \quad \forall s \in (0,t].$$

练习 3.3.4 据以往的记录，某商店每月出售的电视机台数ξ服从参数$\lambda = 7$ 的泊松分布. 问月初应库存多少台电视机，才能以0.999 的概率保证满足顾客对电视机的需求?

练习 3.3.5 假定每小时进入某商店的顾客数ξ服从$\lambda = 200$的泊松分布，而进来的顾客购买商品的概率均为0.05，且各顾客是否购物相互独立．求在1 h中至少有6位顾客在此商店中购物的概率．

练习 3.3.6 通过一交叉路口的汽车流可看作泊松过程．如果1 min内没有汽车通过的概率为0.02．求2 min内有多于1辆汽车通过的概率．

练习 3.3.7 设单调(或连续)函数f满足条件

$$f(x+y) = f(x)f(y),$$

且不恒等于0，证明存在数a，使得$y = a^x$．

练习 3.3.8 如果非负整值离散型分布的密度$\{p_k, k = 0, 1, \cdots\}$满足条件

$$\frac{p_k}{p_{k-1}} = \frac{\lambda}{k}, \quad k \geqslant 1,$$

其中常数$\lambda > 0$，证明此分布是以λ为参数的泊松分布．

练习 3.3.9 (泊松分布关于参数的再生性) 假设$\xi \sim P(\lambda)$，$\eta \sim P(\gamma)$，且ξ和η相互独立，证明$\xi + \eta \sim P(\lambda + \gamma)$．

练习 3.3.10 设$\xi \sim P(\lambda)$，$\eta \sim B(1, p)$，且ξ和η相互独立，求$\xi\eta$的密度．

练习 3.3.11 设$\xi \sim P(\lambda)$，$\eta \sim B(1, p)$，且ξ和η相互独立，求$\xi + \eta$的密度．

§3.4 常用的连续型分布

本节介绍常用的几个重要连续型分布，包括均匀分布、正态分布、Γ-分布和指数分布.

§3.4.1 均匀分布

任给定参数$a < b$，定义

$$p(x) = \frac{1}{b-a}, \quad a < x < b, \tag{3.45}$$

这里及以后我们约定，如果标注了函数自变量的限制范围，那么该函数表达式仅在限制范围内成立，在此范围之外的函数值为0；如果没有标注密度函数的自变量限制范围，那么默认自变量的限制范围是所有实数. 在这种约定之下，(3.45)中函数$p(x)$的完整定义如下：

$$p\,(x) = \frac{1}{b-a}\mathbb{1}_{(a,b)}(x).$$

显然$p(x)$为非负函数，且在$(-\infty,\infty)$上的积分为1，所以它为密度函数.

定义 3.4.1 若ξ的密度为(3.45)，则称ξ服从(a,b)上的均匀分布$U(a,b)$，记为$\xi \sim U(a,b)$.

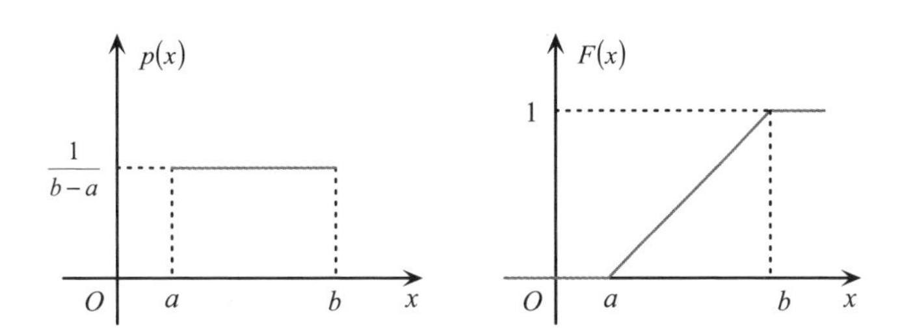

图 3.4 $U(a,b)$的密度函数与分布函数

容易证明，$U(a,b)$的分布函数为

$$F(x) = \frac{x-a}{b-a}\mathbb{1}_{[a,b)}\,(x) + \mathbb{1}_{[b,\infty)}\,(x)\,;$$

分布为

$$\mathbb{F}\,(A) = \frac{m\,(A \cap (a,b))}{b-a}, \quad \forall A \in \mathscr{B}.$$

即$((a,b)\,, \mathscr{B} \cap (a,b)\,, \mathbb{F})$为几何概率空间. 这样，$U(a,b)$的密度函数为阶梯函数，分布函数为连接两条水平射线的折线函数，如图3.4所示.

§3.4.2 正态分布

正态分布的生成背景：如果一随机现象是许许多多小的偶然因素共同作用之和，各偶然因素所起的作用势均力敌，没有哪个起主导作用，那么这个随机现象可以用正态分布来刻画(详见§5.3中心极限定理).

定理3.4.1 $\forall a \in \mathbb{R}, \sigma > 0$，函数

$$\varphi_{a,\sigma}(x) \triangleq \frac{1}{\sigma\sqrt{2\pi}}\mathrm{e}^{-\frac{(x-a)^2}{2\sigma^2}} \tag{3.46}$$

为密度函数.

证明 显然$\varphi_{a,\sigma}(x) > 0$. 记$I \triangleq \int_{-\infty}^{\infty} \varphi_{a,\sigma}(x)\mathrm{d}x$，只需证明$I = 1$.
事实上，利用极坐标变换得

$$\begin{aligned} I^2 &= \int_{-\infty}^{\infty} \varphi_{a,\sigma}(x)\mathrm{d}x \int_{-\infty}^{\infty} \varphi_{a,\sigma}(y)\mathrm{d}y = \int_{-\infty}^{\infty} \mathrm{d}x \int_{-\infty}^{\infty} \varphi_{a,\sigma}(x)\varphi_{a,\sigma}(y)\mathrm{d}y \\ &= \iint_{\mathbb{R}^2} \frac{1}{2\pi\sigma^2}\mathrm{e}^{-\frac{(x-a)^2+(y-a)^2}{2\sigma^2}}\mathrm{d}x\mathrm{d}y = \frac{1}{2\pi}\int_0^{2\pi} \mathrm{d}\theta \int_0^{\infty} r\mathrm{e}^{-r^2}2\mathrm{d}r = 1, \end{aligned}$$

再由$I > 0$知$I = 1$. ∎

定义 3.4.2 若ξ的密度函数为(3.46)，则称ξ服从**以a和σ为参数的正态分布$N(a,\sigma^2)$**，记为$\xi \sim N(a,\sigma^2)$. 特别地，称$N(0,1)$为**标准正态分布**，并将$\varphi_{0,1}(x)$简记为$\varphi(x)$.

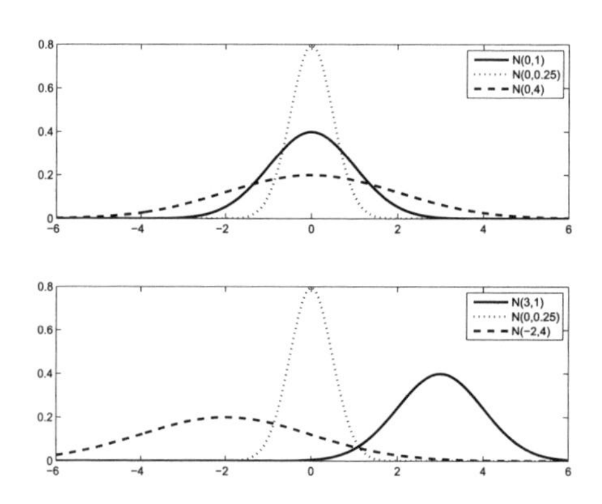

图 3.5 不同参数对应的正态分布密度函数图

正态分布密度函数的图像为钟形曲线，如图3.5所示：$\varphi_{a,\sigma}(x)$关于a对称，即

$$\varphi_{a,\sigma}(a-x) = \varphi_{a,\sigma}(a+x); \tag{3.47}$$

密度函数曲线在$x=a$处达到峰值，称a为$N(a,\sigma^2)$的**位置参数**；σ越小密度函数曲线的峰越陡峭，称σ为$N(a,\sigma^2)$的**形状参数**.

为方便，将正态分布的分布函数记为

$$\Phi_{a,\sigma}(x)\triangleq\int_{-\infty}^{x}\varphi_{a,\sigma}(t)\mathrm{d}t,\quad \Phi(x)\triangleq\int_{-\infty}^{x}\varphi(t)\mathrm{d}t.$$

由于正态分布密度函数的原函数不存在，只能通过近似计算获取正态分布函数的值. 历史上，人们通过查标准正态分布函数表，计算正态分布函数的近似值. 进一步，为清晰展示正态分布密度函数的数学结构，记

$$\exp(x)\triangleq \mathrm{e}^x.$$

因此可以将正态分布密度函数表示为

$$\varphi(x)=\frac{1}{\sqrt{2\pi}}\exp\left(-\frac{x^2}{2}\right),\quad \varphi_{a,\sigma}(x)=\frac{1}{\sqrt{2\pi}\sigma}\exp\left(-\frac{(x-a)^2}{2\sigma^2}\right).$$

定理3.4.2 正态分布函数有如下性质

$$\Phi_{a,\sigma}(x)=\Phi\left(\frac{x-a}{\sigma}\right),\quad \Phi(x)=1-\Phi(-x). \tag{3.48}$$

证明 令$s=\dfrac{t-a}{\sigma}$，有

$$\int_{-\infty}^{x}\frac{1}{\sigma\sqrt{2\pi}}\exp\left(-\frac{(t-a)^2}{2\sigma^2}\right)\mathrm{d}t=\int_{-\infty}^{\frac{x-a}{\sigma}}\frac{1}{\sqrt{2\pi}}\exp\left(-\frac{s^2}{2}\right)\mathrm{d}s,$$

即$\Phi_{a,\sigma}(x)=\Phi\left(\dfrac{x-a}{\sigma}\right)$.

令$s=-t$，有

$$\begin{aligned}\int_{-\infty}^{x}\frac{1}{\sqrt{2\pi}}\exp\left(-\frac{t^2}{2}\right)\mathrm{d}t&=\int_{-x}^{\infty}\frac{1}{\sqrt{2\pi}}\exp\left(-\frac{s^2}{2}\right)\mathrm{d}s\\&=1-\int_{-\infty}^{-x}\frac{1}{\sqrt{2\pi}}\exp\left(-\frac{s^2}{2}\right)\mathrm{d}s,\end{aligned}$$

即$\Phi(x)=1-\Phi(-x)$. ∎

定理3.4.3 若$\xi\sim N(a,\sigma^2)$，则$\eta=\dfrac{\xi-a}{\sigma}\sim N(0,1)$，且

$$\mathbb{P}(|\xi-a|\leqslant 3\sigma)\approx 0.9973. \tag{3.49}$$

证明 事实上，由定理3.4.2得

$$F_\eta(x)=\mathbb{P}\left(\frac{\xi-a}{\sigma}\leqslant x\right)=\mathbb{P}(\xi\leqslant\sigma x+a)=\Phi_{a,\sigma}(\sigma x+a)=\Phi(x),$$

即$\eta\sim N(0,1)$. 进一步，

$$\mathbb{P}(|\xi-a|\leqslant 3\sigma)=\mathbb{P}\left(\left|\frac{\xi-a}{\sigma}\right|\leqslant 3\right)=\Phi(3)-\Phi(-3)\approx 0.9973.$$

∎

称(3.49)为3σ**原则**. 通常产品的质量控制指标服从正态分布，进而3σ原则成立，人们常基于该原则控制产品质量.

§3.4.3 Γ-分布与指数分布

设$\{\xi_t\}$是强度为λ的泊松过程，记η_r为第r个粒子的到达时间，则其分布函数

$$F(t)=\mathbb{P}(\eta_r\leqslant t)=\mathbb{P}(\xi_t\geqslant r)=\sum_{k=r}^{\infty}\frac{(\lambda t)^k}{k!}\mathrm{e}^{-\lambda t},\forall t>0 \tag{3.50}$$

是连续可微函数，其导函数

$$\frac{\mathrm{d}F}{\mathrm{d}t}=\frac{\lambda^r}{(r-1)!}t^{r-1}\mathrm{e}^{-\lambda t},\quad t>0$$

一定是密度函数.

更一般地，对于任何$\lambda>0$和$r>0$，Γ-函数

$$\Gamma(r)\triangleq\int_0^{\infty}x^{r-1}\mathrm{e}^{-x}\mathrm{d}x=\lambda^r\int_0^{\infty}x^{r-1}\mathrm{e}^{-\lambda x}\mathrm{d}x\in\mathbb{R}. \tag{3.51}$$

从而

$$\int_0^{\infty}\frac{\lambda^r}{\Gamma(r)}x^{r-1}\mathrm{e}^{-\lambda x}\mathrm{d}x=1,$$

即对于任何实数$r>0,\lambda>0$,

$$p(x)\triangleq\frac{\lambda^r}{\Gamma(r)}x^{r-1}\mathrm{e}^{-\lambda x},\quad x>0 \tag{3.52}$$

为密度函数.

定义 3.4.3 若ξ的密度函数为(3.52)，则称ξ服从**以λ和r为参数的Γ-分布**$\Gamma(\lambda,r)$，记为$\xi\sim\Gamma(\lambda,r)$.

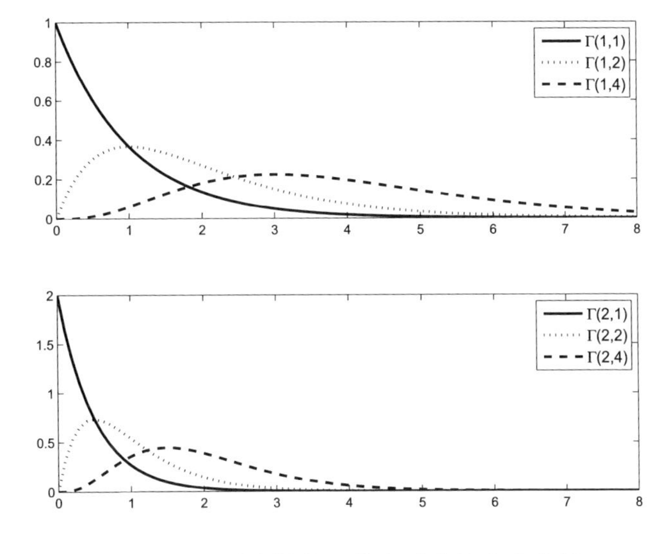

图 3.6 不同参数的Γ-分布对应的密度曲线

$\Gamma(\lambda, r)$的密度曲线如图3.6所示，参数r决定了密度曲线的形状，称为**Γ-分布的形状参数**；λ决定了横坐标和纵坐标的度量单位，称作**Γ-分布的尺度参数**. Γ-分布可描述一类非负随机变量的分布，在气象学中常用它来描述降雨量的随机变化规律.

定义 3.4.4 称$\Gamma(\lambda, 1)$为**指数分布**.

显然指数分布的密度函数和分布函数分别为

$$p(x) = \lambda \mathrm{e}^{-\lambda x}, \quad x > 0, \tag{3.53}$$

$$F(x) = 1 - \mathrm{e}^{-\lambda x}, \quad x > 0. \tag{3.54}$$

由(3.50)知：泊松粒子流中的第一个粒子的到达时间（也称为等待时间）τ_1服从指数分布. 此外，指数分布常被用来近似描述“寿命”分布，或排队模型中的服务时间的分布等.

定理3.4.4 非负实值随机变量$\xi \sim \Gamma(\lambda, 1)$的充要条件是它具有**无记忆性**:

$$\mathbb{P}(\xi > s + t | \xi > s) = \mathbb{P}(\xi > t), \quad \forall s, t > 0. \tag{3.55}$$

证明 往证必要性. 设$\xi \sim \Gamma(\lambda, 1)$，则$\forall s, t > 0$有

$$\mathbb{P}\left(\xi > s + t | \xi > s\right) = \frac{\mathbb{P}(\xi > s + t, \xi > s)}{\mathbb{P}(\xi > s)}$$

$$= \frac{\mathbb{P}(\xi > s+t)}{\mathbb{P}(\xi > s)} = \frac{\mathrm{e}^{-\lambda(s+t)}}{\mathrm{e}^{-\lambda s}} = \mathrm{e}^{-\lambda t} = \mathbb{P}(\xi > t),$$

即指数分布具有无记忆性.

往证充分性. 设

$$\mathbb{P}(\xi > s+t|\xi > s) = \mathbb{P}(\xi > t),\ \forall s, t > 0,$$

则对于任何正数s和t有

$$\mathbb{P}(\xi > s+t) = \mathbb{P}(\xi > t)\mathbb{P}(\xi > s).$$

记$f(t) = \mathbb{P}(\xi > t)$，则

$$f(t+s) = f(t)f(s), \quad \forall t, s > 0.$$

由练习3.3.7知存在实数a，使得$f(t) = a^t$，即$a^t = \mathbb{P}(\xi > t)$. 由概率的单调性和上下方连续性知：存在$\lambda > 0$，使得$a = \mathrm{e}^{-\lambda}$，即

$$\mathbb{P}(\xi > t) = \mathrm{e}^{-\lambda t}, \quad \forall t > 0,$$

亦即$\xi \sim \Gamma(\lambda, 1)$. ■

若用指数分布描述寿命的随机变化规律，被描述的对象应该永远年轻，事实并非如此. 在实际应用中，人们常用威布尔分布描述寿命的随机变化规律（练习3.7.1）.

例 3.4.1 假定自动取款机对每位顾客的服务时间(单位：min)服从$\lambda = \frac{1}{3}$的指数分布. 如果有一位顾客恰好在你前头走到空闲的取款机前，求(1)你至少等候3 min；(2)你等候时间在$3 \sim 6$ min 的概率.

如果你到达取款机时，前面恰好有一位顾客使用取款机，上述概率又是多少？

解 以ξ表示你前面这位顾客所用的服务时间，$F(x)$为ξ的分布函数，则你

(1)至少等候3 min的概率

$$\mathbb{P}(\xi > 3) = 1 - F(3) = 1 - \left(1 - \mathrm{e}^{-1}\right) = 0.368.$$

(2)等候时间在$3 \sim 6$ min的概率

$$\mathbb{P}(3 < \xi < 6) = F(6) - F(3) = \mathrm{e}^{-1} - \mathrm{e}^{-2} \approx 0.233.$$

如果你到达时取款机正在为一位顾客服务，同时没有其他人排队等候. 那么由指数分布的无记忆性，取款机还需花在你前面顾客身上的服务时间，与他刚到取款机所花时间的分布相同，从而问题的答案不变. ∎

§3.4.4　练习题

练习 3.4.1　在$\triangle ABC$内任取一点M，连接AM并延长，与边BC相交于点N，证明点N的坐标在线段BC构成的区间上均匀分布.

练习 3.4.2　假设$\xi \sim N\left(a, \sigma^2\right)$，$\eta = c\xi + d$，其中$c$和$d$为实数，且$c > 0$. 证明$\eta \sim N\left(ca + d, (c\sigma)^2\right)$.

练习 3.4.3　假设$a < b$，证明$\Phi_{a,\sigma}(x) > \Phi_{b,\sigma}(x)$.

练习 3.4.4　证明$\Phi_{a,\sigma}(a + x) = 1 - \Phi_{a,\sigma}(a - x)$.

练习 3.4.5　假设学生的成绩$\xi \sim N(a, \sigma^2)$. 若规定分数在$a + \sigma$以上为“优秀”，a 至$a + \sigma$为“良好”，$a - \sigma$ 至a为“一般”，$a - \sigma$以下为“较差”. 求这四个等级的学生各占多大比例（$\Phi(1) = 0.841\,3$）.

练习 3.4.6　设ξ服从参数为λ的指数分布，求$\eta = [\xi] + 1$的分布.

练习 3.4.7　设$\xi \sim N(0, 1)$，$\eta \sim B(1, 0.5)$，并且ξ和η相互独立，求$\xi\eta$的分布函数.

练习 3.4.8　设$\xi \sim N(0, 1)$，$\eta \sim B(1, 0.5)$，并且ξ和η相互独立，求$\xi + \eta$的密度函数.

练习 3.4.9　设$\xi \sim \Gamma(\lambda, 1)$，$\eta \sim \Gamma(\lambda, 1)$，并且$\xi$和$\eta$相互独立，求

$$\zeta = \xi + \sum_{k=1}^{\infty} \frac{k-1}{n} \mathbb{1}_{\left\{\frac{k-1}{n} < \eta \leqslant \frac{k}{n}\right\}}$$

的分布函数.

§3.5 随机向量与联合分布

有些随机现象需要用多个随机变量描述，例如天气状况涉及的随机变量为：气温、风力、湿度和降水量等. 由于这些随机变量之间相互影响，需要把它们作为一个整体来研究.

§3.5.1 随机向量

定义 3.5.1 设$(\Omega,\mathscr{F},\mathbb{P})$为概率空间，$\xi_i(\omega)$为其上的随机变量，$i=1,2,\cdots,n$. 称$\boldsymbol{\xi}=(\xi_1,\xi_2,\cdots,\xi_n)$为该概率空间上的$n$**维随机变量**或$n$**维随机向量**，简称为**随机向量**.

定理3.5.1 设$(\Omega,\mathscr{F},\mathbb{P})$为概率空间，则映射$\boldsymbol{\xi}:\Omega\to\mathbb{R}^n$为随机向量，当且仅当如下条件之一成立：

1° $\{\boldsymbol{\xi}\in B\}\in\mathscr{F}$，$\forall B\in\mathscr{B}^n$.

2° 对于任何$\boldsymbol{x}\in\mathbb{R}^n$，

$$\{\boldsymbol{\xi}\leqslant\boldsymbol{x}\}\triangleq\{\xi_1\leqslant x_1,\xi_2\leqslant x_2,\cdots,\xi_n\leqslant x_n\}\in\mathscr{F}.$$

证明 对于任意$\boldsymbol{x}\in\mathbb{R}^n$，由$(-\infty,\boldsymbol{x}]\in\mathscr{B}^n$知：条件1°可以推出条件2°.

若条件2°成立，则对于任何$1\leqslant i\leqslant n$和$x\in\mathbb{R}$有

$$\{\xi_i\leqslant x\}=\lim_{m\to\infty}\{\xi_1\leqslant m,\cdots,\xi_{i-1}\leqslant m,\xi_i\leqslant x,\xi_{i+1}\leqslant m,\cdots,\xi_n\leqslant m\}\in\mathscr{F},$$

即由条件2°可以推出$\boldsymbol{\xi}$为随机向量.

设$\boldsymbol{\xi}$为随机向量，仅需证明条件1°成立. 记

$$\mathscr{E}=\left\{B\in\mathscr{B}^n:\boldsymbol{\xi}^{-1}(B)\in\mathscr{F}\right\},$$

只需证明$\mathscr{B}^n=\mathscr{E}$.

事实上，由引理1.1.9和$\boldsymbol{\xi}^{-1}\left(\mathbb{R}^n\right)=\Omega$知$\mathscr{E}$为$\sigma$代数；此外，

$$\boldsymbol{\xi}^{-1}\left((-\infty,\boldsymbol{x}]\right)=\{\xi\in(-\infty,\boldsymbol{x}]\}=\bigcap_{k=1}^{n}\{\xi_k\leqslant x_k\}\in\mathscr{F},\quad\forall\boldsymbol{x}\in\mathbb{R}^n,$$

即$\mathscr{E}\supset\mathscr{P}_n$. 因此$\mathscr{E}\supset\sigma(\mathscr{P}_n)=\mathscr{B}^n$，即条件1°成立. ∎

定理3.5.1表明：随机向量$\boldsymbol{\xi}$能够保证

$$\boldsymbol{\xi}^{-1}(B) \triangleq \{\boldsymbol{\xi} \in B\} \triangleq \{\omega : \boldsymbol{\xi}(\omega) \in B\} \in \mathscr{F}, \quad \forall B \in \mathscr{B}^n,$$

即它能刻画的事件全体为

$$\boldsymbol{\xi}^{-1}(\mathscr{B}^n) \triangleq \left\{\boldsymbol{\xi}^{-1}(B) : B \in \mathscr{B}^n\right\} \subset \mathscr{F}.$$

因此可以通过$\mathscr{B}^n$研究这些事件的概率性质.

§3.5.2 联合分布与联合分布函数

定义 3.5.2 若$\boldsymbol{\xi}$为n维随机向量，则称

$$\mathbb{F}_{\boldsymbol{\xi}}(B) \triangleq \mathbb{P}(\boldsymbol{\xi} \in B) \triangleq \mathbb{P}\left(\boldsymbol{\xi}^{-1}(B)\right), \quad \forall B \in \mathscr{B}^n,$$

为$\boldsymbol{\xi}$**的联合分布**，简称为**联合分布**；称

$$F_{\boldsymbol{\xi}}(\boldsymbol{x}) \triangleq F_{\boldsymbol{\xi}}(x_1, x_2, \cdots, x_n) \triangleq \mathbb{P}(\boldsymbol{\xi} \leqslant \boldsymbol{x}), \quad \forall \boldsymbol{x} \in \mathbb{R}^n,$$

为$\boldsymbol{\xi}$**的联合分布函数**，简称为**联合分布函数**.

在上下文不引起混乱的情况下，省略分布或分布函数的下标ξ，即将$\mathbb{F}_{\boldsymbol{\xi}}$简记为$\mathbb{F}$，将$F_{\boldsymbol{\xi}}$简记为$F$.

若$\mathbb{P}$为$\mathscr{B}^n$上的概率，则恒等映射

$$\boldsymbol{I}(\boldsymbol{x}) \triangleq \boldsymbol{x}, \quad \boldsymbol{x} \in \mathbb{R}^n,$$

是$(\mathbb{R}^n, \mathscr{B}^n, \mathbb{P})$上的随机向量，该随机向量的联合分布为$\mathbb{P}$. 因此$\mathscr{B}^n$上的任何概率都是某一随机向量的分布.

显然，当$\mathbb{F}$为$\boldsymbol{\xi}$的联合分布时，$(\mathbb{R}^n, \mathscr{B}^n, \mathbb{F})$为概率空间，这是一个以$n$维欧氏空间为样本空间的概率空间；联合分布函数是分布函数的推广，它具有与分布函数类似的一些性质；类似于分布唯一性定理3.1.8，有如下的联合分布唯一性定理.

定理3.5.2 (联合分布唯一性定理) 联合分布与联合分布函数相互唯一确定，即：$\mathbb{F}_{\boldsymbol{\xi}} = \mathbb{F}_{\boldsymbol{\eta}}$的充分必要条件是$F_{\boldsymbol{\xi}} = F_{\boldsymbol{\eta}}$，其中$\boldsymbol{\xi}$和$\boldsymbol{\eta}$是随机向量.

证明 往证必要性. 由$(-\infty, \boldsymbol{x}] \in \mathscr{B}^n$和$\mathbb{F}_{\boldsymbol{\xi}} = \mathbb{F}_{\boldsymbol{\eta}}$得

$$\begin{aligned} F_{\boldsymbol{\xi}}(\boldsymbol{x}) &= \mathbb{P}(\boldsymbol{\xi} \in (-\infty, \boldsymbol{x}]) = \mathbb{F}_{\boldsymbol{\xi}}((-\infty, \boldsymbol{x}]) \\ &= \mathbb{F}_{\boldsymbol{\eta}}((-\infty, \boldsymbol{x}]) = \mathbb{P}(\boldsymbol{\eta} \in (-\infty, \boldsymbol{x}]) = F_{\boldsymbol{\eta}}(\boldsymbol{x}), \end{aligned}$$

即必要性成立.

往证充分性. 记

$$\mathscr{A}=\{B\in\mathscr{B}^n:\mathbb{P}(\boldsymbol{\xi}\in B)=\mathbb{P}(\boldsymbol{\eta}\in B)\}.$$

由$F_{\boldsymbol{\xi}}=F_{\boldsymbol{\eta}}$知

$$\mathbb{P}(\boldsymbol{\xi}\in(-\infty,\boldsymbol{x}])=F_{\boldsymbol{\xi}}(\boldsymbol{x})=F_{\boldsymbol{\eta}}(\boldsymbol{x})=\mathbb{P}(\boldsymbol{\eta}\in(-\infty,\boldsymbol{x}]),\quad \forall \boldsymbol{x}\in\mathbb{R}^n,$$

即

$$\mathbb{P}(\boldsymbol{\xi}\in B)=\mathbb{P}(\boldsymbol{\eta}\in B),\quad \forall B\in\mathscr{P}^n,$$

亦即$\mathscr{P}_n\subset\mathscr{A}$，其中$\mathscr{P}^n$的定义见(3.16). 另外，由概率的规范性、可列可加性和可减性知$\mathscr{A}$为$\mathbb{R}^n$上的λ类. 注意到$\mathscr{P}_n$对交运算封闭，利用单调类定理1.1.3得

$$\mathscr{A}\supset\lambda(\mathscr{P}_n)=\sigma(\mathscr{P}_n)=\mathscr{B}^n,$$

即

$$\mathbb{F}_{\boldsymbol{\xi}}(B)=\mathbb{P}(\boldsymbol{\xi}\in B)=\mathbb{P}(\boldsymbol{\eta}\in B)=\mathbb{F}_{\boldsymbol{\eta}}(B),\quad \forall B\in\mathscr{B}^n,$$

亦即充分性成立. ∎

联合分布函数是分布函数的拓展，其性质也更加丰富，如下定理所述.

定理3.5.3 联合分布函数$F(x_1,x_2,\cdots,x_n)$具有如下性质.

1° **单调性**：$F(x_1,x_2,\cdots,x_n)$对每个自变量都是单调非降的.

2° **右连续性**：$F(x_1,x_2,\cdots,x_n)$对每个自变量都是右连续的.

3° **规范性**：

$$\lim_{x_i\to-\infty}F(x_1,x_2,\cdots,x_n)=0,\quad \forall 1\leqslant i\leqslant n,$$
$$\lim_{\substack{x_i\to\infty\\1\leqslant i\leqslant n}}F(x_1,x_2,\cdots,x_n)=1.$$

4° **非负性**：在任一立方体$(\boldsymbol{a},\boldsymbol{b}]$上，$F$的增量$\Delta F\geqslant 0$，其中

$$\begin{aligned}\Delta F=&F(b_1,b_2,\cdots,b_n)-\sum_i F(b_1,\cdots,b_{i-1},a_i,b_{i+1},\cdots,b_n)+\\&\sum_{i<j}F(b_1,\cdots,b_{i-1},a_i,b_{i+1},\cdots,b_{j-1},a_j,b_{j+1},\cdots,b_n)+\cdots+\\&(-1)^nF(a_1,a_2,\cdots,a_n).\end{aligned}$$

证明 显然性质1° ~ 3°成立，而由联合分布函数的定义知

$$\Delta F = \mathbb{P}(\boldsymbol{\xi} \in (a_1, b_1] \times (a_2, b_2] \times \cdots \times (a_n, b_n]) \geqslant 0,$$

即性质4°成立. ∎

可以证明满足定理3.5.3中1° ~ 4°的函数$F(x_1, x_2, \cdots, x_n)$为联合分布函数. 另外，当$n = 1$时，联合分布函数的非负性等价于单调性，因此满足单调性、右连续性和规范性的一元函数就是一个分布函数.

例 3.5.1 设

$$F(x, y) = \begin{cases} 1, & \text{如果} x + y \geqslant 0.1, \\ 0, & \text{否则}, \end{cases}$$

证明它不是联合分布函数.

证明 取$a_1 = a_2 = 0, b_1 = b_2 = 1$，则有

$$\Delta F = F(1,1) - F(0,1) - F(1,0) + F(0,0) = -1 < 0,$$

从而4°不成立，即F不是联合分布函数. ∎

显然，例3.5.1中函数$F(x, y)$满足单调性、右连续性和规范性，但是它不满足非负性，即由单调性、右连续性和规范性不能推出非负性.

下面讨论两种特殊的联合分布：离散型和连续型联合分布.

定义 3.5.3 若随机向量$\boldsymbol{\xi} = (\xi_1, \xi_2, \cdots, \xi_n)$ 的各个分量都为离散型随机变量，则称$\boldsymbol{\xi}$为n**维离散型随机向量**，称

$$p(\boldsymbol{x}) \triangleq \mathbb{P}(\boldsymbol{\xi} = \boldsymbol{x}) \triangleq \mathbb{P}(\xi_1 = x_1, \xi_2 = x_2, \cdots, \xi_n = x_n) \tag{3.56}$$

为$\boldsymbol{\xi}$的**联合分布密度**或**联合密度**或**密度**，称

$$\{\boldsymbol{x} \in \mathbb{R}^n : \mathbb{P}(\boldsymbol{\xi} = \boldsymbol{x}) > 0\}$$

为$\boldsymbol{\xi}$的**概率支撑集**. 进一步，将离散型随机向量的分布和分布函数分别称为**离散型分布**和**离散型分布函数**.

若$\boldsymbol{\xi}$为离散型随机向量，则其概率支撑集A为可数集或可列集，并且

$$\mathbb{P}(\boldsymbol{\xi} = \boldsymbol{x}) = 0, \quad \forall \boldsymbol{x} \notin A.$$

因此可将$\boldsymbol{\xi}$的联合密度(3.56)表达为

$$p\left(\boldsymbol{x}\right)=\mathbb{P}\left(\boldsymbol{\xi}=\boldsymbol{x}\right),\quad \forall \boldsymbol{x}\in A, \tag{3.57}$$

还可以用如下的**联合密度矩阵**

$$\begin{pmatrix} \boldsymbol{x}_1 & \boldsymbol{x}_2 & \cdots & \boldsymbol{x}_m \\ \mathbb{P}\left(\boldsymbol{\xi}=\boldsymbol{x}_1\right) & \mathbb{P}\left(\boldsymbol{\xi}=\boldsymbol{x}_2\right) & \cdots & \mathbb{P}\left(\boldsymbol{\xi}=\boldsymbol{x}_m\right) \end{pmatrix}, \tag{3.58}$$

表示联合密度(3.57)，其中$\boldsymbol{x}_1,\boldsymbol{x}_2,\cdots,\boldsymbol{x}_m$是概率支撑集$A$中的所有向量. 因此有

$$\mathbb{F}_{\boldsymbol{\xi}}(B)=\sum_{\boldsymbol{x}\in A\cap B}p\left(\boldsymbol{x}\right)=\sum_{\boldsymbol{x}\in A}\mathbb{1}_B(\boldsymbol{x})p\left(\boldsymbol{x}\right)=\sum_{k=1}^{m}\mathbb{1}_B(\boldsymbol{x}_k)p\left(\boldsymbol{x}_k\right),\quad \forall B\in\mathscr{B}^n, \tag{3.59}$$

$$\begin{aligned} F_{\boldsymbol{\xi}}(\boldsymbol{u}) &= \sum_{\boldsymbol{x}\in A\cap(-\infty,\boldsymbol{u}]}p\left(\boldsymbol{x}\right) \\ &= \sum_{\boldsymbol{x}\in A}\mathbb{1}_{(-\infty,\boldsymbol{u}]}\left(\boldsymbol{x}\right)p\left(\boldsymbol{x}\right)=\sum_{k=1}^{m}\mathbb{1}_{(-\infty,\boldsymbol{u}]}(\boldsymbol{x}_k)p\left(\boldsymbol{x}_k\right),\quad \forall \boldsymbol{u}\in\mathbb{R}^n. \end{aligned} \tag{3.60}$$

可以用概率支撑集的定义和概率的可加性来证明(3.59)，证明细节留作练习3.5.2. (3.60)是(3.59)的特例，其证明留作练习3.5.3.

例 3.5.2 把两个相同的球等可能地放入编号为1和2的两个盒中，以ξ表示1号盒中球的个数，η表示2号盒中球的个数，求(ξ,η)的联合密度矩阵.

解 显然$\xi\sim B\left(2,0.5\right)$，$\eta+\xi=2$，由概率的乘法公式得

$$\mathbb{P}\left(\xi=i,\eta=j\right)=\mathbb{P}\left(\xi=i\right)\mathbb{P}\left(\eta=j\,|\xi=i\right)=\binom{2}{i}0.5^2\mathbb{P}\left(\eta=j\,|\xi=i\right).$$

另外，在已知$\xi=j$的情况下，$\eta=2-i$，即

$$\mathbb{P}\left(\eta=j\,|\xi=i\right)=\begin{cases}1, & j=2-i,\\ 0, & j\neq 2-i.\end{cases}$$

所以

$$\mathbb{P}\left(\xi=i,\eta=j\right)=\binom{2}{i}0.5^2,\quad j=2-i,i=0,1,2,$$

即联合密度矩阵为

$$\begin{pmatrix} (2,0) & (1,1) & (0,2) \\ 0.25 & 0.5 & 0.25 \end{pmatrix}. \tag{3.61}$$

■

显然，$\boldsymbol{\xi}$的概率支撑集$A \subset \prod\limits_{k=1}^{n} A_k$，其中$A_k$为$\xi_k$的概率支撑集，因此还可以将联合密度(3.56)表达为

$$p(\boldsymbol{x}) = \mathbb{P}(\boldsymbol{\xi} = \boldsymbol{x}), \quad \forall \boldsymbol{x} \in \prod_{k=1}^{n} A_k, \tag{3.62}$$

进而可将(3.59)表达为

$$\mathbb{F}_{\boldsymbol{\xi}}(B) = \sum_{s_1 \in A_1} \sum_{s_2 \in A_2} \cdots \sum_{s_n \in A_n} \mathbb{1}_B(s_1, s_2, \cdots, s_n) p(s_1, s_2, \cdots, s_n), \quad B \in \mathscr{B}^n, \tag{3.63}$$

可将(3.60)具体为

$$F_{\boldsymbol{\xi}}(\boldsymbol{x}) = \sum_{s_1 \in A_1} \sum_{s_2 \in A_2} \cdots \sum_{s_n \in A_n} \left(\prod_{k=1}^{n} \mathbb{1}_{(-\infty, x_k]}(s_k) \right) p(s_1, s_2, \cdots, s_n), \quad \boldsymbol{x} \in \mathbb{R}^n. \tag{3.64}$$

对于二维离散型随机向量(ξ, η)，其联合密度(3.62)变为

$$p_{ij} = \mathbb{P}(\xi = x_i, \eta = y_j), \quad \forall 1 \leqslant i \leqslant n, 1 \leqslant j \leqslant m, \tag{3.65}$$

其中$\{x_k : 1 \leqslant k \leqslant n\}$为$\xi$的概率支撑集，$\{y_k : 1 \leqslant k \leqslant n\}$为$\eta$的概率支撑集. 还可以用表3.1表示$(\xi, \eta)$的联合密度(3.65)，并称该表为$(\xi, \eta)$的**联合密度表**.

表 3.1 联合密度表

		η			
	p_{ij}	y_1	$\cdots$	y_m	$p_{i\bullet} = \sum\limits_{j=1}^{m} p_{ij}$
ξ	x_1	p_{11}	$\cdots$	p_{1m}	$p_{1\bullet}$
	$\vdots$	$\vdots$	$\ddots$	$\vdots$	$\vdots$
	x_n	p_{n1}	$\cdots$	p_{nm}	$p_{n\bullet}$
$p_{\bullet j} = \sum\limits_{i=1}^{n} p_{ij}$		$p_{\bullet 1}$	$\cdots$	$p_{\bullet m}$	$\sum\limits_{1 \leqslant i \leqslant n, 1 \leqslant j \leqslant m} p_{ij} = 1$

表3.2为联合密度矩阵(3.61)所对应的联合密度表，在该表中

$$p_{11} = p_{12} = p_{21} = p_{23} = p_{32} = p_{33} = 0,$$

而联合密度矩阵(3.61)的第二行全为正数.

表 3.2 联合密度表实例

p_{ij}		η=0	1	2	$p_{i\bullet}$
ξ	0	0	0	0.25	0.25
	1	0	0.5	0	0.5
	2	0.25	0	0	0.25
$p_{\bullet j}$		0.25	0.5	0.25	1

定义 3.5.4 若存在非负n元函数p，使得随机向量$\boldsymbol{\xi}$的联合分布函数

$$F(\boldsymbol{x}) = \int \cdots \int_{(-\infty, \boldsymbol{x}]} p(u_1, u_2, \cdots, u_n) \mathrm{d}u_1 \mathrm{d}u_2 \cdots \mathrm{d}u_n, \tag{3.66}$$

则称$\boldsymbol{\xi}$为**连续型随机向量**，称p为$\boldsymbol{\xi}$的**联合密度函数**，简称为**密度函数**或**密度**，称

$$\{\boldsymbol{x} \in \mathbb{R}^n : p(\boldsymbol{x}) > 0\}$$

为$\boldsymbol{\xi}$的**概率支撑集**. 进一步，分别将连续型随机向量的分布和分布函数称为**连续型分布**和**连续型分布函数**.

可以通过$\boldsymbol{\xi}$的联合密度函数$p(\boldsymbol{x})$将其联合分布表示为

$$\mathbb{F}(B) = \int \cdots \int_B p(x_1, x_2, \cdots, x_n) \mathrm{d}x_1 \mathrm{d}x_2 \cdots \mathrm{d}x_n, \quad \forall B \in \mathscr{B}^n. \tag{3.67}$$

(3.67)的证明留作练习3.5.4，其证明思路与唯一性定理3.5.2的充分性证明思路类似.

若联合分布函数F的n阶混合偏导数处处存在，则它为连续型分布函数，其密度函数

$$p(\boldsymbol{x}) = \frac{\partial^n F(x_1, x_2, \cdots, x_n)}{\partial x_1 \partial x_2 \cdots \partial x_n}. \tag{3.68}$$

可以证明，非负n元函数p为某随机向量的密度函数的充要条件是

$$\int \cdots \int_{\mathbb{R}^n} p(x_1, x_2, \cdots, x_n) \mathrm{d}x_1 \mathrm{d}x_2 \cdots \mathrm{d}x_n = 1. \tag{3.69}$$

例 3.5.3 若$f(x)$和$g(y)$均为密度函数，证明$p(x, y) = f(x)g(y)$ 为联合密度函数.

证明　显然$p(x,y)\geqslant 0$，且

$$\int_{-\infty}^{\infty}\left(\int_{-\infty}^{\infty}p(x,y)\,\mathrm{d}x\right)\mathrm{d}y=\int_{-\infty}^{\infty}g(y)\left(\int_{-\infty}^{\infty}f(x)\,\mathrm{d}x\right)\mathrm{d}y=1,$$

所以$p(x,y)$为联合密度函数. ∎

§3.5.3　边缘分布

定义 3.5.5　对于随机向量$\boldsymbol{\xi}$，称ξ_k的分布为$\boldsymbol{\xi}$的**第k边缘分布**，简称为**边缘分布**；称ξ_k的分布函数为$\boldsymbol{\xi}$的**第k边缘分布函数**，简称为**边缘分布函数**. 进一步，当$\boldsymbol{\xi}$为离散型随机向量时，称ξ_k的密度为**第k边缘密度**，简称为**边缘密度**；当$\boldsymbol{\xi}$为连续型随机向量时，称ξ_k的密度函数为**第k边缘密度函数**，简称为**边缘密度函数**或**边缘密度**.

定理3.5.4　设(ξ,η)的联合分布函数为$F(x,y)$，则边缘分布函数

$$F_\xi(x)=\lim_{y\to+\infty}F(x,y),\quad F_\eta(y)=\lim_{x\to+\infty}F(x,y).\tag{3.70}$$

证明　由概率的下方连续性得结论. ∎

当(ξ,η)为离散型时，ξ和η必为离散型随机变量，它们的第1边缘密度和第2边缘密度分别为

$$p_{i\bullet}=\sum_{j=1}^{m}p_{ij}\quad 和\quad p_{\bullet j}=\sum_{i=1}^{n}p_{ij},\tag{3.71}$$

其中联合密度

$$p_{ij}=\mathbb{P}(\xi=x_i,\eta=y_j),\quad \forall 1\leqslant i\leqslant n,1\leqslant j\leqslant m,$$

这里$\{x_1,x_2,\cdots,x_n\}$为ξ的概率支撑集，$\{y_1,y_2,\cdots,y_m\}$为η的概率支撑集；当(ξ,η)为连续型时，ξ和η必为连续型随机变量，它们的第1边缘密度和第2边缘密度分别为

$$p_1(x)=\int_{-\infty}^{\infty}p(x,y)\mathrm{d}y\quad 和\quad p_2(y)=\int_{-\infty}^{\infty}p(x,y)\mathrm{d}x.\tag{3.72}$$

其中$p(x,y)$为联合密度函数.

2维连续型随机向量的边缘密度直观含义：联合密度在水平或垂直线上密度之和为边缘密度，如图3.7所示.

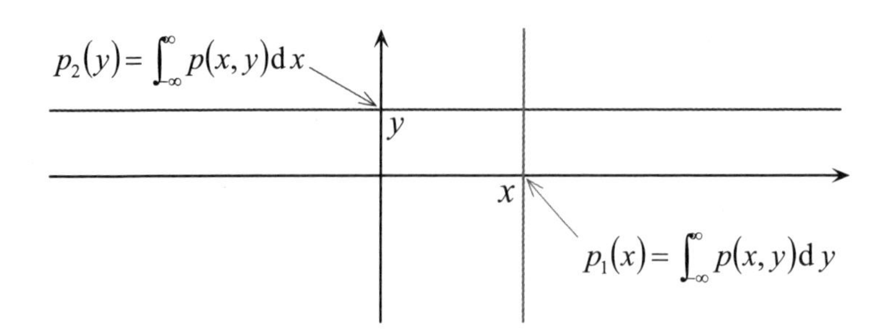

图 3.7 边缘密度函数示意图

例 3.5.4 用η_r表示可列重伯努利实验中第r次成功等待的时间. 若成功概率为p，$\tau_1=\eta_1$，$\tau_2=\eta_2-\eta_1$，求(τ_1,τ_2)的联合密度与边缘分布.

解 由概率的乘法公式得

$$\begin{aligned}\mathbb{P}(\tau_1=i,\tau_2=j)&=\mathbb{P}(\tau_1=i)\,\mathbb{P}(\tau_2=j\,|\tau_1=i)\\&=(1-p)^{i-1}p\mathbb{P}(\tau_2=j\,|\tau_1=i),\quad i>0.\end{aligned}$$

进一步，在$\eta_1=i$的条件下，$\eta_2-i\sim G(p)$，因此

$$\begin{aligned}\mathbb{P}(\tau_2=j\,|\tau_1=i)&=\mathbb{P}(\eta_2-\eta_1=j\,|\eta_1=i)\\&=\mathbb{P}(\eta_2-i=j\,|\eta_1=i)=(1-p)^{j-1}p,\quad j>0.\end{aligned}$$

所以(τ_1,τ_2)的联合密度

$$p_{ij}=\mathbb{P}(\tau_1=i,\tau_2=j)=(1-p)^{i+j-2}p^2,\quad j,i>0,$$

τ_1的边缘密度

$$p_{i\bullet}=\sum_{j=1}^{\infty}(1-p)^{i+j-2}p^2=(1-p)^{i-1}p,\quad i>0,$$

τ_2的边缘密度

$$p_{\bullet j}=\sum_{i=1}^{\infty}(1-p)^{i+j-2}p^2=(1-p)^{j-1}p,\quad j>0,$$

即τ_1的边缘分布为$G(p)$，τ_2的边缘分布为$G(p)$. ∎

联合密度函数可以唯一确定边缘密度函数，反之却不一定成立，详见下例.

例 3.5.5 若(ξ,η)的密度函数为

$$p(x,y)=x+y,\quad 0<x,y<1,$$

求ξ与η的边缘密度函数.

解 ξ的边缘密度函数为

$$p_1(x)=\int_0^1(x+y)\mathrm{d}y=x+\frac{1}{2},\quad 0<x<1.$$

类似地，η的边缘密度函数为

$$p_2(y)=y+\frac{1}{2},\quad 0<y<1.$$

■

由例3.5.5和例3.5.3结论知

$$q(x,y)=\left(x+\frac{1}{2}\right)\left(y+\frac{1}{2}\right),\quad 0<x,y<1$$

为联合密度函数，且它和联合密度函数$p\,(x,y)$有相同的边缘密度函数. 因此联合密度不能由边缘密度函数所决定. 这也是我们要把随机向量作为一个整体来研究的原因.

§3.5.4 独立随机变量的性质

§3.1.4给出了随机变量的独立性相关概念，这里继续讨论独立随机变量的分布性质.

定理3.5.5 随机变量$\xi_1,\xi_2,\cdots,\xi_n$相互独立的充分必要条件是联合分布函数等于边缘分布函数的乘积，即

$$F_{\boldsymbol{\xi}}\left(\boldsymbol{x}\right)=\prod_{k=1}^{n}F_{\xi_k}\left(x_k\right),\quad \forall\boldsymbol{x}\in\mathbb{R}^n. \tag{3.73}$$

证明 由$\xi_1,\xi_2,\cdots,\xi_n$相互独立知：对于任意波莱尔集$B_1,B_2,\cdots,B_n$有

$$\mathbb{P}\left(\xi_1\in B_1,\xi_2\in B_2,\cdots,\xi_n\in B_n\right)=\prod_{k=1}^{n}\mathbb{P}\left(\xi_k\in B_k\right),\mathscr{B}, \tag{3.74}$$

取$B_k=(-\infty,x_k]$，得必要性.

往证充分型. 由(3.73)得

$$\mathbb{P}\left(\xi_1 \leqslant x_1, \xi_2 \leqslant x_2, \cdots, \xi_n \leqslant x_n\right) = \prod_{k=1}^{n} \mathbb{P}\left(\xi_k \leqslant x_k\right), \tag{3.75}$$

因此

$$\mathscr{P} \subset \mathscr{E} \triangleq \left\{B \in \mathscr{B} : \mathbb{P}\left(\xi_1 \in B, \xi_2 \leqslant x_2, \cdots, \xi_n \leqslant x_n\right) = \mathbb{P}\left(\xi_1 \in B\right)\left(\prod_{k=2}^{n} \mathbb{P}\left(\xi_k \leqslant x_k\right)\right)\right\},$$

且$\mathscr{E}$为λ类. 由单调类定理知$\mathscr{E} \supset \lambda\left(\mathscr{P}\right) = \sigma\left(\mathscr{P}\right) = \mathscr{B}$，即

$$\mathbb{P}\left(\xi_1 \in B_1, \xi_2 \leqslant x_2, \cdots, \xi_n \leqslant x_n\right) = \mathbb{P}\left(\xi_1 \in B_1\right)\left(\prod_{k=2}^{n} \mathbb{P}\left(\xi_k \leqslant x_k\right)\right). \tag{3.76}$$

类似于从(3.75)到(3.76)的推理过程，由(3.76)逐步递推，可得(3.74)，即充分性成立. ∎

由定理3.5.5可知：$\xi_1, \xi_2, \cdots, \xi_n$相互独立的充分必要条件是：$\boldsymbol{\xi}$的联合分布函数变量可分离，即存在波莱尔函数$f_1, f_2, \cdots, f_n$，使得联合分布函数

$$F_{\boldsymbol{\xi}}\left(\boldsymbol{x}\right) = \prod_{k=1}^{n} f_k\left(x_k\right), \quad \forall \boldsymbol{x} \in \mathbb{R}^n. \tag{3.77}$$

该结论在判断$\xi_1, \xi_2, \cdots, \xi_n$是否相互独立时非常有用，其证明留作练习3.5.6.

定理3.5.6 若$\xi_1, \xi_2, \cdots, \xi_n$都是离散型随机变量，则它们相互独立的充分必要条件是联合分布密度等于边缘分布密度的乘积，即

$$\mathbb{P}\left(\boldsymbol{\xi} = \boldsymbol{x}\right) = \prod_{k=1}^{n} \mathbb{P}\left(\xi_k = x_k\right), \quad \forall \boldsymbol{x} \in \prod_{k=1}^{n} A_k, \tag{3.78}$$

其中A_k是ξ_k的概率支撑集.

证明 由$\xi_1, \xi_2, \cdots, \xi_n$相互独立知(3.17)成立，因此联合密度在$\boldsymbol{x}$点的值

$$\mathbb{P}\left(\boldsymbol{\xi} = \boldsymbol{x}\right) = \mathbb{P}\left(\bigcap_{k=1}^{n} \xi_k^{-1}\left(\{x_k\}\right)\right) = \prod_{k=1}^{n} \mathbb{P}\left(\xi_k^{-1}\left(\{x_k\}\right)\right) = \prod_{k=1}^{n} \mathbb{P}\left(\xi_k = x_k\right), \quad \forall \boldsymbol{x} \in \prod_{k=1}^{n} A_k,$$

即必要性成立.

对于任意$B_k \in \mathscr{B}$，由(3.63)和(3.78)知

$$\mathbb{P}\left(\bigcap_{k=1}^{n} \xi_k^{-1}\left(B_k\right)\right) = \mathbb{F}\left(B_1 \times B_2 \times \cdots \times B_n\right)$$

$$= \sum_{x_1 \in A} \sum_{x_1 x_2 \in A_2} \cdots \sum_{x_n \in A_n} \left(\prod_{k=1}^{n} \mathbb{1}_{B_k}(x_k) \mathbb{P}(\xi_k = x_k) \right)$$

$$= \prod_{k=1}^{n} \left(\sum_{x_k \in A_k} \mathbb{1}_{B_k}(x_k) \mathbb{P}(\xi_k = x_k) \right) = \prod_{k=1}^{n} \mathbb{P}\left(\xi_k^{-1}(B_k)\right),$$

即$\xi_1, \xi_2, \cdots, \xi_n$相互独立，亦即充分性成立. ∎

由定理3.5.6知离散型随机变量$\xi_1, \xi_2, \cdots, \xi_n$相互独立的充分必要条件是联合密度变量可分离，即存在波莱尔函数$f_1, f_2, \cdots, f_n$，使得联合密度

$$\mathbb{P}(\boldsymbol{\xi} = \boldsymbol{x}) = \prod_{k=1}^{n} f_k(x_k), \quad \forall \boldsymbol{x} \in \prod_{k=1}^{n} A_k. \tag{3.79}$$

这一结论的证明留作练习3.5.7.

例 3.5.6 在例3.5.4中，证明τ_1和τ_2相互独立.

证明 由例3.5.4的结果知：对于正整数i和j，τ_1和τ_2的联合密度在(i, j)点处的值

$$p_{ij} = (1-p)^{i-2} p^2 (1-p)^j,$$

即联合密度变量可分离，因此τ_1和τ_2相互独立. ∎

例3.5.4和例3.5.6表明在可列重伯努利实验中，第k成功的时间τ_k有如下特性：τ_1和$\tau_2 - \tau_1$相互独立，且有相同的几何分布.

例 3.5.7 假定在一段时间内，放射性物质发射出的α粒子数服从参数为λ的泊松分布. 如果发射出的每个α粒子被记录的概率为p，且各粒子能否被记录相互独立，求证在这段时间内被记录下的α粒子数ξ 与未被记录的α粒子数η相互独立.

证明 由泊松分布对随机选择的不变性知：$\xi \sim P(\lambda p), \eta \sim P((1-p)\lambda)$. 所以对于任何正整数$m$和$n$有

$$\begin{aligned}
\mathbb{P}(\xi = m, \eta = n) &= \mathbb{P}(\xi = m, \eta = n, \xi + \eta = m + n) \\
&= \mathbb{P}(\xi + \eta = m + n) \mathbb{P}(\xi = m, \eta = n | \xi + \eta = m + n) \\
&= \frac{\lambda^{n+m}}{(n+m)!} \mathrm{e}^{-\lambda} \cdot \binom{n+m}{m} p^m (1-p)^n
\end{aligned}$$

$$= \frac{(\lambda p)^m}{m!}\mathrm{e}^{-\lambda p} \cdot \frac{(\lambda(1-p))^n}{n!}\mathrm{e}^{-\lambda(1-p)},$$

即记录下的α粒子数ξ与未被记录的α粒子数η相互独立. ■

定理3.5.7 连续型随机变量$\xi_1, \xi_2, \cdots, \xi_n$相互独立的充分必要条件是联合分布密度函数等于边缘密度函数的乘积，即联合密度函数

$$p_{\boldsymbol{\xi}}(\boldsymbol{x}) = \prod_{k=1}^{n} p_{\xi_k}(x_k), \quad \forall \boldsymbol{x} \in \mathbb{R}^n, \tag{3.80}$$

其中p_{ξ_k}为ξ_k的密度函数.

定理3.5.7表明连续型随机变量$\xi_1, \xi_2, \cdots, \xi_n$相互独立的充分必要条件是联合密度函数变量可分离，即

$$p_{\boldsymbol{\xi}}(\boldsymbol{x}) = \prod_{k=1}^{n} f_k(x_k), \quad \forall \boldsymbol{x} \in \mathbb{R}^n, \tag{3.81}$$

其中$f_1, f_2, \cdots, f_n$为波莱尔函数. 定理3.5.7的证明留作练习3.5.8，其证明思路类似于定理3.5.6 的证明思路.

定理3.5.8 若$\xi_1, \xi_2, \cdots, \xi_n$相互独立，则$f_1(\xi_1), f_2(\xi_2), \cdots, f_n(\xi_n)$相互独立，其中$f_1, f_2, \cdots, f_n$都是波莱尔函数.

证明 记$\eta_k = f_k(\xi_k)$，只需证明$\eta_1, \eta_2, \cdots, \eta_n$相互独立.

事实上，对于任意$A_1, A_2, \cdots, A_n \in \mathscr{B}$，由$f_1, f_2, \cdots, f_n$为波莱尔函数知

$$f_1^{-1}(A_1), f_2^{-1}(A_2), \cdots, f_n^{-1}(A_n) \in \mathscr{B},$$

再由$\xi_1, \xi_2, \cdots, \xi_n$相互独立得

$$\begin{aligned}
\mathbb{P}\left(\bigcap_{k=1}^{n} \eta_\kappa^{-1}(A_k)\right) &= \mathbb{P}\left(\bigcap_{k=1}^{n} \xi_\kappa^{-1}\left(f_k^{-1}(A_k)\right)\right) \\
&= \prod_{k=1}^{n} \mathbb{P}\left(\xi_\kappa^{-1}\left(f_k^{-1}(A_k)\right)\right) = \prod_{k=1}^{n} \mathbb{P}\left(\eta_\kappa^{-1}(A_k)\right),
\end{aligned}$$

即$\eta_1, \eta_2, \cdots, \eta_n$相互独立. ■

§3.5.5　随机向量的独立性

可以将随机变量间的相互独立概念推广为随机向量的情形. 如果m维随机向量$\boldsymbol{\xi}$和n维随机向量$\boldsymbol{\eta}$满足条件

$$\mathbb{P}(\boldsymbol{\xi}\in A,\boldsymbol{\eta}\in B)=\mathbb{P}(\boldsymbol{\xi}\in A)\,\mathbb{P}(\boldsymbol{\eta}\in B),\quad \forall A\in\mathscr{B}^m, B\in\mathscr{B}^n, \tag{3.82}$$

那么称$\boldsymbol{\xi}$和$\boldsymbol{\eta}$为**相互独立的随机向量**，简称为**相互独立**. 类似于定理3.5.5, 定理3.5.6和定理3.5.7有如下定理，其证明留作练习3.5.10, 练习3.5.11和练习3.5.12.

定理3.5.9　m维随机向量$\boldsymbol{\xi}$和n维随机向量$\boldsymbol{\eta}$相互独立的充分必要条件是**联合分布函数变量可分离**，即联合分布函数

$$F_{(\boldsymbol{\xi},\boldsymbol{\eta})}(\boldsymbol{x},\boldsymbol{y})=g(\boldsymbol{x})\,h(\boldsymbol{y}),\quad \forall\boldsymbol{x}\in\mathbb{R}^m,\boldsymbol{y}\in\mathbb{R}^n, \tag{3.83}$$

其中g和h分别为m和n元波莱尔函数. 进一步，若$\boldsymbol{\xi}$和$\boldsymbol{\eta}$为离散型随机向量，则它们相互独立的充分必要条件是它们的**联合密度变量可分离**，即联合密度

$$\mathbb{P}(\boldsymbol{\xi}=\boldsymbol{x},\boldsymbol{\eta}=\boldsymbol{y})=g(\boldsymbol{x})\,h(\boldsymbol{y}),\quad \forall\boldsymbol{x}\in D_{\boldsymbol{\xi}},\boldsymbol{y}\in D_{\boldsymbol{\eta}}, \tag{3.84}$$

其中g和h分别为m和n元波莱尔函数，$D_{\boldsymbol{\xi}}$和$D_{\boldsymbol{\eta}}$分别是$\boldsymbol{\xi}$和$\boldsymbol{\eta}$的概率支撑集；若$(\boldsymbol{\xi},\boldsymbol{\eta})$为连续型随机向量，则$\boldsymbol{\xi}$和$\boldsymbol{\eta}$相互独立的充分必要条件是**联合密度函数变量可分离**，即存在变量可分离的联合密度函数

$$p_{(\boldsymbol{\xi},\boldsymbol{\eta})}(\boldsymbol{x},\boldsymbol{y})=g(\boldsymbol{x})\,h(\boldsymbol{y}),\quad \forall\boldsymbol{x}\in\mathbb{R}^m,\boldsymbol{y}\in\mathbb{R}^n, \tag{3.85}$$

其中g和h分别为m和n元波莱尔函数.

§3.5.6　二维均匀分布

对于任何$D\in\mathscr{B}^2$，其面积可以用重积分表示为

$$m(D)\triangleq\iint_D \mathrm{d}x\mathrm{d}y.$$

定义 3.5.6　对于满足$0<m(D)<+\infty$的$D\in\mathscr{B}^2$，称以

$$p(x,y)=\frac{1}{m(D)},\quad \forall(x,y)\in D,$$

为密度函数的分布为**D上的均匀分布**，简记为$U(D)$.

抽象空间中的均匀分布可以类似定义，如n维欧式空间中有界立体、球面、曲线段上的均匀分布等.

若$D \in \mathscr{B}^2$，$(\xi,\eta) \sim U(D)$，则其分布在$B \in \mathscr{B}^2$处的值

$$\mathbb{F}(B) = \iint_B p(x,y)\mathrm{d}x\mathrm{d}y = \frac{m(BD)}{m(D)}. \tag{3.86}$$

这实际上就是几何概率(1.22).

例 3.5.8 设(ξ,η)服从$D=\{(x,y): x^2+y^2<1\}$上的均匀分布，求它的边缘密度函数.

解 (ξ,η)的密度函数为$\frac{1}{\pi}\mathbb{1}_D$，所以

$$p_1(x) = \int_{-\infty}^{\infty} \frac{1}{\pi}\mathbb{1}_D(x,y)\mathrm{d}y = \int_{-\sqrt{1-x^2}}^{\sqrt{1-x^2}} \frac{1}{\pi}\mathrm{d}y = \frac{2\sqrt{1-x^2}}{\pi}, \quad -1<x<1.$$

类似地，

$$p_2(y) = \frac{2\sqrt{1-y^2}}{\pi}, \quad -1<y<1.$$

■

§3.5.7 练习题

练习 3.5.1 证明定理3.1.12.

练习 3.5.2 假设$\boldsymbol{\xi}$为离散型n维随机向量，$A=\{\boldsymbol{x}_1,\boldsymbol{x}_2,\cdots,\boldsymbol{x}_m\}$为它的概率支撑集，$p$为它的联合密度，证明

$$\mathbb{F}_{\boldsymbol{\xi}}(B) = \sum_{\boldsymbol{x}\in A\cap B} p(\boldsymbol{x}) = \sum_{\boldsymbol{x}\in A} \mathbb{1}_B(\boldsymbol{x})p(\boldsymbol{x}) = \sum_{k=1}^{m} \mathbb{1}_B(\boldsymbol{x}_k)p(\boldsymbol{x}_k), \quad \forall B \in \mathscr{B}^n.$$

练习 3.5.3 假设$\boldsymbol{\xi}$为离散型n维随机向量，$A=\{\boldsymbol{x}_1,\boldsymbol{x}_2,\cdots,\boldsymbol{x}_m\}$为它的概率支撑集，$p$为它的联合密度，证明

$$\begin{aligned} F_{\boldsymbol{\xi}}(\boldsymbol{u}) &= \sum_{\boldsymbol{x}\in A\cap(-\infty,\boldsymbol{u}]} p(\boldsymbol{x}) \\ &= \sum_{\boldsymbol{x}\in A} \mathbb{1}_{(-\infty,\boldsymbol{u}]}(\boldsymbol{x})\,p(\boldsymbol{x}) = \sum_{k=1}^{m} \mathbb{1}_{(-\infty,\boldsymbol{u}]}(\boldsymbol{x}_k)p(\boldsymbol{x}_k), \quad \forall \boldsymbol{u} \in \mathbb{R}^n. \end{aligned}$$

练习 3.5.4　假设$\boldsymbol{\xi}$为离散型n维随机向量，$A=\{\boldsymbol{x}_1,\boldsymbol{x}_2,\cdots,\boldsymbol{x}_m\}$为它的概率支撑集，$p$为它的联合密度，证明

$$\mathbb{F}(B)=\int\cdots\int_B p(x_1,x_2,\cdots,x_n)\mathrm{d}x_1\mathrm{d}x_2\cdots\mathrm{d}x_n,\quad \forall B\in\mathscr{B}^n.$$

练习 3.5.5　已知$\boldsymbol{\xi}=(\xi_1,\xi_2,\cdots,\xi_n)$为随机向量，$B_1,B_2,\cdots,B_k$为波莱尔集，$1\leqslant k<n-1$，$x_{k+2},\cdots,x_n\in\mathbb{R}$，并且

$$\begin{aligned}&\mathbb{P}\left(\xi_1\in B_1,\cdots,\xi_k\in B_k,\xi_{k+1}\leqslant y,\xi_{k+2}\leqslant x_{k+2},\cdots,\xi_n\leqslant x_n\right)\\=&\left(\prod_{i=1}^{k}\mathbb{P}\left(\xi_i\in B_i\right)\right)\mathbb{P}\left(\xi_{k+1}\leqslant y\right)\left(\prod_{j=k+2}^{n}\mathbb{P}\left(\xi_j\leqslant x_j\right)\right),\quad\forall y\in\mathbb{R},\end{aligned}$$

证明

$$\begin{aligned}&\mathbb{P}\left(\xi_1\in B_1,\cdots,\xi_k\in B_k,\xi_{k+1}\in B,\xi_{k+2}\leqslant x_{k+2},\cdots,\xi_n\leqslant x_n\right)\\=&\left(\prod_{i=1}^{k}\mathbb{P}\left(\xi_i\in B_i\right)\right)\mathbb{P}\left(\xi_{k+1}\in B\right)\left(\prod_{j=k+2}^{n}\mathbb{P}\left(\xi_j\leqslant x_j\right)\right),\quad\forall B\in\mathscr{B}.\end{aligned}$$

练习 3.5.6　证明$\xi_1,\xi_2,\cdots,\xi_n$相互独立的充分必要条件是联合分布函数变量可分离，即存在波莱尔函数$f_1,f_2,\cdots,f_n$，使得联合分布函数

$$F_{\boldsymbol{\xi}}\left(\boldsymbol{x}\right)=\prod_{k=1}^{n}f_k\left(x_k\right),\quad\forall\boldsymbol{x}\in\mathbb{R}^n.$$

练习 3.5.7　证明离散型随机变量$\xi_1,\xi_2,\cdots,\xi_n$相互独立的充分必要条件是联合密度变量可分离，即存在波莱尔函数$f_1,f_2,\cdots,f_n$，使得联合密度

$$\mathbb{P}\left(\boldsymbol{\xi}=\boldsymbol{x}\right)=\prod_{k=1}^{n}f_k\left(x_k\right),\quad\forall\boldsymbol{x}\in\prod_{k=1}^{n}A_k,$$

其中A_k是ξ_k的概率支撑集.

练习 3.5.8　证明连续型随机变量$\xi_1,\xi_2,\cdots,\xi_n$相互独立的充分必要条件是边缘密度函数的乘积等于联合分布密度函数，即联合密度函数

$$p_{\boldsymbol{\xi}}\left(\boldsymbol{x}\right)=\prod_{k=1}^{n}p_{\xi_k}\left(x_k\right),\quad\forall\boldsymbol{x}\in\mathbb{R}^n,\tag{3.87}$$

其中p_{ξ_k}为ξ_k的密度函数.

练习 3.5.9 证明连续型随机变量$\xi_1, \xi_2, \cdots, \xi_n$相互独立的充分必要条件是联合密度函数变量可分离，即存在变量可分离的联合密度函数

$$p_{\boldsymbol{\xi}}(\boldsymbol{x}) = \prod_{k=1}^{n} f_k(x_k), \quad \forall \boldsymbol{x} \in \mathbb{R}^n,$$

其中$f_1, f_2, \cdots, f_n$为波莱尔函数.

练习 3.5.10 证明随机向量$\boldsymbol{\xi}$和$\boldsymbol{\eta}$相互独立的充分必要条件是：波莱尔函数g和h，使得联合分布函数

$$F_{(\boldsymbol{\xi},\boldsymbol{\eta})}(\boldsymbol{x}, \boldsymbol{y}) = g(\boldsymbol{x})\, h(\boldsymbol{y}), \quad \forall \boldsymbol{x} \in \mathbb{R}^m, \boldsymbol{y} \in \mathbb{R}^n.$$

练习 3.5.11 证明离散型随机向量$\boldsymbol{\xi}$和$\boldsymbol{\eta}$相互独立的充分必要条件是联合密度变量可分离，即存在波莱尔函数g和h使得

$$\mathbb{P}(\boldsymbol{\xi} = \boldsymbol{x}, \boldsymbol{\eta} = \boldsymbol{y}) = g(\boldsymbol{x})\, h(\boldsymbol{y}), \quad \forall \boldsymbol{x} \in D_{\boldsymbol{\xi}}, \boldsymbol{y} \in D_{\boldsymbol{\eta}},$$

其中$D_{\boldsymbol{\xi}}$和$D_{\boldsymbol{\eta}}$分别是$\boldsymbol{\xi}$和$\boldsymbol{\eta}$的概率支撑集

练习 3.5.12 证明连续型随机向量$\boldsymbol{\xi}$和$\boldsymbol{\eta}$相互独立的充分必要条件是联合密度函数变量可分离，即存在变量可分离的联合密度函数

$$p_{(\boldsymbol{\xi},\boldsymbol{\eta})}(\boldsymbol{x}, \boldsymbol{y}) = g(\boldsymbol{x})\, h(\boldsymbol{y}), \quad \forall \boldsymbol{x} \in \mathbb{R}^m, \boldsymbol{y} \in \mathbb{R}^n,$$

其中g和h分别为m和n元波莱尔函数.

练习 3.5.13 将两个不同的球任意放入编号为1，2，3的三个盒，每球入各盒均等可能. 以ξ表示空盒个数，η表示有球盒的最小编号. 求(ξ, η)的联合分布密度和$\mathbb{P}(\xi = \eta)$.

练习 3.5.14 甲、乙两人轮流投篮. 假定每次甲的命中率为0.4，乙的命中率为0.6，且各次投篮相互独立. 现甲先投，乙再投，直至有人命中为止. 求甲与乙投篮次数ξ与η的联合分布密度与边缘分布密度.

练习 3.5.15 如果连续函数f是某非负值随机变量的密度函数，证明

$$p(x, y) = \frac{f(x+y)}{x+y}, \quad x, y > 0$$

是二维密度函数.

练习 3.5.16　设(ξ,η)的联合密度函数为

$$p\left(x,y\right)=a\left(6-x-y\right),\quad 0<x<2<y<4,$$

求常数a，以及ξ和η的边缘密度函数.

练习 3.5.17　在可列重伯努利实验中，以ξ_i表示第i次成功的等待时间，求(ξ_1,ξ_2)的 (1) 联合分布密度；(2) 边缘分布密度.

练习 3.5.18　雷达圆形屏幕的半径为R，设其上出现目标点(ξ,η)的联合密度为

$$p\left(x,y\right)=a,\quad x^2+y^2<R^2,$$

求常数a，以及ξ和η的边缘密度函数.

练习 3.5.19　设$\xi\sim N\left(0,1\right)$，证明

$$\mathbb{P}\left(-a<\xi<a\right)\leqslant\sqrt{1-\mathrm{e}^{-a^2}},\quad \forall a>0.$$

练习 3.5.20　设随机向量(ξ,η,ζ)有联合密度函数

$$p(x,y,z)=xz\mathrm{e}^{-(x+xy+z)},\quad x,y,z>0,$$

求(1) ξ,η的边缘密度；(2) (ξ,ζ)的二维边缘密度.

练习 3.5.21　设随机向量(ξ,η)的联合密度函数

$$p(x,y)=4xy,\quad 0<x,y<1,$$

证明ξ和η相互独立.

练习 3.5.22　设随机向量(ξ,η)的联合密度函数

$$p(x,y)=8xy,\quad 0<x<y<1,$$

问ξ与η是否独立?请证明你的结论.

§3.6 随机变量的条件分布和母函数

事件的条件概率和独立性可以帮助我们简化概率的计算，将其思想用于分布、分布函数和密度的研究，也大有益处.

§3.6.1 条件分布

设$(\Omega,\mathscr{F},\mathbb{P})$为概率空间，$B\in\mathscr{F}$满足条件$\mathbb{P}(B)>0$，则

$$\mathbb{P}(A|B)=\frac{\mathbb{P}(AB)}{\mathbb{P}(B)},\quad \forall A\in\mathscr{F},$$

由此可引入条件分布函数的概念.

定义 3.6.1 设(ξ,η)为随机向量. 若$\mathbb{P}(\eta=y)>0$，则称

$$F\left(x|\eta=y\right)\triangleq\mathbb{P}\left(\xi\leqslant x\left|\eta=y\right.\right),\quad \forall x\in\mathbb{R}$$

为在已知$\eta=y$时ξ的**条件分布函数**，简称为**条件分布函数**；若$\mathbb{P}(\xi=x)>0$，则称

$$F\left(y|\xi=x\right)\triangleq\mathbb{P}\left(\eta\leqslant y\left|\xi=x\right.\right),\quad \forall y\in\mathbb{R}$$

为在已知$\xi=x$时η的**条件分布函数**，简称为**条件分布函数**.

定义里没有要求(ξ,η)是离散型随机向量，或者是连续型随机向量. 显然，离散型随机向量的条件分布函数还是离散型分布函数，其密度与联合密度有如下关系.

定理3.6.1 若(ξ,η)为离散型随机向量，其联合密度为(3.65)，则已知$\eta=y_j$时ξ的**条件密度**为

$$\mathbb{P}\left(\xi=x_i\left|\eta=y_j\right.\right)=\frac{p_{ij}}{p_{\bullet j}},\quad 1\leqslant i\leqslant n,\tag{3.88}$$

已知$\xi=x_i$时η的**条件密度**为

$$\mathbb{P}\left(\eta=y_j\left|\xi=x_i\right.\right)=\frac{p_{ij}}{p_{i\bullet}},\quad 1\leqslant j\leqslant m.\tag{3.89}$$

证明 由条件概率的定义知

$$\mathbb{P}\left(\xi=x_i\left|\eta=y_j\right.\right)=\frac{\mathbb{P}\left(\xi=x_i,\eta=y_j\right)}{\mathbb{P}\left(\eta=y_j\right)}=\frac{p_{ij}}{p_{\bullet j}},\quad 1\leqslant i\leqslant n,$$

$$\mathbb{P}\left(\eta=y_j\left|\xi=x_i\right.\right)=\frac{\mathbb{P}\left(\xi=x_i,\eta=y_j\right)}{\mathbb{P}\left(\xi=x_i\right)}=\frac{p_{ij}}{p_{i\bullet}},\quad 1\leqslant j\leqslant m.$$

∎

当η为连续型随机变量时，$\mathbb{P}(\eta = y) = 0$，因此不能直接利用事件的条件概率来定义条件分布函数$F(x|\eta = y)$. 下面探讨此情形下的条件分布函数定义问题.

设随机向量(ξ, η)关于η的边缘密度函数为连续函数，且$p_2(y) > 0$，则对于任何实数$\delta > 0$都有$\mathbb{P}(\eta \in [y, y+\delta)) > 0$. 因此可定义条件概率

$$\mathbb{P}\left(\xi \leqslant x | \eta \in [y, y+\delta)\right) = \frac{\mathbb{P}(\xi \leqslant x, \eta \in [y, y+\delta))}{\mathbb{P}(\eta \in [y, y+\delta))}.$$

如果当$\delta \downarrow 0$时上式的极限存在，就可定义

$$F(x|\eta = y) = \lim_{\delta \downarrow 0} \frac{\mathbb{P}(\xi \leqslant x, \eta \in [y, y+\delta))}{\mathbb{P}(\eta \in [y, y+\delta))}. \tag{3.90}$$

特别地，当(ξ, η)有连续的密度函数$p\,(x, y)$时，(3.90)右端的极限等于

$$\lim_{\delta \downarrow 0} \frac{\int_y^{y+\delta} \left(\int_{-\infty}^x p\,(u, v)\,\mathrm{d}u\right) \mathrm{d}v}{\int_y^{y+\delta} \left(\int_{-\infty}^\infty p\,(u, v)\,\mathrm{d}u\right) \mathrm{d}v} = \int_{-\infty}^x \frac{p\,(u, y)}{p_2\,(y)} \mathrm{d}u.$$

基于上述想法，给出连续型随机向量的条件分布函数和条件密度函数的定义.

定义 3.6.2　假设$p(x, y)$为连续型随机向量(ξ, η)的联合密度函数. 若η的边缘密度函数$p_2(y) > 0$，则称

$$p(x|\eta = y) \triangleq \frac{p(x, y)}{p_2(y)} \tag{3.91}$$

为**已知$\eta = y$时ξ的条件密度函数**，简称为**条件密度函数**或**条件密度**，称

$$F(x|\eta = y) \triangleq \int_{-\infty}^x p(t|\eta = y)\mathrm{d}t \tag{3.92}$$

为**已知$\eta = y$时ξ的条件分布函数**，简称为**条件分布函数**；若ξ的边缘密度函数$p_1(x) > 0$，则称

$$p(y|\xi = x) \triangleq \frac{p(x, y)}{p_1(x)} \tag{3.93}$$

为**已知$\xi = x$时η的条件密度函数**，简称为**条件密度函数**或**条件密度**，称

$$F(y|\xi = x) \triangleq \int_{-\infty}^y p(t|\xi = x)\mathrm{d}t \tag{3.94}$$

为**已知$\xi = x$时η的条件分布函数**，简称为**条件分布函数**.

例 3.6.1 设(ξ,η)服从

$$D=\{(x,y):x^2+y^2<1\}$$

上的均匀分布，求给定$\eta=y$时ξ的条件密度函数，其中$y\in(-1,1)$.

解 (ξ,η)的密度函数

$$p(x,y)=\frac{1}{\pi},\quad x^2+y^2<1,$$

由例3.5.8知

$$p_2(y)=\frac{2}{\pi}\sqrt{1-y^2},\quad -1<y<1.$$

所以当$y\in(-1,1)$时，给定$\eta=y$时ξ的条件密度函数为

$$p(x|\eta=y)=\frac{1}{2\sqrt{1-y^2}},\quad \forall x\in\left(-\sqrt{1-y^2},\sqrt{1-y^2}\right).$$

∎

条件密度可以通过联合密度来计算：先计算联合密度和边缘密度，然后再相除. 联合密度也可以通过条件密度和相对应的边缘密度的乘积来计算.

定理3.6.2 (离散型全概率公式) 若η为离散型随机变量，其概率支撑集为A，则对于任何随机变量ξ有

$$\mathbb{P}(\xi\in B)=\sum_{x\in A}\mathbb{P}(\eta=x)\mathbb{P}(\xi\in B|\eta=x),\quad \forall B\in\mathscr{B}. \tag{3.95}$$

证明 不妨假设$A=\{x_1,x_2,\cdots,x_n\}$，记

$$B_k=\{\eta=x_k\},\quad B_0=\Omega-\left(\bigcup_{k-1}^{n}B_k\right),$$

则$B_0,B_1,\cdots,B_n$为Ω的一个分割，且$\mathbb{P}(B_0)=0$. 由概率的可加性和乘法公式得

$$\begin{aligned}\mathbb{P}(\xi\in B)&=\sum_{k=0}^{n}\mathbb{P}(\{\xi\in B\}\cap B_k)=\sum_{k=1}^{n}\mathbb{P}(\{\xi\in B\}\cap B_k)\\&=\sum_{k=1}^{n}\mathbb{P}(B_k)\mathbb{P}(\xi\in B|B_k)=\sum_{x\in A}\mathbb{P}(\eta=x)\mathbb{P}(\xi\in B|\eta=x),\end{aligned}$$

即(3.95)成立. ∎

考察上述证明过程中的事件$B_1, B_2, \cdots, B_n$，无法证明这些事件构成概率空间的一个分割，因此不能直接用第2章的全概率公式(2.9)证明(3.95). 解决这一问题的途径是：将零概率事件B_0添加到这些事件中，形成概率空间的一个分割；然后利用概率的有限可加性和乘法公式证明(3.95). 显然，由(3.95)可以证明(2.9)，即可用离散型全概率公式证明全概率公式.

例 3.6.2　设$\xi \sim P(\lambda)$，$\lambda \sim B(1, 0.5)$，求ξ的分布函数和密度.

解　由离散型全概率公式知ξ的分布函数

$$
\begin{aligned}
F(x) &= \mathbb{P}(\xi \leqslant x) \\
&= \mathbb{P}(\xi \leqslant x \,|\, \lambda = 0)\, \mathbb{P}(\lambda = 0) + \mathbb{P}(\xi \leqslant x \,|\, \lambda = 1)\, \mathbb{P}(\lambda = 1) \\
&= 1 \times 0.5 + \left(\sum_{k=0}^{[x]} \frac{1}{k!} \exp(-1) \right) \times 0.5, \quad \forall x \geqslant 0.
\end{aligned}
$$

因此ξ的密度

$$
p_k = \mathbb{P}(\xi = k) = 0.5 \mathbb{1}_{\{0\}}(k)\,(1 + \exp(-1)) + 0.5 \mathbb{1}_{\{1,2,\cdots\}}(k) \frac{\exp(-1)}{k!}, \quad k \geqslant 0.
$$

■

§3.6.2　母函数

母函数在历史上的引进比较早，瑞士数学家伯努利在考虑“当投掷n粒骰子时，加起来点数总和等于m的可能方式的数目”这个问题时首先使用了母函数方法.

定义 3.6.3　若ξ的值域为$\mathbb{N}_+ \triangleq \{0, 1, 2, \cdots\}$的子集，则称

$$
G_\xi(s) = \sum_{n=0}^{\infty} \mathbb{P}(\xi = n)\, s^n \tag{3.96}
$$

为ξ或其分布的**母函数**，简记为$G(s)$.

显然，ξ的母函数由其密度唯一确定，因此密度相同的随机变量的母函数相等. 此外母函数为幂级数，其收敛半径至少为1. 因此母函数在$(-1, 1)$区间内的任意阶导函数都存在，并且可以逐项求导，即母函数的k阶导数

$$
G^{(k)}(s) = \sum_{n=k}^{\infty} \frac{n! \mathbb{P}(\xi = n)}{(n-k)!} s^{n-k}, \quad \forall s \in (-1, 1),
$$

由此可知

$$\mathbb{P}(\xi=n)=\frac{1}{n!}G^{(n)}(0),\quad n\geqslant 0,$$

即密度和母函数一一对应.

例 3.6.3 求两点分布$B(1,p)$的母函数.

解 $G(s)=(1-p)+ps.$ ∎

定理3.6.3 设ξ,η为相互独立的非负整数随机变量，则$\xi+\eta$的母函数为

$$G_{\xi+\eta}(s)=G_{\xi}(s)G_{\eta}(s). \tag{3.97}$$

证明 由幂级数的乘法公式得

$$\begin{aligned}G_{\xi}(s)G_{\eta}(s)&=\sum_{i=0}^{\infty}\mathbb{P}(\xi=i)\,s^{i}\sum_{j=0}^{\infty}\mathbb{P}(\eta=j)\,s^{j}\\&=\sum_{n=0}^{\infty}\left(\sum_{k=0}^{n}\mathbb{P}(\xi=k)\,\mathbb{P}(\eta=n-k)\right)s^{n},\quad s\in(-1,1),\end{aligned}$$

再由卷积公式(3.24)得

$$G_{\xi}(s)G_{\eta}(s)=\sum_{n=0}^{\infty}\mathbb{P}(\xi+\eta=n)\,s^{n}=G_{\xi+\eta}(s),\quad s\in(-1,1),$$

即定理结论成立. ∎

例 3.6.4 求二项分布$B(n,p)$的母函数.

解 取相互独立的随机变量$\xi_k\sim B(1,p)$，则

$$\xi=\sum_{k=1}^{n}\xi_k\sim B(n,p).$$

由 例3.6.3得$G_{\xi_i}(s)=q+ps$，其中$q=1-p$，再反复利用定理3.6.3得$B(n,p)$的母函数

$$G_{\xi}(s)=(q+ps)^{n}.$$

∎

例 3.6.5 投掷均匀骰子5枚，求点数和为15的概率.

解 以ξ_i表示第i枚骰子投掷出的点数，则$\xi_1,\xi_2,\cdots,\xi_5$独立同分布，且

$$\mathbb{P}(\xi_1=k)=\frac{1}{6},\quad 1\leqslant k\leqslant 6,$$

母函数

$$G_{\xi_i}(s)=\frac{1}{6}\left(s+s^2+s^3+s^4+s^5+s^6\right)=\frac{s}{6}\left(\frac{1-s^6}{1-s}\right).$$

由定理3.6.3知点数之和$\xi=\sum\limits_{i=1}^{5}\xi_i$的母函数

$$G_\xi(s)=\frac{s^5}{6^5}\left(\frac{1-s^6}{1-s}\right)^5. \tag{3.98}$$

因此所求概率恰为该母函数的幂级数展开式中s^{15}项的系数p_{15}.

将

$$\left(1-s^6\right)^5=\sum_{k=0}^{5}\binom{5}{k}(-1)^k s^{6k},$$

$$\left(\frac{1}{1-s}\right)^5=\frac{1}{4!}\left(\frac{\mathrm{d}^4}{\mathrm{d}x^4}\left(\frac{1}{1-s}\right)\right)=\sum_{k=0}^{\infty}\binom{k+4}{4}s^k,$$

代入(3.98)得

$$G_\xi(s)=\frac{s^5}{6^5}\left(\sum_{n=0}^{5}\binom{5}{n}(-1)^n s^{6n}\right)\sum_{k=0}^{\infty}\binom{k+4}{4}s^k,$$

其s^{15}的系数为

$$\frac{1}{6^5}\left(\binom{10+4}{4}+(-1)\binom{5}{1}\binom{4+4}{4}\right)=\frac{217}{2\,592},$$

即$\mathbb{P}(\xi=15)=\dfrac{217}{2\,592}$. ∎

§3.6.3 练习题

练习 3.6.1 设随机向量(ξ,η)的联合密度

$$p(x,y)=24y(1-x-y),\quad x,y>0,x+y<1.$$

对于$x\in(0,1)$，求已知$\xi=x$时η的条件密度函数.

练习 3.6.2 设(ξ,η)的联合密度函数为

$$p(x,y)=\frac{1}{2}\sin(x+y),\quad 0<x,y<\frac{\pi}{2}.$$

对于$y\in\left(0,\dfrac{\pi}{2}\right)$，求已知$\eta=y$时$\xi$的条件密度函数.

练习 3.6.3 设随机变量ξ有密度函数

$$p_1(x)=\lambda^2 x\mathrm{e}^{-\lambda x},\quad x>0,$$

而η服从区间$(0,\xi)$上的均匀分布. 求η的密度函数.

练习 3.6.4 甲从$1,2,3,4$中任取一数ξ，乙再从$1,2,\cdots,\xi$中任取一数η. 求(ξ,η)的联合分布密度与边缘分布密度.

练习 3.6.5 设$\mathbb{F}$和$\mathbb{G}$为分布，$p\in[0,1]$，证明

$$\mathbb{H}=p\mathbb{F}+(1-p)\,\mathbb{G}$$

为分布.

练习 3.6.6 设ξ有母函数$G(s)=\mathrm{e}^{s-1}$，求ξ的密度.

练习 3.6.7 某城镇共有1 000辆汽车，牌照号自000至999. 用母函数求在此城街上任遇一汽车，其牌照号数字之和等于9的概率.

练习 3.6.8 甲、乙两人各投掷均匀的硬币n次，用母函数的方法计算甲得正面数比乙得正面数多k（$0\leqslant k\leqslant n$）的概率.

练习 3.6.9 设$\xi\sim U\,(-\eta-1,\eta+1)$，$\eta\sim B\,(1,p)$，求$\xi$的密度函数.

§3.7 随机变量函数的分布

弹着点(ξ,η)到目标(a,b)的距离是随机向量(ξ,η)的函数，即

$$\rho=\sqrt{(\xi-a)^2+(\eta-b)^2}.$$

由于$f(x,y)=\sqrt{(x-a)^2+(y-b)^2}$为二元波莱尔函数，所以$\rho$为随机变量，其分布函数为

$$F_\rho(x)=\mathbb{P}(\rho\leqslant x)=\mathbb{P}\left(\sqrt{(\xi-a)^2+(\eta-b)^2}\leqslant x\right).$$

一般地，若$\eta=f(\xi_1,\xi_2,\cdots,\xi_n)$，其中$\xi_1,\xi_2,\cdots,\xi_n$为随机变量，$f$ 为n维波莱尔函数，则随机变量η的分布函数

$$F_\eta(x)=\mathbb{P}\left(f(\xi_1,\xi_2,\cdots,\xi_n)\leqslant x\right). \tag{3.99}$$

有关随机变量函数的概率分布计算公式都是由(3.99)导出的.

§3.7.1 离散型情形

例 3.7.1 设$\xi\sim G(p)$，求$\eta=\sqrt{\xi}$的密度.

解 因为$f(x)=\sqrt{x}$为波莱尔函数，所以$\eta=f(\xi)$为离散型随机变量，其密度为

$$\mathbb{P}\left(\eta=\sqrt{i}\right)=\sum_{k:k\in f^{-1}(\sqrt{i})}g(k;p)=g(i;p),\quad i\geqslant 1.$$

■

例 3.7.2 设$\xi\sim B(n,p)$，$\eta\sim B(m,p)$，且ξ与η相互独立，求$\xi+\eta$的分布.

解 对于任何$0\leqslant k\leqslant n+m$，由离散卷积公式(3.24)得

$$\mathbb{P}(\xi+\eta=k)=\sum_{i=0}^{k}b(i;n,p)b(k-i;m,p)=\binom{n+m}{k}p^k(1-p)^{n+m-k},$$

所以$\xi+\eta\sim B(n+m,p)$. ■

直观上，$\xi+\eta$是$n+m$重伯努利实验中的成功次数.

§3.7.2 连续型情形

定理3.7.1 设f为n元波莱尔函数，$\boldsymbol{\xi}$为连续型n维随机向量，其联合密度函数为p，则$\eta = f(\xi_1, \xi_2, \cdots, \xi_n)$的分布函数为

$$F_\eta(y) = \int \cdots \int_{f(\boldsymbol{x}) \leqslant y} p(x_1, x_2, \cdots, x_n) \mathrm{d}x_1 \mathrm{d}x_2 \cdots \mathrm{d}x_n. \tag{3.100}$$

证明 由(3.99)得

$$F_\eta(y) = \mathbb{P}(f(\boldsymbol{\xi}) \leqslant y) = \mathbb{P}(\xi \in \{\boldsymbol{x} : f(\boldsymbol{x}) \leqslant y\}) = \mathbb{F}(\{\boldsymbol{x} : f(\boldsymbol{x}) \leqslant y\}),$$

再由(3.67)得(3.100). ∎

定理3.7.2 设连续型随机变量ξ的概率支撑集包含于开区间(a,b)，$f(x)$为(a,b)上的可微严格单调函数，$h(y)$为其反函数，则$\eta = f(\xi)$为连续型随机变量，其密度函数

$$p_\eta(y) = p(h(y)) |h'(y)|, \quad y \in (\alpha, \beta), \tag{3.101}$$

其中p为ξ的密度函数，$\alpha = f(a) \wedge f(b)$，$\beta = f(a) \vee f(b)$.

证明 设$f(x)$为区间(a,b)上的增函数，则对于任何$y \in (\alpha, \beta)$有

$$\begin{aligned} F_\eta(y) &= \mathbb{P}(\eta \leqslant y) = \mathbb{P}(f(\xi) \leqslant y) = \mathbb{P}(f(\xi) \leqslant y, \xi \in (a,b)) \\ &= \mathbb{P}(\xi \leqslant h(y), \xi \in (a,b)) = \mathbb{P}(\xi \leqslant h(y)) = F_\xi(h(y)) \\ &= \int_{-\infty}^{h(y)} p_\xi(x) \mathrm{d}x = \int_{-\infty}^{y} p_\xi(h(u)) h'(u) \mathrm{d}u. \end{aligned}$$

因此η为连续型随机变量，其密度函数

$$p_\eta(y) = p_\xi(h(y)) h'(y) = p_\xi(h(y)) |h'(y)|, \quad y \in (\alpha, \beta).$$

可类似证明$f(x)$为区间(a,b)上的减函数的情形（见练习3.7.2). ∎

例 3.7.3 设$\xi \sim U\left(-\frac{\pi}{2}, \frac{\pi}{2}\right)$，求$\eta = \tan \xi$的密度函数.

解 显然$f(x) = \tan x$为$\left(-\frac{\pi}{2}, \frac{\pi}{2}\right)$上的可微严格增函数，其反函数为$h(y) = \tan^{-1}(y)$，所以

$$F_\eta(y) = \mathbb{P}(\eta \leqslant y) = \mathbb{P}(\xi \leqslant \tan^{-1}(y)) = F_\xi(\tan^{-1}(y)).$$

求导得η的密度函数$p_\eta(y) = \dfrac{1}{\pi(1+y^2)}$. ∎

读者应该掌握例3.7.3中这种通过分布函数定义和求导运算获取密度函数的方法，这样就不用记忆定理3.7.2了.

定义 3.7.1 若ξ的密度函数为

$$p(x)=\frac{\lambda}{\pi\left(\lambda^2+(x-\mu)^2\right)}, \tag{3.102}$$

则称ξ服从参数为λ和μ的**柯西(Cauchy)分布**$C(\lambda,\mu)$，记为$\xi\sim C(\lambda,\mu)$.

例 3.7.4 设$\xi\sim N(0,1)$，求$\eta=\xi^2$的密度函数.

解 显然，

$$F_\eta(y)=\mathbb{P}\left(\xi^2\leqslant y\right)=\mathbb{P}\left(-\sqrt{y}\leqslant\xi\leqslant\sqrt{y}\right)=\Phi\left(\sqrt{y}\right)-\Phi\left(-\sqrt{y}\right),\quad y>0.$$

对y求导数，利用链锁法则得η的密度函数

$$p_\eta(y)=\frac{1}{\sqrt{2\pi y}}\mathrm{e}^{-\frac{y}{2}},\quad y>0.$$

■

定理3.7.3 (和的密度公式) 设(ξ,η)的联合密度函数为$p(x,y)$，则$\xi+\eta$的密度函数为

$$p_{\xi+\eta}(z)=\int_{-\infty}^{\infty}p(x,z-x)\mathrm{d}x=\int_{-\infty}^{\infty}p(z-y,y)\mathrm{d}y. \tag{3.103}$$

特别当ξ与η相互独立时，

$$p_{\xi+\eta}(z)=\int_{-\infty}^{\infty}p_\xi(x)p_\eta(z-x)\mathrm{d}x=\int_{-\infty}^{\infty}p_\xi(z-y)p_\eta(y)\mathrm{d}y, \tag{3.104}$$

称式(3.104)中的积分为$p_\xi(x)$与$p_\eta(y)$的**卷积**，称公式(3.104)为连续型**卷积公式**.

证明 因为

$$\begin{aligned}F_{\xi+\eta}(z)&=\iint\limits_{x+y\leqslant z}p(x,y)\mathrm{d}x\mathrm{d}y=\int_{-\infty}^{\infty}\mathrm{d}x\int_{-\infty}^{z}p(x,v-x)\mathrm{d}v\\&=\int_{-\infty}^{z}\mathrm{d}v\int_{-\infty}^{\infty}p(x,v-x)\mathrm{d}x,\end{aligned}$$

所以

$$p_{\xi+\eta}(z)=\int_{-\infty}^{\infty}p(x,z-x)\mathrm{d}x.$$

类似地，可证

$$p_{\xi+\eta}(z)=\int_{-\infty}^{\infty}p(z-y,y)\mathrm{d}y.$$

再利用独立性，可得卷积公式. ■

例 3.7.5 设ξ和η相互独立，都服从$\lambda=1$的指数分布$\Gamma(1,1)$，求$\xi+\eta$的密度函数.

解 由卷积公式

$$\begin{aligned}p_{\xi+\eta}(z)&=\int_{-\infty}^{\infty}p_{\xi}(x)p_{\eta}(z-x)\mathrm{d}x\\&=\int_{-\infty}^{\infty}\left(\mathbb{1}_{(0,\infty]}(x)\,\mathrm{e}^{-x}\right)\left(\mathbb{1}_{(0,\infty]}(z-x)\,\mathrm{e}^{-(z-x)}\right)\mathrm{d}x\\&=\int_{0}^{z}\mathrm{e}^{-x}\mathrm{e}^{-(z-x)}\mathrm{d}x=z\mathrm{e}^{-z},\quad z>0.\end{aligned}$$

■

定理3.7.4 (商的密度公式) 设(ξ,η)的联合密度函数为$p(x,y)$，则ξ/η的密度函数为

$$p_{\xi/\eta}(z)=\int_{-\infty}^{\infty}|y|p(zy,y)\mathrm{d}y.\tag{3.105}$$

证明

$$F_{\xi/\eta}(z)=\iint\limits_{x/y\leqslant z}p(x,y)\mathrm{d}x\mathrm{d}y=\iint\limits_{x/y\leqslant z,y>0}p(x,y)\mathrm{d}x\mathrm{d}y+\iint\limits_{x/y\leqslant z,y<0}p(x,y)\mathrm{d}x\mathrm{d}y,$$

而

$$\iint\limits_{x/y\leqslant z,y>0}p(x,y)\mathrm{d}x\mathrm{d}y=\int_{0}^{\infty}\mathrm{d}y\int_{-\infty}^{yz}p(x,y)\mathrm{d}x=\int_{0}^{\infty}\mathrm{d}y\int_{-\infty}^{z}yp(uy,y)\mathrm{d}u,$$

$$\iint\limits_{x/y\leqslant z,y<0}p(x,y)\mathrm{d}x\mathrm{d}y=\int_{-\infty}^{0}\mathrm{d}y\int_{yz}^{\infty}p(x,y)\,\mathrm{d}x=\int_{-\infty}^{0}\mathrm{d}y\int_{-\infty}^{z}|y|\,p(uy,y)\,\mathrm{d}u.$$

因此

$$F_{\xi/\eta}(z)=\int_{-\infty}^{z}\left(\int_{-\infty}^{\infty}|y|\,p(uy,y)\mathrm{d}y\right)\mathrm{d}u$$

即(3.105)成立. ∎

商的密度公式记忆的方法：由于商的分布函数在z点出的值是联合密度函数p在区域$\{(x,y):x/y\leqslant z\}$上的积分，因此要做积分变换$x=zy, y=y$，这是(3.105)的被积函数中出现$p\,(zy,y)$的原因.

例 3.7.6 设ξ和η相互独立，都服从$\lambda=1$的指数分布$\Gamma(1,1)$，求ξ/η的密度函数.

解 由商密度公式

$$p_{\xi/\eta}(z)=\int_{-\infty}^{\infty}|y|p_\xi(yz)p_\eta(y)\mathrm{d}y=\int_0^{\infty}y\mathrm{e}^{-yz}\mathrm{e}^{-y}\mathrm{d}y=\frac{1}{(1+z)^2},\quad z>0.$$

∎

定理3.7.5 (极值分布) 设$\xi_1,\xi_2,\cdots,\xi_n$为独立同分布随机变量，它们共同的密度函数和分布函数分别为$p(x)$和$F(x)$. 令$\eta_1=\bigwedge_{i=1}^n\xi_i$，$\eta_2=\bigvee_{i=1}^n\xi_i$，则$(\eta_1,\eta_2)$的联合密度函数为

$$q(x,y)=n(n-1)\left(F(y)-F(x)\right)^{n-2}p(x)p(y),\quad x<y. \tag{3.106}$$

证明 (η_1,η_2)的联合分布函数为

$$\begin{aligned}G(x,y)&=\mathbb{P}(\eta_1\leqslant x,\eta_2\leqslant y)=\mathbb{P}(\eta_2\leqslant y)-\mathbb{P}(\eta_1>x,\eta_2\leqslant y)\\&=\begin{cases}\left(F(y)\right)^n, & x\geqslant y,\\ \left(F(y)\right)^n-\left(F(y)-F(x)\right)^n, & x<y.\end{cases}\end{aligned}$$

对G求二阶混合偏导数得结论. ∎

极值分布的联合密度函数为(3.106)，其直观解释如下：从$\xi_1,\xi_2,\cdots,\xi_n$中选取一个放在$[x,x+\mathrm{d}x)$内，再选取一个放在$[y,y+\mathrm{d}y)$内，其余放在$[x+\mathrm{d}x,y)$内，共有$n(n-1)$种方法.

例 3.7.7 向区间$(0,1)$内任投n点，求这些点完全分布在长度为0.5的子区间内的概率.

解 用ξ_i表示第i个点的坐标，记

$$\eta_1=\bigwedge_{i=1}^n\xi_i,\quad \eta_2=\bigvee_{i=1}^n\xi_i,$$

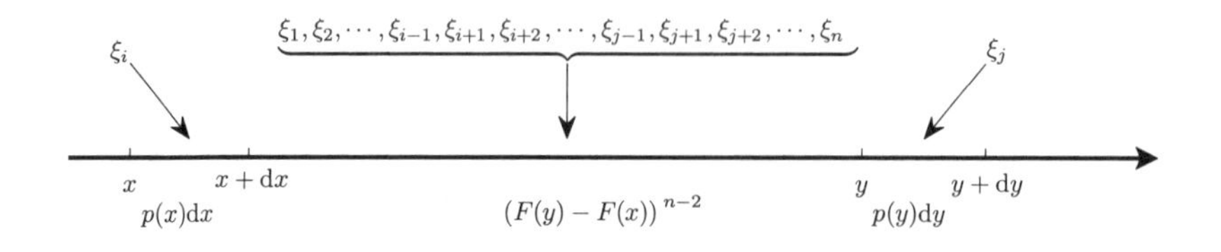

图 3.8 极值分布的密度函数示意图

令$\xi=\eta_2-\eta_1$，则$\{\xi\leqslant 0.5\}$表示n个点完全分布在长度为0.5的子区间内. 因此所求概率为

$$\begin{aligned}\mathbb{P}(\xi\leqslant 0.5)&=\iint\limits_{\substack{y-x\leqslant 0.5\\0<x<y<1}} n(n-1)(y-x)^{n-2}\mathrm{d}x\mathrm{d}y\\&=\int_0^{0.5}\mathrm{d}x\int_x^{x+0.5}n(n-1)(y-x)^{n-2}\mathrm{d}y+\int_{0.5}^1\mathrm{d}x\int_x^1 n(n-1)(y-x)^{n-2}\mathrm{d}y\\&=0.5\,(n+1)\,.\end{aligned}$$

■

定理3.7.6 设连续型n维随机向量$\boldsymbol{\xi}$的联合密度函数为$p(\boldsymbol{x})$，$f_i(\boldsymbol{x})$为n元波莱尔函数，

$$\boldsymbol{\eta}=(f_1(\boldsymbol{\xi}),f_2(\boldsymbol{\xi}),\cdots,f_n(\boldsymbol{\xi}))\,.$$

若对$\boldsymbol{\eta}$的值域D中任何点$\boldsymbol{y}$，方程组

$$\begin{cases}y_1=f_1(\boldsymbol{x}),\\y_2=f_2(\boldsymbol{x}),\\\qquad\vdots\\y_n=f_n(\boldsymbol{x}),\end{cases}\quad\text{有唯一的可微解}\quad\begin{cases}x_1=h_1(\boldsymbol{y}),\\x_2=h_2(\boldsymbol{y}),\\\qquad\vdots\\x_n=h_n(\boldsymbol{y}),\end{cases}$$

则$\boldsymbol{\eta}$的联合密度函数为

$$q(\boldsymbol{y})=p(h_1(\boldsymbol{y}),h_2(\boldsymbol{y}),\cdots,h_n(\boldsymbol{y}))\,|J|,\quad \boldsymbol{y}\in D,\tag{3.107}$$

其中$J=\left|\dfrac{\partial(h_1(\boldsymbol{y}),h_2(\boldsymbol{y}),\cdots,h_n(\boldsymbol{y}))}{\partial(y_1,y_2,\cdots,y_n)}\right|$为雅可比(Jacobi)行列式.

证明 利用积分的变量替换计算$\boldsymbol{\eta}$的联合分布函数

$$F(\boldsymbol{z})=\int\cdots\int_{f_1(\boldsymbol{x})<z_1,f_2(\boldsymbol{x})<z_2,\cdots,f_n(\boldsymbol{x})<z_n}p(x_1,x_2,\cdots,x_n)\mathrm{d}x_1\mathrm{d}x_2\cdots\mathrm{d}x_n$$

$$= \int \cdots \int_{y_1<z_1,y_2<z_2,\cdots,y_n<z_n} p\left(h_1\left(\boldsymbol{y}\right), h_2\left(\boldsymbol{y}\right), \cdots, h_n\left(\boldsymbol{y}\right)\right) |J| \, \mathrm{d}y_1 \cdots \mathrm{d}y_n$$

$$= \int_{-\infty}^{z_1} \mathrm{d}y_1 \int_{-\infty}^{z_2} \mathrm{d}y_2 \cdots \int_{-\infty}^{z_n} p\left(h_1\left(\boldsymbol{y}\right), h_2\left(\boldsymbol{y}\right), \cdots, h_n\left(\boldsymbol{y}\right)\right) |J| \mathrm{d}y_n,$$

由联合分布密度函数的定义得结论. ∎

例 3.7.8 设平面上的随机点的直角坐标(ξ,η)相互独立，都服从$N(0,1)$. 求其极坐标(ρ,θ)的分布密度函数.

解 显然$\xi = \rho\cos\theta$，$\eta = \rho\sin\theta$. 记$h_1(r,t) = r\cos t$，$h_2(r,t) = r\sin t$有

$$J = \begin{vmatrix} \dfrac{\partial h_1}{\partial r} & \dfrac{\partial h_1}{\partial t} \\ \dfrac{\partial h_2}{\partial r} & \dfrac{\partial h_2}{\partial t} \end{vmatrix} = \begin{vmatrix} \cos t & -r\sin t \\ \sin t & r\cos t \end{vmatrix} = r.$$

注意到(ξ,η)的联合密度函数

$$p(x,y) = \frac{1}{2\pi}\mathrm{e}^{-\frac{x^2+y^2}{2}},$$

可得(ρ,θ)的联合分布密度函数

$$q(r,t) = p\left(h_1(r,t), h_2(r,t)\right) r = \frac{1}{2\pi} r\mathrm{e}^{-\frac{r^2}{2}}, \quad r>0, t\in[0,2\pi).$$

∎

由联合密度函数可以判定题目中ρ和θ相互独立，ρ的边缘密度为

$$q_1(r) = r\mathrm{e}^{-r^2/2}, \quad r>0, \tag{3.108}$$

称它所对应的分布为**瑞利(Rayleigh)分布**. 进一步可以证明，若ρ和θ相互独立，ρ服从瑞利分布，$\theta \sim U[0,2\pi)$. 记

$$\xi = \rho\cos\theta,\ \eta = \rho\sin\theta, \tag{3.109}$$

则ξ与η独立同分布，都服从标准正态分布.

例 3.7.9 设随机向量(ξ,η)的联合密度函数为

$$p(x,y) = 3x, \quad 0<y<x<1,$$

求$\xi-\eta$的分布密度函数.

解 令$\alpha = \xi - \eta$，$\beta = \eta$，

$$\begin{cases} u = x - y, \\ v = y, \end{cases} \qquad 0 < y < x < 1,$$

则此变换是一一变换，其逆变换为

$$\begin{cases} x = u + v, \\ y = v, \end{cases} \qquad u, v > 0, u + v < 1,$$

相应的雅可比行列式为$J = 1$. 所以(α, β)的联合密度函数为

$$q(u, v) = 3(u + v), \quad u, v > 0, \, u + v < 1,$$

因此$\alpha = \xi - \eta$的密度函数为

$$q_1(u) = \int_0^{1-u} 3(u + v)\mathrm{d}v = \frac{3}{2}(1 - u^2), \quad 0 < u < 1.$$

∎

§3.7.3 统计量的分布

考察变量ξ，称它的观测结果$\xi_1, \xi_2, \cdots, \xi_n$为**观测样本或样本**，称$n$为**样本容量**. 通常人们用观测样本的函数

$$T = T\left(\xi_1, \xi_2, \cdots, \xi_n\right)$$

提取ξ的信息. 为进行统计推断，我们需要知道T的分布，此问题可以通过本节中的知识来解决.

例 3.7.10 设随机变量$\xi_1, \xi_2, \cdots, \xi_n$独立同分布，

$$\xi_1 \sim N\left(0, 1\right),$$

证明$T = \xi_1^2 + \xi_2^2 + \cdots + \xi_n^2$ 的分布密度函数为

$$p_n(y) = \frac{1}{2^{n/2}\Gamma(n/2)} y^{n/2-1} \mathrm{e}^{-y/2}, \quad y > 0. \tag{3.110}$$

证明 用数学归纳法证明. 当$n = 1$时，由例题3.7.4知T为连续型的随机变量，有密度函数

$$p\left(x\right) = \frac{1}{\sqrt{2\pi x}} \mathrm{e}^{-x/2} = \frac{1}{2^{1/2}\Gamma\left(1/2\right)} x^{1/2-1} \mathrm{e}^{-x/2}, \ \forall x > 0.$$

设$n=k$时结论成立，往证$n=k+1$时结论成立. 记

$$\xi=\xi_1^2+\xi_2^2+\cdots+\xi_k^2,\quad \eta=\xi_{k+1}^2,$$

则$T=\xi+\eta$. 由ξ与η相互独立、归纳假设和卷积公式得到T的密度函数

$$\begin{aligned}p(x)&=\int_{-\infty}^{\infty}p_\xi(x-y)\,p_\eta(y)\,\mathrm{d}y\\&=\frac{x^{(k+1)/2-1}\mathrm{e}^{-x/2}}{2^{(k+1)/2}\Gamma(k/2)\,\Gamma(1/2)}\int_0^x\left(1-\frac{y}{x}\right)^{k/2-1}\left(\frac{y}{x}\right)^{1/2-1}\frac{1}{x}\mathrm{d}y\\&=\frac{x^{(k+1)/2-1}\mathrm{e}^{-x/2}}{2^{(k+1)/2}\Gamma(k/2)\,\Gamma(1/2)}\int_0^1(1-u)^{k/2-1}u^{1/2-1}\mathrm{d}u,\quad x>0.\end{aligned}$$

注意到β函数

$$\beta(k/2,1/2)=\int_0^1(1-u)^{k/2-1}u^{1/2-1}\mathrm{d}u=\frac{\Gamma(k/2)\,\Gamma(1/2)}{\Gamma(k/2+1/2)},$$

可得T的密度函数

$$p(x)=\frac{x^{(k+1)/2-1}\mathrm{e}^{-x/2}}{2^{(k+1)/2}\Gamma((k+1)/2)},\quad \forall x>0,$$

即$n=k+1$时结论仍然成立. ∎

定义 3.7.2 若ξ的密度函数为(3.110)，则称ξ服从**自由度为n的χ^2分布**，记为$\xi\sim\chi^2(n)$.

例3.7.10说明n个独立同分布的标准正态分布随机变量的平方和服从自由度为n的χ^2分布，这一结论在理论和实际中有广泛应用，读者应该牢记.

例 3.7.11 设随机变量$\xi,\xi_1,\xi_2,\cdots,\xi_n$独立同分布，$\xi\sim N(0,1)$，证明

$$T=\frac{\xi}{\sqrt{(\xi_1^2+\xi_2^2+\cdots+\xi_n^2)/n}}$$

的分布密度函数

$$p_T(x)=\frac{\Gamma((n+1)/2)}{\sqrt{n\pi}\Gamma(n/2)}\left(\frac{x^2}{n}+1\right)^{-(n+1)/2}. \tag{3.111}$$

证明 记$\eta=\xi_1^2+\xi_2^2+\cdots+\xi_n^2$，则由例3.7.10知$\eta\sim\chi^2(n)$. 因此$\sqrt{\eta/n}$的分布函数

$$F_{\sqrt{\eta/n}}(x)=\mathbb{P}(\eta\leqslant nx^2)=F_\eta(nx^2).$$

对x求导数得分布密度函数

$$p_{\sqrt{\eta/n}}(y)=\frac{n^{n/2}}{2^{n/2-1}\Gamma(n/2)}y^{n-1}\mathrm{e}^{-(ny^2)/2},\quad y>0,$$

注意到ξ与$\sqrt{\eta/n}$相互独立，再利用商的密度函数计算公式得

$$\begin{aligned}p_T(x)&=\int_{-\infty}^{\infty}|y|\,p_\xi(xy)\,p_{\sqrt{\eta/n}}(y)\,\mathrm{d}y\\&=\frac{n^{n/2}}{\sqrt{\pi}2^{(n-1)/2}\Gamma(n/2)}\int_0^{\infty}y^n\mathrm{e}^{-(x^2+n)y^2/2}\mathrm{d}y.\end{aligned}\tag{3.112}$$

利用变量替换$s=(x^2+n)\,y^2/2$和Γ-分布的密度函数表达式(3.52)可得

$$\begin{aligned}\int_0^{\infty}y^n\mathrm{e}^{-(x^2+n)y^2/2}\mathrm{d}y&=\frac{2^{(n-1)/2}}{(x^2+n)^{(n+1)/2}}\int_0^{\infty}s^{(n-1)/2}\mathrm{e}^{-s}\mathrm{d}s\\&=\frac{2^{(n-1)/2}}{(x^2+n)^{(n+1)/2}}\Gamma((n+1)/2),\end{aligned}$$

代入(3.112)得(3.111)，即结论成立. ∎

定义 3.7.3 若ξ的密度函数为(3.111)，则称ξ服从**自由度为n的t分布**，记为$\xi\sim t(n)$.

在酿酒厂工作期间，戈塞(Gosset)推导出t分布和相关的假设检验方法，并以笔名学生（Student）发表. 之后费希尔（Fisher）将t检验以及相关理论发扬光大，并将此分布称为**学生分布**.

例 3.7.12 设随机变量$\xi_1,\xi_2,\cdots,\xi_m,\eta_1,\eta_2,\cdots,\eta_n$独立同分布，$\xi_1\sim N(0,1)$，求

$$T=\frac{(\xi_1^2+\xi_2^2+\cdots+\xi_m^2)/m}{(\eta_1^2+\eta_2^2+\cdots+\eta_n^2)/n}$$

的分布密度函数.

解 记

$$\xi=\xi_1^2+\xi_2^2+\cdots+\xi_m^2,\quad \eta=\eta_1^2+\eta_2^2+\cdots+\eta_n^2,$$

则$\xi\sim\chi^2(m)$，$\eta\sim\chi^2(n)$. 显然ξ与η相互独立，其联合分布密度函数为

$$p(x,y)=\frac{x^{m/2-1}y^{n/2-1}\mathrm{e}^{-(x+y)/2}}{2^{(n+m)/2}\Gamma(n/2)\Gamma(m/2)},\quad \forall x,y>0.\tag{3.113}$$

下面通过$(\xi+\eta,T)$的联合密度函数来求T的密度函数.

对于任意的$x,y>0$，由

$$\begin{cases} u=x+y, \\ v=\dfrac{x/m}{y/n}, \end{cases}$$

可以解出

$$\begin{cases} x=vu\left(v+n/m\right)^{-1}, \\ y=u\left(v+n/m\right)^{-1}n/m, \end{cases} \tag{3.114}$$

从而

$$\left|\frac{\partial\left(x,y\right)}{\partial\left(u,v\right)}\right|=\frac{un/m}{\left(v+n/m\right)^2}. \tag{3.115}$$

由定理3.7.6, (3.113), (3.114)和(3.114)知$(\xi+\eta,T)$的联合密度函数

$$q\left(u,v\right)=\frac{u^{(n+m)/2-1}\mathrm{e}^{-u/2}}{2^{(n+m)/2}\Gamma\left(n/2\right)\Gamma\left(m/2\right)}\frac{\left(n/m\right)^{n/2}v^{m/2-1}}{\left(v+n/m\right)^{(n+m)/2}},\quad \forall u,v>0.$$

对$q\left(u,x\right)$关于u积分，得T的边缘密度函数

$$p\left(x\right)=\frac{\Gamma\left(\left(n+m\right)/2\right)}{\Gamma\left(n/2\right)\Gamma\left(m/2\right)}\frac{\left(m/n\right)^{m/2}x^{m/2-1}}{\left(xm/n+1\right)^{(n+m)/2}},\quad x>0. \tag{3.116}$$

■

定义 3.7.4 若ξ的密度函数为(3.116)，则称ξ服从**自由度为m和n的F分布**，记为$\xi\sim F(m,n)$.

§3.7.4 随机变量的存在性

若$F(x)$满足定理3.1.9的单增性、右连续性和规范性，关心随机变量的存在性问题：是否存在随机变量ξ，使得$F_\xi(x)\equiv F(x)$？本小节讨论这一问题.

用$\mathbb{F}$表示$F(x)$所对应的分布，定义$\xi(\omega)=\omega$，$\forall\omega\in\mathbb{R}$，则

$$F_\xi(x)=\mathbb{F}(\xi\leqslant x)=\mathbb{F}\left(\{\omega:\omega\leqslant x\}\right)=\mathbb{F}\left((-\infty,x]\right)=F(x),$$

即ξ的分布函数恰为$F(x)$.

问题是对应于分布函数F的分布$\mathbb{F}$存在吗？虽然可以用概率与测度理论证明其存在性[4]，但这超出了本教材的知识范围. 下面用随机变量的变换理论讨论随机变量的存在性问题.

定义 3.7.5 若函数F满足定理3.1.9中的单增性、右连续性和规范性，则称

$$F^{-1}(y) = \inf\{x: F(x) \geqslant y\} \tag{3.117}$$

为F**的单调逆**.

图3.9是某一分布函数F图像示意图（左图）和其单调逆F^{-1}图像示意图（右图），从中可以看出单调逆F^{-1}为左连续的增函数.

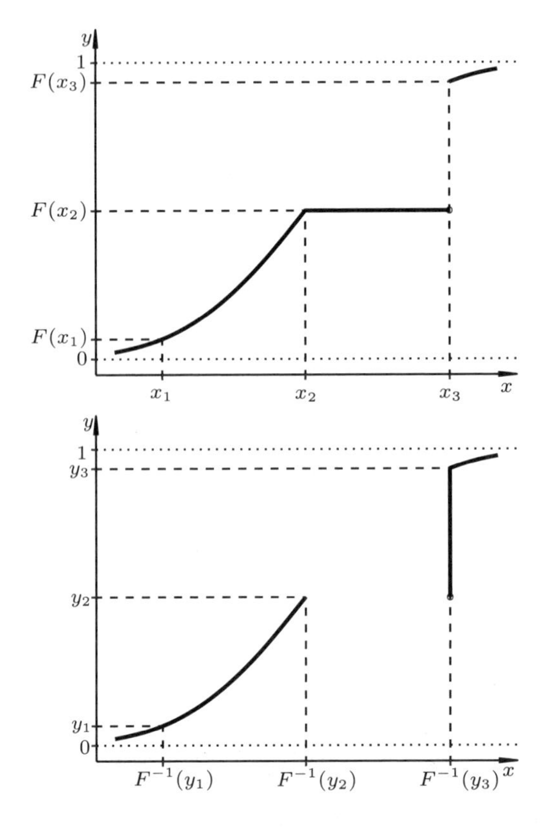

图 3.9 分布函数和其单调逆曲线示意图

定理3.7.7 若函数F满足定理3.1.9中的单增性、右连续性和规范性，则F^{-1}为增函数，且

$$F^{-1}(F(x)) \leqslant x, \qquad z \leqslant F\left(F^{-1}(z)\right), \quad z \in (0,1). \tag{3.118}$$

证明 当$y_1 \leqslant y_2$时有$\{x: F(x) \geqslant y_1\} \supset \{x: F(x) \geqslant y_2\}$，即

$$F^{-1}(y_1) = \inf\{x: F(x) \geqslant y_1\} \leqslant \inf\{x: F(x) \geqslant y_2\} = F^{-1}(y_2),$$

亦即F^{-1}为增函数.

对于任何实数x，由F的右连续性知$x \in \{u : F(u) \geqslant F(x)\}$，因此

$$F^{-1}(F(x)) = \inf\{u : F(u) \geqslant F(x)\} \leqslant x,$$

即(3.118)第一式成立.

对于任何实数$z \in (0,1)$，存在$x_n \in \{x : F(x) \geqslant z\}$使得

$$x_n \downarrow x_0 = \inf\{x : F(x) \geqslant z\} = F^{-1}(z),$$

再由F的右连续性可得

$$z \leqslant F(x_n) \stackrel{n\to\infty}{\longrightarrow} F(x_0) = F\left(F^{-1}(z)\right),$$

即(3.118)第二式成立. ∎

定理3.7.8 (随机变量存在定理) 设函数F满足定理3.1.9中的单增性、右连续性和规范性，$\xi \sim U(0,1)$，$\eta = F^{-1}(\xi)$，则η的分布函数$F_\eta = F$.

证明 由(3.118)第一式知，

$$\{\xi \leqslant F(x)\} \subset \left\{F^{-1}(\xi) \leqslant F^{-1}(F(x))\right\} \subset \left\{F^{-1}(\xi) \leqslant x\right\} = \{\eta \leqslant x\},$$

因此

$$F(x) = \mathbb{P}(\xi \leqslant F(x)) \leqslant \mathbb{P}(\eta \leqslant x) = F_\eta(x). \tag{3.119}$$

另外，由F的单增性、(3.118)第二式知

$$\begin{aligned}\{\eta \leqslant x\} \subset \{F(\eta) \leqslant F(x)\} &= \left\{F\left(F^{-1}(\xi)\right) \leqslant F(x)\right\} \\ &\subset \left\{F\left(F^{-1}(\xi)\right) \leqslant F(x), \xi \in (0,1)\right\} \cup \{\xi \notin (0,1)\} \\ &\subset \{\xi \leqslant F(x), \xi \in (0,1)\} \cup \{\xi \notin (0,1)\},\end{aligned}$$

因此由$\xi \sim U(0,1)$可得

$$\begin{aligned}F_\eta(x) &= \mathbb{P}(\eta \leqslant x) \leqslant \mathbb{P}(\xi \leqslant F(x), \xi \in (0,1)) + \mathbb{P}(\xi \notin (0,1)) \\ &= \mathbb{P}(\xi \leqslant F(x), \xi \in (0,1)) \leqslant \mathbb{P}(\xi \leqslant F(x)) = F(x).\end{aligned} \tag{3.120}$$

由(3.119)和(3.120)知$F_\eta = F$. ∎

由定理3.7.8可解决随机变量的存在性问题：通过均匀分布随机变量和分布函数的单调逆来构造具有指定分布的随机变量，这种构造方法在计算机模拟中有广泛应用. 进一步，随机变量存在定理保证了具有单增性、右连续性和规范性的函数是某一随机变量的分布函数，因此我们称具有这三条性质的函数为**分布函数**.

§3.7.5 随机数

称(0,1)区间上均匀分布随机变量的观察值为**均匀分布随机数**，简称为**随机数**. 根据定理3.7.8，可以由随机数来模拟特定分布随机变量的观察值，即可由随机数模拟特定的随机现象. 问题是如何得到随机数？通常有三类获取途径：查表生成；计算机模拟生成；通过物理模型模拟生成.

查表生成随机数的方法简单易行，但工作量大，其精度也受随机数表容量的影响，目前已经被计算机模拟生成方法取代.

计算机模拟生成的随机数称为伪随机数，它是通过特定迭代算法产生的数列，其统计特征与真实的随机数列相差无几. 伪随机数成本低廉，成为广为接受的随机数模拟方法.

下面给出几个由随机数模拟特定分布随机数的例子.

例 3.7.13 利用均匀分布随机数构造具有分布密度

$$\mathbb{P}(\eta = y_j) = p_j, \quad 1 \leqslant j \leqslant n,$$

的随机数.

解 记

$$I_1 = (0, p_1),\ I_k = \left[\sum_{i=1}^{k-1} p_i, \sum_{i=1}^{k} p_i\right), \quad \eta = \sum_{k=1}^{n} y_k \mathbb{1}_{I_k},$$

则η的密度为$\{p_j\}$. 因此

$$y = \sum_{k=1}^{n} y_k \mathbb{1}_{I_k}(x)$$

为满足要求的随机数，其中x为均匀分布随机数. ∎

例 3.7.14 构造服从$\lambda = 1$的指数分布随机数.

解 服从参数$\lambda = 1$的指数分布的分布函数为

$$F(x) = 1 - \mathrm{e}^{-x},\ x > 0,$$

其反函数为

$$F^{-1}(y) = -\ln(1 - y),\ y \in (0, 1).$$

因此$y = -\ln x$为服从$\lambda = 1$的指数分布随机数，其中x是均匀分布随机数. ∎

在例3.7.14中用到均匀分布的性质：$\zeta \sim U(0,1) \Leftrightarrow 1 - \zeta \sim U(0,1)$.

例 3.7.15 用均匀分布随机数构造标准正态分布随机数.

解 瑞利分布的分布函数

$$F(x)=1-\mathrm{e}^{-x^2/2}, x>0,$$

其反函数

$$F^{-1}(y)=(-2\ln(1-y))^{1/2},$$

所以$\rho=(-2\ln\xi_2)^{1/2}$服从瑞利分布，其中$\xi_2\sim U(0,1)$.

取与ρ独立的随机变量$\xi_1\sim U[0,1)$，则$\theta=2\pi\xi_1\sim U[0,2\pi)$ 且θ与ρ相互独立. 因此由(3.109)知

$$\eta_1=\rho\cos\theta,\quad \eta_2=\rho\sin\theta,$$

独立同分布，都服从标准正态分布（详见例3.7.8 后的解释）. 取相互独立的均匀随机数x_1,x_2，则

$$y_1=(-2\ln(x_2))^{1/2}\cos(2\pi x_1),\quad y_2=(-2\ln(x_2))^{1/2}\sin(2\pi x_1),$$

为相互独立的标准正态随机数. ∎

§3.7.6 练习题

练习 3.7.1 设$\xi\sim\Gamma(1,1)$，$a>0$，$b>0$，证明$\eta=b\xi^{1/a}$的密度函数

$$p_\eta(x)=\frac{a}{b}\left(\frac{x}{b}\right)^{a-1}\exp\left(-\left(\frac{x}{b}\right)^a\right),\quad x>0,$$

称η的分布为**威布尔(Weibull)分布**，简记为$W(a,b)$，a和b称为该分布的形状参数和尺度参数.

练习 3.7.2 设ξ的密度函数为$p(x),x\in(a,b)$，$f(x)$为(a,b)上的严格单减可微函数，$h(y)$为其反函数，证明$\eta=f(\xi)$的密度函数为

$$p_\eta(y)=p(h(y))\,|h'(y)|,\quad y\in(f(b),f(a)).$$

练习 3.7.3 若$\xi\sim N(a,\sigma^2)$，$\eta=\mathrm{e}^\xi$，证明η的密度函数为

$$p_\eta(x)=\frac{1}{\sqrt{2\pi}\sigma x}\exp\left(-\frac{(\ln x-a)^2}{2\sigma^2}\right),\quad x>0.$$

称η的分布为**对数正态分布**.

练习 3.7.4 设ξ和η相互独立，都服从参数为p的几何分布，求$\xi+\eta$和$\xi\vee\eta$的密度.

练习 3.7.5 设ξ_1和ξ_2相互独立，$\xi_i\sim P(\lambda_i)$，求已知$\xi_1+\xi_2=n$时ξ_1的条件分布.

练习 3.7.6 设随机变量ξ有标准正态分布，求ξ^{-2}的密度函数.

练习 3.7.7 设$\xi_1,\xi_2,\cdots,\xi_n$为相互独立的随机变量，每个ξ_i服从参数为λ_i的指数分布. 求它们的最小值$\bigwedge_{i=1}^n\xi_i$的分布.

练习 3.7.8 设随机变量ξ与η独立，都服从$U(0,1)$分布，求$\xi+\eta$的密度函数.

练习 3.7.9 向区间$(0,a)$内任投两点，求两点间距离的密度函数.

练习 3.7.10 设随机变量ξ与η独立. $\xi\sim U(0,1)$，η的分布函数为

$$F(y)=1-\frac{1}{y^2},\quad y>1,$$

求$\xi\eta$的密度函数.

练习 3.7.11 设(ξ,η)服从区域$D=\big\{(x,y):0<|x|<y<1\big\}$上的均匀分布，求$\xi^2$的密度函数.

练习 3.7.12 设随机向量(ξ,η)的联合密度函数为

$$p(x,y)=\frac{1}{x^2y^2},\ x,y\geqslant 1,$$

求$\alpha=\xi\eta$与$\beta=\xi/\eta$的联合密度函数与边缘密度函数.

练习 3.7.13 设随机变量ξ与η独立同分布，都服从$\Gamma(\lambda,r)$分布. 证明$\xi+\eta$与ξ/η相互独立.

练习 3.7.14 设随机向量(ξ,η)的联合密度函数为

$$p(x,y)=\frac{1+xy}{4},\quad |x|<1,|y|<1,$$

证明ξ^2和η^2相互独立.

练习 3.7.15 设ξ的分布函数F连续，求$\eta=F(\xi)$的分布.

§3.8 三门问题（续一）

在掌握随机变量的知识后，就可以用随机变量表述三门问题和游戏情景，提出更合理的数学假设，进而得到更符合客观事实的答案.

§3.8.1 三门问题的随机变量表述

分别用X, Y和Z表示汽车所在门的编号、游戏参与者初始选择门的编号和主持人打开门的编号. 依据§2.4中的游戏情景知主持人不能打开有汽车的门，也不能打开游戏参与者初始选择的门，因此

$$\Omega = \{Z \neq X, Z \neq Y\}, \tag{3.121}$$

称(3.121)为**三门问题基本假设**.

在三门问题基本假设下，可以将事件“在换门策略之下，游戏参与者获得汽车”表述为$\{Y \neq X\}$，将事件“在不换门策略之下，游戏参与者获得汽车”表述为$\{Y = X\}$. 那么

$$\mathbb{P}(Y \neq X) \tag{3.122}$$

是换门策略获得汽车的概率，这个概率是未知游戏参与者和主持人的任何行为信息的情况下换门策略获得汽车的概率；

$$\mathbb{P}(Y = X) \tag{3.123}$$

是未知游戏参与者和主持人的任何行为信息的情况下不换门策略获得汽车的概率；

$$\mathbb{P}(Y \neq X | Y = j) \tag{3.124}$$

是已知游戏参与者初始选择的是第j号门的情况下，换门策略获得汽车的条件概率；

$$\mathbb{P}(Y = X | Y = j) \tag{3.125}$$

是已知游戏参与者初始选择的是第j号门的情况下，不换门策略获得汽车的条件概率；

$$\mathbb{P}(Y \neq X | Y = j, Z = k) \tag{3.126}$$

是已知游戏参与者初始选择j号门和主持人打开有山羊的k号门（$j \neq k$）的情况下，换门策略获得汽车的条件概率；

$$\mathbb{P}(Y = X | Y = j, Z = k) \tag{3.127}$$

是已知游戏参与者初始选择j号门和主持人打开有山羊的k号门（$j \neq k$）的情况下，不换门策略获得汽车的条件概率.

依据三门问题游戏情景，三门问题的答案既不是概率(3.122)和(3.123)，也不是条件概率(3.124)和(3.125)，而是条件概率(3.126)和(3.127).

§3.8.2 随机变量三门问题的数学假设

根据三门问题游戏背景，X, Y和Z都是离散型随机变量，可以假设X的密度

$$\mathbb{P}(X=i)=p_i, \quad 1 \leqslant i \leqslant 3; \tag{3.128}$$

Y的密度

$$\mathbb{P}(Y=j)=q_j, \quad 1 \leqslant j \leqslant 3. \tag{3.129}$$

进一步，游戏参与者不知道汽车的摆放情况，汽车摆放者也不知道游戏参与者的行为，因此可以假设X 和Y相互独立，即(X,Y)的联合密度

$$\mathbb{P}(X=i, Y=j)=\mathbb{P}(X=i)\,\mathbb{P}(Y=j), \quad 1 \leqslant i, j \leqslant 3. \tag{3.130}$$

在游戏过程中，主持人既不会打开游戏参与者初始选择的门，也不会打开有汽车的门，但是他知道有汽车门的号码i和游戏参与者初始选择的门号j，因此可以假设他的开门的条件密度如下

$$\mathbb{P}(Z=k|X=i, Y=j)=\begin{cases} p, & k=\max \overline{\{i\}}, i=j, \\ 1-p, & k=\min \overline{\{i\}}, i=j, \\ 1, & k \in \overline{\{i, j\}}, i \neq j, \end{cases}$$

其中p是在已知$\{X=i, Y=i\}$发生情况下主持人选择打开大编号门的条件概率，正整数集

$$\overline{\{i\}}=\{1,2,3\}-\{i\}, \quad \overline{\{i, j\}}=\{1,2,3\}-\{i, j\}.$$

可以用示性函数将上述条件密度表示为

$$\begin{aligned} &\mathbb{P}(Z=k|X=i, Y=j) \\ =&\left(p \mathbb{1}_{\{\max \overline{\{i\}}\}}(k)+(1-p) \mathbb{1}_{\{\min \overline{\{i\}}\}}(k)\right) \mathbb{1}_{\{i\}}(j)+\mathbb{1}_{\overline{\{i, j\}}}(k) \mathbb{1}_{\overline{\{i\}}}(j), \end{aligned} \tag{3.131}$$

由基本假设(3.121)和假设(3.128)至(3.131)，可以解答三门问题.

§3.8.3 三门问题的随机变量解

由假设(3.128)至(3.131)可得随机向量(X,Y,Z)的联合密度

$$\begin{aligned}&\mathbb{P}(X=i,Y=j,Z=k)\\=&p_iq_j\left(p\mathbb{1}_{\{\max\overline{\{i\}}\}}(k)+(1-p)\mathbb{1}_{\{\min\overline{\{i\}}\}}(k)\right)\mathbb{1}_{\{i\}}(j)+p_iq_j\mathbb{1}_{\overline{\{i,j\}}}(k)\mathbb{1}_{\overline{\{i\}}}(j).\end{aligned} \tag{3.132}$$

特别地，

$$\begin{aligned}\mathbb{P}(Y=1,Z=3)&=\sum_{i=1}^{3}\mathbb{P}(X=i,Y=1,Z=3)\\&=p_1q_1p+p_2q_1=(p_1p+p_2)\,q_1,\\\mathbb{P}(X\neq Y,Y=1,Z=3)&=\mathbb{P}(X=2,Y=1,Z=3)=p_2q_1.\end{aligned}$$

因此，在已知游戏参与者初始选择1号门、主持人打开有山羊的3号门的情况下，换门策略获得汽车的条件概率

$$\mathbb{P}(Y\neq X|Y=1,Z=3)=\frac{\mathbb{P}(X\neq Y,Y=1,Z=3)}{\mathbb{P}(Y=1,Z=3)}=\frac{p_2}{p_1p+p_2}, \tag{3.133}$$

不换门策略获得汽车的条件概率

$$\mathbb{P}(Y=X|Y=1,Z=3)=1-\mathbb{P}(X\neq Y|Y=1,Z=3)=\frac{p_1p}{p_1p+p_2}. \tag{3.134}$$

特别地，当$p_1=p_2=p_3=\dfrac{1}{3}$时，得换门策略获得汽车的条件概率计算公式(2.37)和不换门策略获得汽车的条件概率计算公式(2.36).

类似地，可得其他各种情形下换门策略获得汽车的条件概率

$$\mathbb{P}(X\neq Y|Y=2,Z=3)=\frac{p_1}{p_2p+p_1}, \tag{3.135}$$

$$\mathbb{P}(X\neq Y|Y=3,Z=2)=\frac{p_1}{p_3p+p_1}, \tag{3.136}$$

$$\mathbb{P}(X\neq Y|Y=1,Z=2)=\frac{p_3}{p_1(1-p)+p_3}, \tag{3.137}$$

$$\mathbb{P}(X\neq Y|Y=2,Z=1)=\frac{p_3}{p_2(1-p)+p_3}, \tag{3.138}$$

$$\mathbb{P}(X\neq Y|Y=3,Z=1)=\frac{p_2}{p_3(1-p)+p_2}. \tag{3.139}$$

进而可得其他各种情形下不换门策略获得汽车的条件概率.

由(3.133)至(3.139)知：换门策略获得汽车的条件概率与汽车排放的位置、主持人开门的编号有关，与游戏参与者的初始选择无关.

§3.8.4 三门问题的进一步反思

既可以用随机事件及其概率相关知识解答三门问题，也可以用随机向量知识解答三门问题. 随机向量及其分布相关知识建立在概率空间的基础上，掌握这些知识能更好地表述和解答现实世界中的问题.

§3.8.1中用随机变量表述三门问题，为表述该问题的基本假设(3.121)奠定基础. 这里所涉及的随机变量都是离散型随机变量，可借助密度和条件密度知识来刻画该问题的背景信息，提出更符合实际情况的数学假设(3.128), (3.129)和(3.131). 基于这些数学抽象和假设，得到所有情况的条件概率结论(3.133)至(3.139)，其中一些结论未见公开发表.

由§2.4.3中(2.38)知：在游戏参与者初始选择1号门和主持人打开3号门的情况下，应该采用换门策略，以保证获得汽车的条件概率最大. 问题是此结论在更一般的假设(3.128), (3.129)和(3.131)下还成立吗？下面讨论这一问题.

在(3.133)和(3.134)中取$p_2=0, p_1=0.5, p=0.5$，可得

$$
\mathbb{P}(Y\neq X|Y=1,Z=3)=\frac{p_2}{p_1p+p_2}=0,
$$
$$
\mathbb{P}(Y=X|Y=1,Z=3)=\frac{p_1p}{p_1p+p_2}=1,
$$

即采用换门策略获得汽车的概率为0，采用不换门策略获得汽车的概率为1. 因此在现实游戏情景中，有可能出现“不换门策略”为最优策略的情况，其原因归结于X的分布密度(3.128)设置和主持人的行为Z的条件密度(3.131)设置.

对于某一游戏参与者，若他掌握了X的分布密度和Z的条件密度(3.131)的取值信息，如知道$p_2=0, p_1=0.5, p=0.5$，那么他获得汽车的概率就比其他未知这些信息的游戏参与者的大，即游戏不公平了.

进一步，如游戏节目组的保密工作做得非常好，使得所有游戏参与者都不知道X的分布密度和Z的条件密度的取值信息，那么该游戏就是一个考察参与者的知识和智力水平的公平游戏.

在游戏节目组的保密工作完美的情况下，是否可以通过收集节目数据和分析所收集数据来认识这些分布密度取值信息呢？答案是肯定的，详见§5.4.2.

§3.8.5 练习题

练习 3.8.1 已知随机向量$\xi=(X,Y,Z)$的联合密度为(3.132)，求Z的边缘密度.

练习 3.8.2 已知随机向量$\xi=(X,Y,Z)$的联合密度为(3.132)，证明

$$\mathbb{P}(X\neq Y|Y=2,Z=3)=\frac{p_1}{p_2p+p_1}.$$

练习 3.8.3 已知随机向量$\xi=(X,Y,Z)$的联合密度为(3.132)，证明

$$\mathbb{P}(X\neq Y|Y=3,Z=2)=\frac{p_1}{p_3p+p_1}.$$

练习 3.8.4 已知随机向量$\xi=(X,Y,Z)$的联合密度为(3.132)，证明

$$\mathbb{P}(X\neq Y|Y=1,Z=2)=\frac{p_3}{p_1(1-p)+p_3}.$$

练习 3.8.5 已知随机向量$\xi=(X,Y,Z)$的联合密度为(3.132)，证明

$$\mathbb{P}(X\neq Y|Y=2,Z=1)=\frac{p_3}{p_2(1-p)+p_3}.$$

练习 3.8.6 已知随机向量$\xi=(X,Y,Z)$的联合密度为(3.132)，证明

$$\mathbb{P}(X\neq Y|Y=3,Z=1)=\frac{p_2}{p_3(1-p)+p_2}.$$

第 4 章　数字特征与特征函数

随机变量的随机变化规律完全由其分布函数或密度所刻画，因此可以借助分布函数或概率以及统计学原理解决与该随机变量相关的实际问题. 但是在许多实际应用中，这种基于分布函数解决问题的思路并不可行，因为人们常不知道随机变量的分布函数是什么.

对于很多实际问题，仅需要知道随机变量的某种特征，便可解答问题. 例如在研究水稻品种优劣时，我们关心的是稻穗的平均粒子数及每粒的平均重量；对一名射手的技术评定，除了要了解命中环数的平均值外，还需考虑射击稳定情况等.

本章内容分3部分：第1部分介绍数学期望，以及由数学期望定义的数字特征，如方差、协方差、相关系数等；2部分是在数学期望的基础上构建特征函数相关知识，而特征函数则是随机变量分布的一种等价刻画方法；第3部分是特征函数的一个应用实例——多元正态分布.

§4.1　数学期望

“期望”这个术语最早由惠更斯在其主要著作《机遇的规律》中引入. 基于这个术语解决了一些当时感兴趣的博弈问题. 期望即数学期望，是随机变量值的概率加权平均，是随机变量的集中位置.

§4.1.1　数学期望的定义

我们将从简单随机变量开始定义数学期望，然后通过极限来定义一般随机变量的数学期望.

定义 4.1.1　对于简单随机变量ξ，称

$$\mathbb{E}(\xi) \triangleq \sum_{x\in\xi(\Omega)} x\mathbb{P}(\xi = x) \tag{4.1}$$

为ξ**的数学期望**，简称为**数学期望**.

简单随机变量的数学期望是随机变量取值的概率加权平均，具有如下的单调性.

定理4.1.1 若ξ和η为简单随机变量，且$\xi \leqslant \eta$，则

$$\mathbb{E}(\xi) \leqslant \mathbb{E}(\eta). \tag{4.2}$$

证明 显然，当$x > y$时有

$$\mathbb{P}(\xi = x, \eta = y, \xi \leqslant \eta) = 0,$$

再由$\xi(\Omega)$和$\eta(\Omega)$均为有限实数集，概率的有限可加性，以及$\{\xi \leqslant \eta\} = \Omega$得

$$\begin{aligned}
\mathbb{E}(\xi) &= \sum_{x\in\xi(\Omega)} x\mathbb{P}(\xi = x) = \sum_{x\in\xi(\Omega)} x \sum_{y\in\eta(\Omega)} \mathbb{P}(\xi = x, \eta = y) \\
&= \sum_{x\in\xi(\Omega)} \sum_{y\in\eta(\Omega)} x\mathbb{P}(\xi = x, \eta = y, \xi \leqslant \eta) \\
&\leqslant \sum_{x\in\xi(\Omega)} \sum_{y\in\eta(\Omega)} y\mathbb{P}(\xi = x, \eta = y, \xi \leqslant \eta) \\
&= \sum_{y\in\eta(\Omega)} y \sum_{x\in\xi(\Omega)} \mathbb{P}(\xi = x, \eta = y) = \sum_{y\in\eta(\Omega)} y\mathbb{P}(\eta = y) = \mathbb{E}(\eta),
\end{aligned}$$

即(3.29)成立. ∎

下面将定义4.1.1中数学期望的定义推广到非负随机变量情况. 对于任何非负随机变量ξ和正整数n，(3.9)中的ξ_n为简单随机变量，且$\xi_n \uparrow \xi$. 由定理4.1.1知$\{\mathbb{E}(\xi_n)\}$为单调上升数列，其极限存在.

定义 4.1.2 对于任意随机变量$\xi \geqslant 0$，称

$$\mathbb{E}(\xi) \triangleq \lim_{n\to\infty} \left(\sum_{k=1}^{n2^n} \frac{k-1}{2^n} \mathbb{P}\left(\frac{k-1}{2^n} < \xi \leqslant \frac{k}{2^n} \right) + n\mathbb{P}(\xi > n) \right) \tag{4.3}$$

为随机变量ξ的**数学期望**或**均值**.

定义4.1.2表明：非负随机变量的数学期望完全由分布函数所决定，因此分布相同的非负随机变量的数学期望相等.

下面讨论一般随机变量ξ的数学期望定义. 由于$\xi = \xi^+ - \xi^-$，因此可以把ξ的数学期望定义成其正部的数学期望与负部的数学期望之差.

定义 4.1.3 对于任意随机变量ξ，若$\mathbb{E}(\xi^+) < \infty$或$\mathbb{E}(\xi^-) < \infty$，则称

$$\mathbb{E}(\xi) \triangleq \mathbb{E}(\xi^+) - \mathbb{E}(\xi^-) \tag{4.4}$$

为ξ的**数学期望**或ξ的**均值**；若$\mathbb{E}(\xi^+) = \infty$且$\mathbb{E}(\xi^-) = \infty$，则称$\xi$的**数学期望不存在**.

上述随机变量数学期望的定义包含了既不是离散型也不是连续型随机变量的情况，其值可以为无穷. 随机变量的数学期望完全由其分布所决定，同分布（分布函数或密度）的随机变量有相同的数学期望. 如无特殊声明，后面总是假设随机变量的数学期望存在.

例 4.1.1 已知$\xi \sim B(1,p)$，求$\mathbb{E}(\xi)$.

解 在成功概率为p的伯努利实验中，记$\eta = \mathbb{1}_{\{成功\}}$，则$\xi$和$\eta$有相同的分布，且$\eta(\Omega) = \{0,1\}$，因此

$$\mathbb{E}(\xi) = \mathbb{E}(\eta) = 0 \times \mathbb{P}(\eta = 0) + 1 \times \mathbb{P}(\eta = 1) = p.$$

■

在例4.1.1中，不能断言ξ为简单随机变量，结果导致不能直接用(4.1)计算$\mathbb{E}(\xi)$. 但却可借助有相同分布的简单随机变量η来计算ξ的数学期望.

例 4.1.2 已知简单随机变量

$$\xi \sim \begin{pmatrix} 70 & 80 & 90 \\ 0.2 & 0.3 & 0.5 \end{pmatrix},$$

反复独立观察ξ，问观测值的算术平均值的极限应该是什么？

解 假设$x_1, x_2, \cdots$为ξ的一列独立观察值，分别用k_{n1}, k_{n2}, k_{n3}表示这些观察值中等于$70, 80, 90$的个数，则$\dfrac{k_{n1}}{n}, \dfrac{k_{n2}}{n}$ 和$\dfrac{k_{n3}}{n}$恰好是随机变量ξ等于这三个数的频率. 根据频率稳定于概率的原理有

$$\begin{aligned} \frac{1}{n}\sum_{k=1}^{n} x_k &= 70 \cdot \frac{k_{n1}}{n} + 80 \cdot \frac{k_{n2}}{n} + 90 \cdot \frac{k_{n3}}{n} \\ &\xrightarrow{n\to\infty} 70 \times 0.2 + 80 \times 0.3 + 90 \times 0.5 \\ &= 70\mathbb{P}(\xi = 70) + 80\mathbb{P}(\xi = 80) + 90\mathbb{P}(\xi = 90) = \mathbb{E}(\xi), \end{aligned}$$

即观测值的算术平均值的极限应该是数学期望$\mathbb{E}(\xi)$. ■

一般地，随机变量的数学期望可以看成简单随机变量的概率加权平均的极限，常被解释为随机变量值的概率加权平均，它是随机变量的中心位置的一种刻画. 例4.1.2还揭示了一个结论：可以用随机变量的独立观测值的算术平均值来估计数学期望（详见定理5.2.6）.

§4.1.2 数学期望的性质

本小节讨论数学期望的基本性质，这些性质能够帮助我们计算或估计数学期望. 为方便讨论，记

$$f_n(x)=\sum_{k=1}^{n2^n}\frac{k-1}{2^n}\mathbb{1}_{\left(\frac{k-1}{2^n},\frac{k}{2^n}\right]}(x)+n\mathbb{1}_{(n,\infty)}(x), \tag{4.5}$$

其中n为正整数.

显然f_n为增函数（详见练习4.1.2），$f_n \leqslant f_{n+1}$. 进一步，可借助f_n将(3.9)简化表达为

$$\xi_n=f_n(\xi), \tag{4.6}$$

将(4.3)简化表达为

$$\mathbb{E}(\xi)=\lim_{n\to\infty}\mathbb{E}(f_n(\xi)), \tag{4.7}$$

将(4.4)简化表达为

$$\mathbb{E}(\xi)=\lim_{n\to\infty}\left(\mathbb{E}\left(f_n\left(\xi^+\right)\right)-\mathbb{E}\left(f_n\left(\xi^-\right)\right)\right). \tag{4.8}$$

定理4.1.2 假设a为实数，随机变量ξ和η的数学期望都存在，则如下性质成立:

1° $\mathbb{E}(a)=a$.

2° 若$\xi\geqslant 0$，则$\mathbb{E}(\xi)\geqslant 0$.

3° **单调性**：若$\xi\geqslant\eta$，则$\mathbb{E}(\xi)\geqslant\mathbb{E}(\eta)$.

证明 显然，$a=a\mathbb{1}_\Omega$为简单随机变量，由定义4.1.1知性质1°成立.

性质2°是定义4.1.2的直接结果.

下面证明单调性. 由$\xi\geqslant\eta$知$\xi^+\geqslant\eta^+$，$\xi^-\leqslant\eta^-$，再注意到(4.5)中的f_n为增函数有

$$f_n\left(\xi^+\right)\geqslant f_n\left(\eta^+\right),\quad f_n\left(\xi^-\right)\leqslant f_n\left(\eta^-\right),$$

因此由(4.8)得

$$\mathbb{E}(\xi)=\lim_{n\to\infty}\mathbb{E}\left(f_n\left(\xi^+\right)\right)-\lim_{n\to\infty}\mathbb{E}\left(f_n\left(\xi^-\right)\right)$$

$$\geqslant \lim_{n\to\infty} \mathbb{E}\left(f_n\left(\eta^+\right)\right) - \lim_{n\to\infty} \mathbb{E}\left(f_n\left(\eta^-\right)\right) = \mathbb{E}\left(\eta\right),$$

即性质3°成立. ∎

定理4.1.3 (单调收敛定理) 若ξ_n为非负随机变量，且$\xi_n \uparrow \xi$，则

$$\lim_{n\to\infty} \mathbb{E}\left(\xi_n\right) = \mathbb{E}\left(\xi\right).$$

证明 由数学期望的单调性知：只需证明

$$\lim_{m\to\infty} \mathbb{E}\left(\xi_m\right) \geqslant \mathbb{E}\left(\xi\right). \tag{4.9}$$

事实上，由(4.5)知$\xi \geqslant f_n(\xi)$，因此对于任何$a \in (0,1)$

$$\lim_{m\to\infty} \left\{\xi_m \geqslant a f_n\left(\xi\right)\right\} = \bigcup_{m=1}^{\infty} \left\{\xi_m \geqslant a f_n\left(\xi\right)\right\} = \varOmega. \tag{4.10}$$

再由数学期望的单调性、(4.5)和数学期望的定义4.1.1得

$$\begin{aligned}\mathbb{E}\left(\xi_m\right) &\geqslant \mathbb{E}\left(\xi_m \mathbb{1}_{\{\xi_m \geqslant a f_n(\xi)\}}\right) \geqslant \mathbb{E}\left(a f_n\left(\xi\right) \mathbb{1}_{\{\xi_m \geqslant a f_n(\xi)\}}\right) \\ &= na\mathbb{P}\left(\xi > n, \xi_m \geqslant a f_n\left(\xi\right)\right) + \\ &\quad \sum_{k=1}^{n2^n} \frac{k-1}{2^n} a\mathbb{P}\left(\frac{k-1}{2^n} < \xi \leqslant \frac{k}{2^n}, \xi_m \geqslant a f_n\left(\xi\right)\right),\end{aligned}$$

令$m \to \infty$，利用(4.10), 概率的下连续性和定义4.1.1得

$$\lim_{m\to\infty} \mathbb{E}\left(\xi_m\right) \geqslant na\mathbb{P}\left(\xi > n\right) + \sum_{k=1}^{n2^n} \frac{k-1}{2^n} a\mathbb{P}\left(\frac{k-1}{2^n} < \xi \leqslant \frac{k}{2^n}\right) = a\mathbb{E}\left(f_n\left(\xi\right)\right),$$

令$a \uparrow 1$，再令$n \to \infty$，由(4.7)得(4.9)，即单调收敛定理成立. ∎

定理4.1.4 (数学期望的线性性质) 假设a和b为实数，随机变量ξ和η的数学期望都存在，且$\mathbb{E}(\xi)$和$\mathbb{E}(\eta)$中至少有一个为实数，则

$$\mathbb{E}\left(a\xi + b\eta\right) = a\mathbb{E}(\xi) + b\mathbb{E}\left(\eta\right),$$

并称之为数学期望的线性性质.

证明 显然，当ξ和η都为简单随机变量时，线性性质成立（见练习4.1.1）. 借助于单调收敛定理可证线性性质对于非负随机变量ξ和η成立. 再由定义4.1.3知线性性质成立. ∎

利用数学期望的线性性质，可以将单调收敛定理4.1.3的条件减弱为：存在数学期望为实数的随机变量η，使得

$$\eta \leqslant \xi_n \uparrow \xi. \tag{4.11}$$

还可以利用数学期望的线性性质简化一些数学期望的计算，如下例所示.

例 4.1.3 若$\xi \sim B(n,p)$，求$\mathbb{E}(\xi)$.

解 取独立同分布随机变量$\xi_1, \xi_2, \cdots, \xi_n$，使得$\xi_1 \sim B(1,p)$，则$\sum\limits_{i=1}^{n} \xi_i \sim B(n,p)$. 由数学期望的线性性质和例4.1.1结论得

$$\mathbb{E}(\xi) = \mathbb{E}\left(\sum_{i=1}^{n} \xi_i\right) = \sum_{i=1}^{n} \mathbb{E}(\xi_i) = np.$$

■

定理4.1.5 若ξ，η相互独立，且它们的均值及$\xi\eta$的均值都为实数，则

$$\mathbb{E}(\xi\eta) = \mathbb{E}(\xi)\mathbb{E}(\eta). \tag{4.12}$$

证明 当ξ和η为简单随机变量时，结论显然成立（练习4.1.3）. 当ξ和η都为非负随机变量时，存在简单随机变量列$\{\xi_n\}$和$\{\eta_n\}$，使得$\xi_n \uparrow \xi$，$\eta_n \uparrow \eta$，则简单随机变量$\xi_n\eta_n \uparrow \xi\eta$，由单调收敛定理4.1.3得

$$\mathbb{E}(\xi\eta) = \lim_{n\to\infty} \mathbb{E}(\xi_n\eta_n) = \lim_{n\to\infty} \mathbb{E}(\xi_n)\mathbb{E}(\eta_n) = \mathbb{E}(\xi)\mathbb{E}(\eta).$$

因此对于一般随机变量有

$$\begin{aligned}
\mathbb{E}(\xi\eta) &= \mathbb{E}(\xi^+\eta^+ - \xi^+\eta^- - \xi^-\eta^+ + \xi^-\eta^-) \\
&= \mathbb{E}(\xi^+\eta^+) - \mathbb{E}(\xi^+\eta^-) - \mathbb{E}(\xi^-\eta^+) + \mathbb{E}(\xi^-\eta^-) \\
&= \mathbb{E}(\xi^+)\mathbb{E}(\eta^+) - \mathbb{E}(\xi^+)\mathbb{E}(\eta^-) - \mathbb{E}(\xi^-)\mathbb{E}(\eta^+) + \mathbb{E}(\xi^-)\mathbb{E}(\eta^-) \\
&= \left(\mathbb{E}(\xi^+) - \mathbb{E}(\xi^-)\right)\left(\mathbb{E}(\eta^+) - \mathbb{E}(\eta^-)\right) = \mathbb{E}(\xi)\mathbb{E}(\eta).
\end{aligned}$$

■

由单调收敛定理，可以证明著名的法图(Fatou)引理和控制收敛定理. 单调收敛定理、法图引理和控制收敛定理是概率论研究的十分重要的基础知识.

定理4.1.6 (法图引理) 设$\{\xi_n\}$为随机变量列，若$\eta \leqslant \xi_n$，且η的数学期望为实数，则

$$\mathbb{E}\left(\varliminf_{n\to\infty} \xi_n\right) \leqslant \varliminf_{n\to\infty} \mathbb{E}(\xi_n). \tag{4.13}$$

证明 记$\eta_n = \inf_{k\geqslant n} \xi_k$，则

$$\eta \leqslant \eta_n \uparrow \lim_{n\to\infty} \inf_{k\geqslant n} \xi_k = \varliminf_{n\to\infty} \xi_n, \quad \mathbb{E}\left(\eta_n\right) \leqslant \inf_{k\geqslant n} \mathbb{E}\left(\xi_k\right),$$

令$n \to \infty$，由单调收敛定理得

$$\mathbb{E}\left(\varliminf_{n\to\infty} \xi_n\right) = \lim_{n\to\infty} \mathbb{E}\left(\eta_n\right) \leqslant \lim_{n\to\infty} \inf_{k\geqslant n} \mathbb{E}\left(\xi_k\right) = \varliminf_{n\to\infty} \mathbb{E}(\xi_n),$$

即(4.13)成立. ∎

我们知道下确界之和小于或等于和的下确界，进而下极限之和小于或等于和的下极限. 而数学期望也是一种求和，由此可以帮助记忆法图引理结论的不等号方向. 下面讨论另一种形式的数学期望极限定理.

定理4.1.7 (控制收敛定理) 已知$\{\xi_n\}$为收敛于ξ的随机变量序列，若存在随机变量η，使得$|\xi_n| \leqslant \eta$，且η的数学期望为实数，则

$$\mathbb{E}\left(\xi\right) = \lim_{n\to\infty} \mathbb{E}(\xi_n). \tag{4.14}$$

证明 由于$-\eta \leqslant \xi_n \leqslant \eta$，应用法图引理得

$$\mathbb{E}\left(\xi\right) = \mathbb{E}\left(\varliminf_{n\to\infty} \xi_n\right) \leqslant \varliminf_{n\to\infty} \mathbb{E}\left(\xi_n\right) \leqslant \varlimsup_{n\to\infty} \mathbb{E}\left(\xi_n\right),$$

因此只需证明

$$\varlimsup_{n\to\infty} \mathbb{E}\left(\xi_n\right) \leqslant \mathbb{E}\left(\xi\right). \tag{4.15}$$

事实上，再一次应用法图引理得

$$\mathbb{E}\left(\eta - \xi\right) = \mathbb{E}\left(\varliminf_{n\to\infty} \left(\eta - \xi_n\right)\right) \leqslant \varliminf_{n\to\infty} \mathbb{E}\left(\eta - \xi_n\right) = \mathbb{E}\left(\eta\right) - \varlimsup_{n\to\infty} \mathbb{E}\left(\xi_n\right),$$

两边减$\mathbb{E}\left(\eta\right)$后乘$-1$得(4.15)，即(4.14)成立. ∎

例 4.1.4 假设$\mathbb{P}(A) = 0$，证明对于任何随机变量ξ有$\mathbb{E}\left(\xi \mathbb{1}_A\right) = 0$.

证明 当ξ为简单随机变量时结论显然成立；当ξ为非负随机变量时，取简单随机变量$\xi_n \uparrow \xi$，则$\xi_n \mathbb{1}_A \uparrow \xi \mathbb{1}_A$，进而由单调收敛定理

$$0 \leqslant \mathbb{E}\left(\xi \mathbb{1}_A\right) = \mathbb{E}\left(\lim_{n\to\infty} \xi_n \mathbb{1}_A\right) = \lim_{n\to\infty} \mathbb{E}\left(\xi_n \mathbb{1}_A\right) = 0,$$

即此时结论成立；当ξ为一般随机变量时，

$$\mathbb{E}\left(\xi^+ \mathbb{1}_A\right) = 0 = \mathbb{E}\left(\xi^- \mathbb{1}_A\right),$$

再由数学期望的定义知结论成立. ∎

定理4.1.8 假设A为离散型随机变量ξ的概率支撑集，$f(x)$为波莱尔函数，且$f(\xi)$的数学期望存在，则

$$\mathbb{E}(f(\xi)) = \sum_{x\in A} f(x)\mathbb{P}\left(\xi = x\right). \tag{4.16}$$

证明 不妨假设$A = \{x_k : k \geqslant 1\}$，则仅需证明

$$\mathbb{E}\left(f\left(\xi\right)\right) = \sum_{k=1}^{\infty} f\left(x_k\right)\mathbb{P}\left(\xi = x_k\right). \tag{4.17}$$

记$f^+\left(x\right) = \max\left\{f\left(x\right), 0\right\}$，则$\sum\limits_{k=1}^{\infty} f^+\left(x_k\right)\mathbb{1}_{\{\xi = x_k\}}$和$f^+\left(\xi\right)$有相同的分布，再由数学期望的线性性质和单调收敛定理得

$$\begin{aligned}\mathbb{E}\left(f^+\left(\xi\right)\right) &= \mathbb{E}\left(\sum_{k=1}^{\infty} f^+\left(x_k\right)\mathbb{1}_{\{\xi=x_k\}}\right) = \lim_{n\to\infty}\mathbb{E}\left(\sum_{k=1}^{n} f^+\left(x_k\right)\mathbb{1}_{\{\xi=x_k\}}\right)\\ &= \sum_{k=1}^{\infty} f^+\left(x_k\right)\mathbb{E}\left(\mathbb{1}_{\{\xi=x_k\}}\right) = \sum_{k=1}^{\infty} f^+\left(x_k\right)\mathbb{P}\left(\xi = x_k\right).\end{aligned}$$

记$f^-\left(x\right) = -\min\left\{f\left(x\right), 0\right\}$，类似可得

$$\mathbb{E}\left(f^-\left(\xi\right)\right) = \sum_{k=1}^{\infty} f^-\left(x_k\right)\mathbb{P}\left(\xi = x_k\right).$$

因此

$$\begin{aligned}\mathbb{E}\left(f\left(\xi\right)\right) &= \mathbb{E}\left(f^+\left(\xi\right)\right) - \mathbb{E}\left(f^-\left(\xi\right)\right)\\ &= \sum_{k=1}^{\infty}\left(f^+\left(x_k\right) - f^-\left(x_k\right)\right)\mathbb{P}\left(\xi = x_k\right) = \sum_{k=1}^{\infty} f\left(x_k\right)\mathbb{P}\left(\xi = x_k\right),\end{aligned}$$

即(4.17)成立. ∎

上述证明过程中哪一步用到了假设“$f(\xi)$的数学期望存在”？请读者考虑这一问题.

易将定理4.1.8推广至离散型随机向量情形：若A为n维离散型随机向量$\boldsymbol{\xi}$的概率支撑集，f为n元波莱尔函数，$f(\boldsymbol{\xi})$的数学期望存在，则

$$\mathbb{E}\left(f\left(\boldsymbol{\xi}\right)\right)=\sum_{\boldsymbol{x}\in A}f(\boldsymbol{x})\mathbb{P}\left(\boldsymbol{\xi}=\boldsymbol{x}\right). \tag{4.18}$$

这一公式的证明留作练习4.1.8，证明思路与定理4.1.8的证明思路类似.

定理4.1.9　假设$p(x)$为连续型随机变量ξ的密度函数，$f(x)$为波莱尔函数，且$f(\xi)$的数学期望存在，则

$$\mathbb{E}(f(\xi))=\int_{-\infty}^{\infty}f(x)p(x)\mathrm{d}x. \tag{4.19}$$

证明　不妨设$f\geqslant 0$. 显然

$$\begin{aligned}\sum_{k=1}^{\infty}\frac{k-1}{n}\mathbb{1}_{\left(\frac{k-1}{n},\frac{k}{n}\right]}\left(f\left(x\right)\right)&\leqslant\sum_{k=1}^{\infty}f\left(x\right)\mathbb{1}_{\left(\frac{k-1}{n},\frac{k}{n}\right]}\left(f\left(x\right)\right)\\&=f\left(x\right)\leqslant\sum_{k=1}^{\infty}\frac{k}{n}\mathbb{1}_{\left(\frac{k-1}{n},\frac{k}{n}\right]}\left(f\left(x\right)\right),\end{aligned}$$

因此

$$\begin{aligned}&\int_{-\infty}^{\infty}\left(\sum_{k=1}^{\infty}\frac{k-1}{n}\mathbb{1}_{\left(\frac{k-1}{n},\frac{k}{n}\right]}\left(f\left(x\right)\right)\right)p\left(x\right)\mathrm{d}x\\&\leqslant\int_{-\infty}^{\infty}f\left(x\right)p\left(x\right)\mathrm{d}x\leqslant\int_{-\infty}^{\infty}\left(\sum_{k=1}^{\infty}\frac{k}{n}\mathbb{1}_{\left(\frac{k-1}{n},\frac{k}{n}\right]}\left(f\left(x\right)\right)\right)p\left(x\right)\mathrm{d}x.\end{aligned} \tag{4.20}$$

另外，由分布计算公式(3.27)知

$$\begin{aligned}&\int_{-\infty}^{\infty}\mathbb{1}_{\left(\frac{k-1}{n},\frac{k}{n}\right]}\left(f\left(x\right)\right)p\left(x\right)\mathrm{d}x=\mathbb{P}\left(\xi\in f^{-1}\left(\left(\frac{k-1}{n},\frac{k}{n}\right]\right)\right)\\&=\mathbb{P}\left(f\left(\xi\right)\in\left(\frac{k-1}{n},\frac{k}{n}\right]\right)=\mathbb{E}\left(\mathbb{1}_{\left(\frac{k-1}{n},\frac{k}{n}\right]}\left(f\left(\xi\right)\right)\right),\end{aligned}$$

再由单调收敛定理4.1.3得

$$\int_{-\infty}^{\infty}\left(\sum_{k=1}^{\infty}\frac{k-1}{n}\mathbb{1}_{\left(\frac{k-1}{n},\frac{k}{n}\right]}\left(f\left(x\right)\right)\right)p\left(x\right)\mathrm{d}x$$

$$
\begin{aligned}
&= \sum_{k=1}^{\infty} \int_{-\infty}^{\infty} \frac{k-1}{n} \mathbb{1}_{\left(\frac{k-1}{n}, \frac{k}{n}\right]} \left(f\left(x\right)\right) p\left(x\right) \mathrm{d}x \\
&= \sum_{k=1}^{\infty} \frac{k-1}{n} \mathbb{E}\left(\mathbb{1}_{\left(\frac{k-1}{n}, \frac{k}{n}\right]} \left(f\left(\xi\right)\right)\right) = \lim_{m\to\infty} \mathbb{E}\left(\sum_{k=1}^{m} \frac{k-1}{n} \mathbb{1}_{\left(\frac{k-1}{n}, \frac{k}{n}\right]} \left(f\left(\xi\right)\right)\right) \\
&= \mathbb{E}\left(\sum_{k=1}^{\infty} \frac{k-1}{n} \mathbb{1}_{\left(\frac{k-1}{n}, \frac{k}{n}\right]} \left(f\left(\xi\right)\right)\right) \geqslant \mathbb{E}\left(\sum_{k=1}^{\infty} \left(f\left(\xi\right) - \frac{1}{n}\right) \mathbb{1}_{\left(\frac{k-1}{n}, \frac{k}{n}\right]} \left(f\left(\xi\right)\right)\right) \\
&= \mathbb{E}\left(f\left(\xi\right)\right) - \frac{1}{n}.
\end{aligned}
\tag{4.21}
$$

类似地，

$$
\begin{aligned}
&\int_{-\infty}^{\infty} \left(\sum_{k=1}^{\infty} \frac{k}{n} \mathbb{1}_{\left(\frac{k-1}{n}, \frac{k}{n}\right]} \left(f\left(x\right)\right)\right) = \mathbb{E}\left(\sum_{k=1}^{\infty} \frac{k}{n} \mathbb{1}_{\left(\frac{k-1}{n}, \frac{k}{n}\right]} \left(f\left(\xi\right)\right)\right) \\
&\leqslant \mathbb{E}\left(\sum_{k=1}^{\infty} \left(f\left(\xi\right) + \frac{1}{n}\right) \mathbb{1}_{\left(\frac{k-1}{n}, \frac{k}{n}\right]} \left(f\left(\xi\right)\right)\right) = \mathbb{E}\left(f\left(\xi\right)\right) + \frac{1}{n}.
\end{aligned}
\tag{4.22}
$$

由(4.20), (4.21)和(4.22)知

$$
\mathbb{E}\left(f\left(\xi\right)\right) - \frac{1}{n} \leqslant \int_{-\infty}^{\infty} f\left(x\right) p\left(x\right) \mathrm{d}x \leqslant \mathbb{E}\left(f\left(\xi\right)\right) + \frac{1}{n},
$$

令$n \to \infty$得(4.19). ∎

易将定理4.1.9推广至连续型随机向量情形：已知p为n维连续型随机向量$\boldsymbol{\xi}$的密度函数，f为n维波莱尔函数，$f(\boldsymbol{\xi})$的数学期望存在，则

$$
\mathbb{E}\left(f\left(\boldsymbol{\xi}\right)\right) = \int \cdots \int_{\mathbb{R}^n} f\left(\boldsymbol{x}\right) p\left(\boldsymbol{x}\right) \mathrm{d}x_1 \cdots \mathrm{d}x_n,
\tag{4.23}
$$

这里$\boldsymbol{x} = (x_1, x_2, \cdots, x_n)$. (4.23)的证明留作练习4.1.9，其证明思路类似于定理4.1.9的证明思路.

§4.1.3 数学期望的计算

下面讨论离散型随机变量和连续型随机变量的数学期望计算方法.

定理4.1.10 若离散型随机变量ξ的数学期望存在，其密度矩阵为

$$
\begin{pmatrix} x_1 & x_2 & \cdots & x_n \\ p_1 & p_2 & \cdots & p_n \end{pmatrix},
$$

则

$$\mathbb{E}(\xi)=\sum_{k=1}^{n}x_kp_k. \tag{4.24}$$

证明　在定理4.1.8中取$f(x)=x$得结论. ∎

在很多概率论教科书中，对离散型随机变量和连续型随机变量分别定义数学期望. 特别对于离散型随机变量ξ，在它满足条件

$$\sum_{k=1}^{n}|x_k|\,p_k<\infty \tag{4.25}$$

情况下才用(4.24)定义其数学期望，以保证数学期望为实数. 本书的数学期望的定义稍广一些，容许其值为无穷.

例 4.1.5　十万张奖券为一组，每组设头奖2名各得奖金10 000元，二等奖20名各得奖金1 000元，三等奖200名各得奖金100元，四等奖2 000名各得奖金10元，五等奖10 000名各得奖金2元. 问买一张奖券平均能够得到多少奖金?

解　设买一张奖券能够得到的奖金数为ξ，则ξ的密度为

$$\begin{pmatrix} 10\,000 & 1\,000 & 100 & 10 & 2 & 0 \\ \dfrac{2}{100\,000} & \dfrac{2}{10\,000} & \dfrac{2}{1\,000} & \dfrac{2}{100} & \dfrac{1}{10} & \dfrac{87\,778}{100\,000} \end{pmatrix},$$

所以对买一张奖券等待开奖的人来说，能够得到的奖金平均值为

$$\mathbb{E}(\xi)=0.2+0.2+0.2+0.2+0.2=1.$$

∎

如果一个人每组都买一张奖券，依据例4.1.2的观点，该人能够获得

$$\text{平均奖金数}=\frac{\text{获奖金总数}}{\text{开奖的组数}}\approx\mathbb{E}(\xi)=1\ (\text{元}).$$

例 4.1.6　设$\xi\sim G(p)$，求$\mathbb{E}(\xi)$.

解　由定理4.1.10得

$$\mathbb{E}(\xi)=\sum_{i=1}^{\infty}iq^{i-1}p=p\times\left.\frac{\mathrm{d}\left(\sum\limits_{i=0}^{\infty}x^i\right)}{\mathrm{d}x}\right|_{x=q}=p\times\left.\frac{\mathrm{d}(1-x)^{-1}}{\mathrm{d}x}\right|_{x=1-p}=\frac{1}{p}.$$

■

例4.1.6的答案说明：在可列重伯努利实验中，单次实验的成功概率p 越小，首次成功所需要的平均实验次数就越多. 此外，几何分布的唯一参数p是其数学期望的倒数，可见这种分布由其数学期望完全确定.

例 4.1.7　设$\xi \sim P(\lambda)$，求 $\mathbb{E}(\xi)$.

解　由定理4.1.10得

$$\mathbb{E}(\xi) = \sum_{i=0}^{\infty} i \times \frac{\lambda^i}{i!}\mathrm{e}^{-\lambda} = \lambda \sum_{i=1}^{\infty} \frac{\lambda^{i-1}}{(i-1)!}\mathrm{e}^{-\lambda} = \lambda.$$

■

例4.1.7的答案说明：泊松分布的强度λ等于其数学期望，进而泊松过程的强度等于单位时间内平均到达的粒子数.

定理4.1.11　若连续型随机变量ξ的密度函数为$p(x)$，且其数学期望存在，则

$$\mathbb{E}(\xi) = \int_{-\infty}^{\infty} xp(x)\,\mathrm{d}x. \tag{4.26}$$

证明　由(4.19)得结论. ■

在很多《概率论》教科书中，当

$$\int_{-\infty}^{\infty} |x|\,p(x)\,\mathrm{d}x < \infty \tag{4.27}$$

时，将(4.26)作为连续型随机变量的数学期望的定义，这保证了数学期望为实数. 本教材的数学期望的定义稍广一些，容许其值为无穷.

例 4.1.8　设$\xi \sim U(a,b)$，求$\mathbb{E}(\xi)$.

解　由定理4.1.11得

$$\mathbb{E}(\xi) = \int_a^b \frac{x}{b-a}\mathrm{d}x = \frac{a+b}{2}.$$

■

例 4.1.9　若$\xi \sim N(a,\sigma^2)$，求$\mathbb{E}(\xi)$.

解 由定理4.1.11得

$$
\begin{aligned}
\mathbb{E}(\xi) =&\frac{1}{\sigma\sqrt{2\pi}}\int_{-\infty}^{\infty} x\exp\left(-\frac{(x-a)^2}{2\sigma^2}\right)\mathrm{d}x\\
=&\frac{1}{\sigma\sqrt{2\pi}}\int_{-\infty}^{\infty} (x-a)\exp\left(-\frac{(x-a)^2}{2\sigma^2}\right)\mathrm{d}x+\\
&\frac{1}{\sigma\sqrt{2\pi}}\int_{-\infty}^{\infty} a\exp\left(-\frac{(x-a)^2}{2\sigma^2}\right)\mathrm{d}x\\
=&\frac{1}{\sigma\sqrt{2\pi}}\int_{-\infty}^{\infty} t\exp\left(-\frac{t^2}{2\sigma^2}\right)\mathrm{d}t+a=a.
\end{aligned}
$$

■

在例4.1.9的计算过程中，用了密度函数在$\mathbb{R}$上的积分（密度之和）等于1的结论，在求数学期望的过程中，常用这一结论来简化积分（求和）的计算.

例 4.1.10 设$\xi\sim\chi^2(n)$，求ξ的数学期望.

解 取独立同分布随机变量$\xi_1,\xi_2,\cdots,\xi_n$，使$\xi_1\sim N(0,1)$. 则$\sum\limits_{i=1}^{n}\xi_i^2\sim\chi^2(n)$，进而

$$
\mathbb{E}(\xi)=\mathbb{E}\left(\sum_{i=1}^{n}\xi_i^2\right)=\sum_{i=1}^{n}\mathbb{E}\left(\xi_i^2\right)=n\mathbb{E}\left(\xi_1^2\right).
$$

利用定理4.1.9和分部积分公式得

$$
\mathbb{E}\left(\xi_1^2\right)=\frac{1}{\sqrt{2\pi}}\int_{-\infty}^{\infty} x^2\exp\left(-\frac{x^2}{2}\right)\mathrm{d}x=\frac{1}{\sqrt{2\pi}}\int_{-\infty}^{\infty}\mathrm{cxp}\left(-\frac{x^2}{2}\right)\mathrm{d}x=1,
$$

所以$\mathbb{E}(\xi)=n$. ■

在例4.1.10中，ξ并不等于$\sum\limits_{i=1}^{n}\xi_i^2$，但分布相等导致它们的数学期望相等. 读者能解释例4.1.10解答中$\mathbb{E}\left(\xi_1^2\right),\mathbb{E}\left(\xi_2^2\right),\cdots,\mathbb{E}\left(\xi_n^2\right)$相等的原因吗？

例 4.1.11 设$\xi\sim t(n)$，求$\mathbb{E}(\xi)$.

解 取相互独立随机变量η和ζ，使$\eta \sim N(0,1)$，$\zeta \sim \chi^2(n)$，则$\dfrac{\eta}{\sqrt{\zeta/n}} \sim t(n)$，结合定理4.1.5得

$$\mathbb{E}(\xi)=\mathbb{E}\left(\frac{\eta}{\sqrt{\zeta/n}}\right)=\mathbb{E}(\eta)\,\mathbb{E}\left(\frac{1}{\sqrt{\zeta/n}}\right).$$

由例4.1.9知$\mathbb{E}(\eta)=0$，代入上式得$\mathbb{E}(\xi)=0$. ∎

值得注意的是，并非所有的随机变量ξ都有数学期望.

例 4.1.12 设$\xi \sim C(1,0)$，证明ξ的数学期望不存在.

证明 由于ξ的密度函数为$p(x)=\dfrac{1}{\pi}\dfrac{1}{1+x^2}$，因此

$$\mathbb{E}\left(\xi^{+}\right)=\int_{-\infty}^{\infty} x\mathbb{1}_{(0,\infty)}(x)\,p(x)\,\mathrm{d}x=\frac{1}{\pi}\int_{0}^{\infty}\frac{x}{1+x^2}\mathrm{d}x=+\infty,$$
$$\mathbb{E}\left(\xi^{-}\right)=\int_{-\infty}^{\infty} (-x)\,\mathbb{1}_{(-\infty,0)}(x)\,p(x)\,\mathrm{d}x=\frac{1}{\pi}\int_{-\infty}^{0}\frac{-x}{1+x^2}\mathrm{d}x=+\infty,$$

所以ξ的数学期望不存在. ∎

由例4.1.12知柯西分布的数学期望不存在.

§4.1.4 练习题

练习 4.1.1 设ξ和η均为简单随机变量，证明$\mathbb{E}(\xi+\eta)=\mathbb{E}(\xi)+\mathbb{E}(\eta)$.

练习 4.1.2 记

$$f_n(x)=\sum_{k=1}^{n2^n}\frac{k-1}{2^n}\mathbb{1}_{\left(\frac{k-1}{2^n},\frac{k}{2^n}\right]}(x)+n\mathbb{1}_{(n,\infty)}(x),$$

证明f_n为增函数.

练习 4.1.3 假设简单随机变量ξ和η相互独立，证明

$$\mathbb{E}(\xi\eta)=\mathbb{E}(\xi)\,\mathbb{E}(\eta).$$

练习 4.1.4 若η的数学期望为实数，且$\eta \leqslant \xi_n \uparrow \xi$，证明

$$\lim_{n\to\infty}\mathbb{E}(\xi_n)=\mathbb{E}(\xi).$$

练习 4.1.5 若随机变量$\xi \geqslant 0$，且$\mathbb{E}(\xi)=0$，证明$\xi=0$ a.e..

练习 4.1.6 若随机变量$\xi=\eta$ a.e.，证明$\mathbb{E}(\xi-\eta)=0$.

练习 4.1.7 若ξ_n和η的数学期望都为实数，且$\xi_n \geqslant \eta$，证明

$$\mathbb{E}\left(\inf_{k \geqslant n} \xi_k\right) \leqslant \inf_{k \geqslant n} \mathbb{E}(\xi_k).$$

练习 4.1.8 若A为n维离散型随机向量$\boldsymbol{\xi}$的概率支撑集，f为n元波莱尔函数，$f(\boldsymbol{\xi})$的数学期望存在，证明

$$\mathbb{E}(f(\boldsymbol{\xi}))=\sum_{\boldsymbol{x} \in A} f(\boldsymbol{x}) \mathbb{P}(\boldsymbol{\xi}=\boldsymbol{x}).$$

练习 4.1.9 已知p为n维连续型随机向量$\boldsymbol{\xi}$的密度函数，f为n维波莱尔函数，$f(\boldsymbol{\xi})$的数学期望存在，证明

$$\mathbb{E}(f(\boldsymbol{\xi}))=\int \cdots \int_{\mathbb{R}^n} f(\boldsymbol{x}) p(\boldsymbol{x}) \mathrm{d} x_1 \cdots \mathrm{d} x_n.$$

练习 4.1.10 设ξ为离散型随机变量，其密度矩阵为

$$\left(\begin{array}{cccc}
x_1 & \cdots & x_n & \cdots \\
p_1 & \cdots & p_n & \cdots
\end{array}\right),$$

函数$f \geqslant 0$，证明$\eta_n=\sum\limits_{i=1}^n f(x_i) \mathbb{1}_{\{\xi=x_i\}}$为随机变量，且

$$\mathbb{E}(f(\xi))=\sum_{i=1}^{\infty} f(x_i) p_i.$$

练习 4.1.11 设$\xi_1, \xi_2, \cdots, \xi_n$独立同分布，$\xi_1 \sim U(0,1)$，求

$$\mathbb{E}(\min \{\xi_1, \xi_2, \cdots, \xi_n\}), \quad \mathbb{E}(\max \{\xi_1, \xi_2, \cdots, \xi_n\}).$$

练习 4.1.12 设$\xi \sim B(n, p)$，求$\mathbb{E}(\xi(\xi-1))$.

练习 4.1.13 设$\xi \sim t(n)$，求$\mathbb{E}(\xi)$.

练习 4.1.14 设随机变量ξ有Laplace 分布，其密度函数为

$$p(x)=\frac{1}{2 \lambda} \mathrm{e}^{-\frac{1}{\lambda}|x-\mu|},$$

其中$\lambda>0$，求$\mathbb{E}(\xi)$.

练习 4.1.15 设$\xi_1, \xi_2, \cdots, \xi_n$独立同分布，有密度

$$p_k = \mathbb{P}(\xi_1 = k), \quad k = 0, 1, \cdots$$

记$\mu_k = p_0 + p_1 + \cdots + p_{k-1}, \nu_k = 1 - \mu_k$,证明

$$\mathbb{E}\left(\min\{\xi_1, \xi_2, \cdots, \xi_n\}\right) = \sum_{k=1}^{\infty} \nu_k^n, \quad \mathbb{E}\left(\max\left(\xi_1, \xi_2, \cdots, \xi_n\right)\right) = \sum_{k=1}^{\infty}\left(1 - \mu_k^n\right).$$

练习 4.1.16 设随机变量ξ, η独立同分布，$\xi \sim N(a, \sigma^2)$，证明

$$\mathbb{E}(\xi \vee \eta) = a + \frac{\sigma}{\sqrt{\pi}}.$$

练习 4.1.17 设袋中有2^n个球，其中编号为k的球有$\binom{n}{k}$个$(k = 0, 1, \cdots, n)$. 现不放回地从袋中任取m个$(m < 2^n)$，求这些球上编号之和的数学期望.

练习 4.1.18 设商店每销售一吨大米获利a元，每库存一吨大米损失b元，假设大米的销量Y(单位：吨)服从参数为λ的指数分布，其密度函数为

$$p(y) = \lambda \mathrm{e}^{(-\lambda y)}, \quad y > 0.$$

问库存多少吨大米才能获得最大的平均利润.

练习 4.1.19 假设有n个分别标有编号1至n的球，有n个分别标有编号1至n的盒，且每个盒仅能放一个球. 将球一次任意放入盒中，用ξ表示其中球与盒同编号的盒的个数，求$\mathbb{E}(\xi)$.

练习 4.1.20 设ξ为非负整数值随机变量，证明其母函数

$$G_\xi(s) = \mathbb{E}(s^\xi), \quad s \in (-1, 1).$$

§4.2 其他数字特征

随机变量的数学期望刻画了其中心位置，但在实际问题中还常需要了解随机变量取值的集中程度、两个随机变量的相关程度等特征.

§4.2.1 方差

对于随机变量ξ，可以用$|\xi-\mathbb{E}(\xi)|$度量该随机变量是否位于其中心位置的附近，但是绝对值运算有很多不便之处，于是人们便用$(\xi-\mathbb{E}(\xi))^2$度量ξ是否在$\mathbb{E}(\xi)$的附近. 在研究随机变量的集中程度时，常选用距离的平方作为偏离程度的度量，这样就涉及随机变量的二阶矩的计算.

定义 4.2.1 称定义在$(\Omega,\mathscr{F},\mathbb{P})$上的随机变量集合

$$\mathscr{L}^2 \triangleq \mathscr{L}^2(\Omega,\mathscr{F},\mathbb{P}) \triangleq \left\{\xi:\mathbb{E}(\xi^2)<\infty\right\}$$

为$\mathscr{L}^2$**空间**.

显然，$\mathscr{L}^2$空间对线性运算封闭，即当$\xi,\eta\in\mathscr{L}^2$时，对于任何实数a,b有

$$a\xi+b\eta\in\mathscr{L}^2.$$

定义 4.2.2 对于$\xi\in\mathscr{L}^2$，称

$$D(\xi)\triangleq\mathbb{E}\left((\xi-\mathbb{E}(\xi))^2\right) \tag{4.28}$$

为ξ（及其概率分布）的**方差**，称$\sqrt{D(\xi)}$为其**标准差**.

方差和标准差都是刻画随机变量中于数学期望程度的量，分布相同的随机变量有相同的方差（标准差）.

例 4.2.1 设$\xi\sim N(a,\sigma^2)$，求$D(\xi)$.

解 由于$\mathbb{E}(\xi)=a$，所以

$$D(\xi)=\int_{-\infty}^{\infty}(x-a)^2\frac{1}{\sigma\sqrt{2\pi}}\mathrm{e}^{-\frac{(x-a)^2}{2\sigma^2}}\,\mathrm{d}x=\sigma^2\int_{-\infty}^{\infty}\frac{u^2}{\sqrt{2\pi}}\mathrm{e}^{-\frac{u^2}{2}}\,\mathrm{d}u=\sigma^2.$$

∎

为讨论方差的性质，引入一个概念. 设$(\Omega,\mathscr{F},\mathbb{P})$为概率空间，A为一个命题. 如果$\mathbb{P}$(A不成立) $=0$，称命题A**几乎必然成立**或**几乎处处成立**，简记为A a.s.或A a.e.. 例如，$\xi=\eta$ a.e. 表示$\mathbb{P}(\xi\neq\eta)=0$.

定理4.2.1　$\mathbb{E}(\xi^2) = 0 \Leftrightarrow \xi = 0$ a.e..

证明　注意到$\xi^2 = \xi^2 \mathbb{1}_{\{\xi \neq 0\}}$，由例4.1.4可得充分性.
设$\mathbb{E}(\xi^2) = 0$，则

$$0 = \mathbb{E}\left(\xi^2\right) \geqslant \mathbb{E}\left(\xi^2 \mathbb{1}_{\{|\xi| > \frac{1}{k}\}}\right) \geqslant \mathbb{E}\left(\frac{1}{k^2} \mathbb{1}_{\{|\xi| > \frac{1}{k}\}}\right) = \frac{1}{k^2} \mathbb{P}\left(|\xi| > \frac{1}{k}\right) \geqslant 0.$$

由概率的下连续性，

$$\mathbb{P}(|\xi| > 0) = \lim_{k \to \infty} \mathbb{P}\left(|\xi| > \frac{1}{k}\right) = 0,$$

即$\mathbb{P}(\xi \neq 0) = 0$，亦即$\xi = 0$ a.e..　∎

定理4.2.2 [柯西-施瓦兹(Cauchy-Schwarz)不等式]　设$\xi, \eta \in \mathscr{L}^2$，则

$$\left(\mathbb{E}(\xi\eta)\right)^2 \leqslant \mathbb{E}(\xi^2)\mathbb{E}(\eta^2), \tag{4.29}$$

上式中等号成立当且仅当存在实数t_0使$\eta = t_0\xi$ a.e..

证明　对于任何实数t，$\eta - t\xi \in \mathscr{L}^2$，且

$$0 \leqslant \mathbb{E}\left((\eta - t\xi)^2\right) = t^2\mathbb{E}(\xi^2) - 2t\mathbb{E}(\xi\eta) + \mathbb{E}(\eta^2).$$

所以t的二次函数判别式

$$\delta = \left(2\mathbb{E}(\xi\eta)\right)^2 - 4\mathbb{E}(\xi^2)\mathbb{E}(\eta^2) \leqslant 0,$$

且等号成立的充要条件为$\delta = 0$，等价于存在唯一实数t_0使

$$\mathbb{E}\left((\eta - t_0\xi)^2\right) = 0,$$

即$\eta = t_0\xi$ a.e..　∎

定理4.2.3　设$\xi \in \mathscr{L}^2$，$c \in \mathbb{R}$，则有

1° $D(\xi) = 0 \Longleftrightarrow \xi = \mathbb{E}(\xi)$ a.e..

2° $D(\xi) = \mathbb{E}(\xi^2) - \left(\mathbb{E}(\xi)\right)^2$.

3° $D(c\xi) = c^2 D(\xi)$.

4° $\mathbb{E}(\xi) = \underset{c \in \mathbb{R}}{\operatorname{argmin}}\ \mathbb{E}\left((\xi - c)^2\right)$.

证明 由定理4.2.1得1°.

由数学期望的线性性质得

$$D(\xi)=\mathbb{E}\left(\xi^2-2\xi\mathbb{E}(\xi)+\left(\mathbb{E}(\xi)\right)^2\right)=\mathbb{E}(\xi^2)-\left(\mathbb{E}(\xi)\right)^2,$$

即2°成立.

由方差的定义

$$D(c\xi)=\mathbb{E}\left(c^2\left(\xi-\mathbb{E}(\xi)\right)^2\right)=c^2D(\xi),$$

即3°成立.

由数学期望的线性性质得

$$\begin{aligned}\mathbb{E}\left((\xi-c)^2\right)&=\mathbb{E}\left((\xi-\mathbb{E}(\xi)+\mathbb{E}(\xi)-c)^2\right)\\&=D(\xi)+\left(\mathbb{E}(\xi)-c\right)^2+2\mathbb{E}\big(\left(\mathbb{E}(\xi)-c\right)\left(\xi-\mathbb{E}(\xi)\right)\big)\\&=D(\xi)+\left(\mathbb{E}(\xi)-c\right)^2\geqslant\mathbb{E}\left((\xi-\mathbb{E}(\xi))^2\right),\end{aligned}$$

即4°成立. ∎

1°说明了用$D(\xi)$作为离散程度度量的合理性；2°给出了计算方差的另一种方法；4°说明在平均的意义下离ξ最近的点是$\mathbb{E}(\xi)$，这是我们把数学期望理解为随机变量的中心位置的一个原因.

例 4.2.2 设$\xi\sim P(\lambda)$，求$D(\xi)$.

解 由于$\mathbb{E}(\xi)=\lambda$，且

$$\begin{aligned}\mathbb{E}(\xi^2)&=\sum_{k=0}^{\infty}k^2\frac{\lambda^k}{k!}\mathrm{e}^{-\lambda}=\sum_{k=0}^{\infty}\left(k(k-1)+k\right)\frac{\lambda^k}{k!}\mathrm{e}^{-\lambda}\\&=\sum_{k=2}^{\infty}k(k-1)\frac{\lambda^k}{k!}\mathrm{e}^{-\lambda}+\sum_{k=0}^{\infty}k\frac{\lambda^k}{k!}\mathrm{e}^{-\lambda}=\lambda^2+\lambda,\end{aligned}$$

所以$D(\xi)=\lambda$. ∎

例 4.2.3 设$\xi\sim\chi^2(n)$，求$D(\xi)$.

解 ξ的密度函数

$$p_n(x)=\frac{1}{2^{n/2}\Gamma(n/2)}x^{\frac{n}{2}-1}\mathrm{e}^{-\frac{x}{2}},\quad x>0,$$

所以

$$\mathbb{E}(\xi^2) = \int_0^{\infty} \frac{x^2}{2^{\frac{n}{2}}\Gamma(\frac{n}{2})} x^{\frac{n}{2}-1} \mathrm{e}^{-\frac{x}{2}} \mathrm{d}x$$

$$= \int_0^{\infty} \frac{1}{2^{\frac{n}{2}}\Gamma(\frac{n}{2})} x^{\frac{n+4}{2}-1} \mathrm{e}^{-\frac{x}{2}} \mathrm{d}x = \frac{2^{\frac{n+4}{2}}\Gamma(\frac{n+4}{2})}{2^{\frac{n}{2}}\Gamma(\frac{n}{2})} \int_{-\infty}^{\infty} p_{n+4}(x)\,\mathrm{d}x.$$

由于$p_{n+4}(x)$为密度函数，其在实数空间上的积分为1，因此

$$\mathbb{E}(\xi^2) = \frac{2^{\frac{n+4}{2}}\Gamma(\frac{n+4}{2})}{2^{\frac{n}{2}}\Gamma(\frac{n}{2})} = n^2 + 2n.$$

再由$\mathbb{E}(\xi) = n$，得$D(\xi) = 2n$. ∎

在例4.2.3中，又一次用到了密度在实数空间上的积分（求和）等于1的特性，这种思想方法在求和与积分中常用.

在实际应用中，为比较具有同分布的各种不同来源数据的概率特征，常把数据进行所谓的“标准化”.

定义 4.2.3 若$\xi \in \mathscr{L}^2$，则称$\xi^* = \dfrac{\xi - \mathbb{E}(\xi)}{\sqrt{D(\xi)}}$为$\xi$的**标准化**.

标准化随机变量的均值为0, 方差为1，是一个无量纲的量，它消除了度量单位的影响.

§4.2.2 协方差与方差矩阵

对于随机向量，需要考虑其各分量之间相依关系的数字特征. 例如，对二维随机变量(ξ, η)来说，数字特征$\mathbb{E}(\xi)$和$\mathbb{E}(\eta)$只反映了ξ和η各自的平均值，而$D(\xi), D(\eta)$只反映了ξ与η各自离开平均值的偏离程度，它们对ξ与η之间的相互联系没有提供任何信息. 自然，我们也希望有一个数字特征能够在一定程度上反映这种相互联系.

定义 4.2.4 设$\boldsymbol{\xi} = (\xi_1, \xi_2, \cdots, \xi_n)$为随机向量，如果$\xi_k \in \mathscr{L}^2, 1 \leqslant k \leqslant n$，称

$$\operatorname{cov}(\xi_i, \xi_j) \triangleq \mathbb{E}\left(\left(\xi_i - \mathbb{E}(\xi_i)\right)\left(\xi_j - \mathbb{E}(\xi_j)\right)\right) \tag{4.30}$$

为ξ_i和ξ_j的**协方差**，而称$n \times n$方阵

$$\operatorname{var}(\boldsymbol{\xi}) \triangleq \left(\operatorname{cov}(\xi_i, \xi_j)\right)_{n\times n} \tag{4.31}$$

为$\boldsymbol{\xi}$的**方差矩阵**.

显然，$\text{cov}(\xi,\eta)>0$意味着：在概率加权的平均意义上

$$(\xi-\mathbb{E}(\xi))(\eta-\mathbb{E}(\eta))>0,$$

即从平均角度看事件

$$\{\xi>\mathbb{E}(\xi)\} \quad 和 \quad \{\eta>\mathbb{E}(\eta)\}$$

应同时发生，事件

$$\{\xi<\mathbb{E}(\xi)\} \quad 和 \quad \{\eta<\mathbb{E}(\eta)\}$$

应同时发生. 所以$\text{cov}(\xi,\eta)>0$意味着ξ和η有相同的变化趋势. 类似地，$\text{cov}(\xi,\eta)<0$意味着ξ和η有相反的变化趋势. 因此协方差描述了两个随机变量之间相互关系的信息.

定理4.2.4 协方差有如下性质.

1° 对称性：$\text{cov}(\xi_i,\xi_j)=\text{cov}(\xi_j,\xi_i)$.

2° 对于任何实数a，$\text{cov}(a\xi_i,\xi_j)=\text{cov}(\xi_i,a\xi_j)=a\text{cov}(\xi_i,\xi_j)$.

3° $D(\xi_i)=\text{cov}(\xi_i,\xi_i)$.

4° $\text{cov}(\xi_i,\xi_j)=\mathbb{E}(\xi_i\xi_j)-\mathbb{E}(\xi_i)\mathbb{E}(\xi_j)$.

5° $D(\xi_i+\xi_j)=D(\xi_i)+D(\xi_j)+2\text{cov}(\xi_i,\xi_j)$.

6° 若ξ_i与ξ_j相互独立，则$\text{cov}(\xi_i,\xi_j)=0$，且

$$D(\xi_i+\xi_j)=D(\xi_i)+D(\xi_j).$$

证明 由协方差的定义，易得性质$1^\circ,2^\circ$和3°. 进一步，

$$\begin{aligned}\text{cov}(\xi_i,\xi_j)&=\mathbb{E}\left((\xi_i-\mathbb{E}(\xi_i))(\xi_j-\mathbb{E}(\xi_j))\right)\\&=\mathbb{E}\left(\xi_i\xi_j-\mathbb{E}(\xi_i)\xi_j-\xi_i\mathbb{E}(\xi_j)+\mathbb{E}(\xi_i)\mathbb{E}(\xi_j)\right)\\&=\mathbb{E}(\xi_i\xi_j)-\mathbb{E}(\xi_i)\mathbb{E}(\xi_j),\end{aligned}$$

即4°成立. 类似地

$$\begin{aligned}&D(\xi_i+\xi_j)=\mathbb{E}\left((\xi_i+\xi_j-(\mathbb{E}(\xi_i)+\mathbb{E}(\xi_j)))^2\right)\\&=\mathbb{E}\left((\xi_i-\mathbb{E}(\xi_i))^2\right)+\mathbb{E}\left((\xi_j-\mathbb{E}(\xi_j))^2\right)+2\mathbb{E}\left((\xi_i-\mathbb{E}(\xi_i))(\xi_j-\mathbb{E}(\xi_j))\right)\end{aligned}$$

$$= D(\xi_i) + D(\xi_j) + 2\text{cov}(\xi_i, \xi_j),$$

立得5°. 由ξ_i和ξ_j的相互独立性以及定理4.1.5得

$$\text{cov}(\xi_i, \xi_j) = \mathbb{E}\left((\xi_i - \mathbb{E}(\xi_i))(\xi_j - \mathbb{E}(\xi_j))\right) = 0,$$

再由5°可得6°. ∎

例 4.2.4 若$\xi \sim \chi^2(n)$，求$D(\xi)$.

解 取独立同分布随机变量$\xi_1, \xi_2, \cdots, \xi_n$，使得$\xi_1 \sim N(0,1)$，则$\sum\limits_{k=1}^{n} \xi_k^2 \sim \chi^2(n)$，所以

$$D(\xi) = D\left(\sum_{k=1}^{n} \xi_k^2\right) = \sum_{k=1}^{n} D(\xi_k^2) = nD(\xi_1^2).$$

进一步，

$$D(\xi_1^2) = \mathbb{E}(\xi_1^4) - \left(\mathbb{E}(\xi_1^2)\right)^2 = \int_{-\infty}^{\infty} x^4 \varphi(x)\mathrm{d}x - 1 = 2,$$

因此$D(\xi) = 2n$. ∎

这与例4.2.3的计算方法不同，其特点是利用独立随机变量之和的方差计算公式，简化计算难度. 人们常利用独立性和定理4.2.4简化方差和协方差的计算.

例 4.2.5 设$\boldsymbol{\xi} = (\xi_1, \xi_2)$的联合密度函数为

$$p(x,y) = \frac{1}{2\pi\sigma_1\sigma_2\sqrt{1-r^2}} \times$$
$$\exp\left(-\frac{1}{2(1-r^2)}\left(\frac{(x-a_1)^2}{\sigma_1^2} - \frac{2r(x-a_1)(y-a_2)}{\sigma_1\sigma_2} + \frac{(y-a_2)^2}{\sigma_2^2}\right)\right).$$

求$\boldsymbol{\xi}$的方差矩阵.

解 由$\xi_i \sim N(a_i, \sigma_i^2)$知$\text{cov}(\xi_i, \xi_i) = D(\xi_i) = \sigma_i^2$，$i = 1, 2$. 记

$$u = \frac{x - a_1}{\sigma_1}, \quad v = \frac{y - a_2}{\sigma_2},$$

有

$$\text{cov}(\xi_1, \xi_2) = \iint\limits_{\mathbb{R}^2} (x - a_1)(y - a_2)\, p(x, y)\, \mathrm{d}x\mathrm{d}y$$

$$
\begin{aligned}
&= \iint_{\mathbb{R}^2} \frac{uv\sigma_1\sigma_2}{2\pi\sqrt{1-r^2}} \exp\left\{-\frac{u^2-2ruv+v^2}{2(1-r^2)}\right\} \mathrm{d}u\mathrm{d}v \\
&= \iint_{\mathbb{R}^2} \frac{uv\sigma_1\sigma_2}{2\pi\sqrt{1-r^2}} \exp\left\{-\frac{(u-rv)^2}{2(1-r^2)}-\frac{v^2}{2}\right\} \mathrm{d}u\mathrm{d}v \\
&= \int_{-\infty}^{\infty} \frac{rv^2\sigma_1\sigma_2}{\sqrt{2\pi}} \exp\left\{-\frac{v^2}{2}\right\} \mathrm{d}v = r\sigma_1\sigma_2,
\end{aligned}
$$

所以

$$
\operatorname{var}(\boldsymbol{\xi}) = \begin{pmatrix} \sigma_1^2 & r\sigma_1\sigma_2 \\ r\sigma_1\sigma_2 & \sigma_2^2 \end{pmatrix}.
$$

∎

定理4.2.5 随机向量的方差矩阵为半正定对称矩阵.

证明 设$\boldsymbol{\xi}=(\xi_1,\xi_2,\cdots,\xi_n)$的各个分量$\mathscr{L}^2$可积，则

$$
\begin{aligned}
\boldsymbol{x}\operatorname{var}(\boldsymbol{\xi})\boldsymbol{x}' &= \sum_{i,j=1}^{n} x_i x_j \operatorname{cov}(\xi_i,\xi_j) \\
&= \sum_{i,j=1}^{n} \mathbb{E}\left(x_i(\xi_i-\mathbb{E}(\xi_i))\,x_j(\xi_j-\mathbb{E}(\xi_j))\right) \\
&= \mathbb{E}\left(\left(\sum_{i=1}^{n} x_i(\xi_i-\mathbb{E}(\xi_i))\right)^2\right) \geqslant 0,
\end{aligned}
$$

即$\operatorname{var}(\boldsymbol{\xi})$为半正定矩阵. ∎

§4.2.3 相关系数

协方差$\operatorname{cov}(\xi,\eta)$虽然能反映$\xi$与$\eta$之间的相互关系变化特征，但它的大小和随机变量的单位有关. 如当ξ和η分别代表男大学生和女大学生身高时，既可以用米作为度量单位，也可以用厘米作为度量单位，这两种度量单位会使得协方差相差10 000倍，但是ξ和η之间的相互关系变化特征却应该与单位无关. 因此应该寻求更好的刻画随机变量之间相互关系的方法.

定义 4.2.5 设$\xi,\eta\in\mathscr{L}^2$，称

$$
r(\xi,\eta) \triangleq \frac{\operatorname{cov}(\xi,\eta)}{\sqrt{D(\xi)}\sqrt{D(\eta)}}
$$

为ξ与η的**相关系数**，简记为r. 当$r=0$时，称ξ与η**不相关**；当$r>0$时，称ξ与η**正相关**；当$r<0$时，称ξ与η**负相关**.

显然

$$r(\xi,\eta)=\mathbb{E}(\xi^*\eta^*). \tag{4.32}$$

这里ξ^*和η^*分别是ξ和η的标准化，因而相关系数没有量纲，其值不受随机变量的度量单位的影响.

图4.1给出了具有不同相关系数的二维随机向量观测值的散点图，其中横坐标为ξ，纵坐标为η. 这些图呈现出如下的特点：ξ与η正相关意味着它们有相同的变化趋势；ξ与η负相关意味着它们有相反的变化趋势. 并且，随着相关系数的绝对值的增加，ξ和η 之间的这种趋势就增强，特别当这个值等于1时，这两个随机变量的散点呈现出线性关系. 由此散点图可以推断：当$|r(\xi,\eta)|=1$时，ξ和η之间具有线性关系. 下面的定理证明了这一推断几乎处处正确.

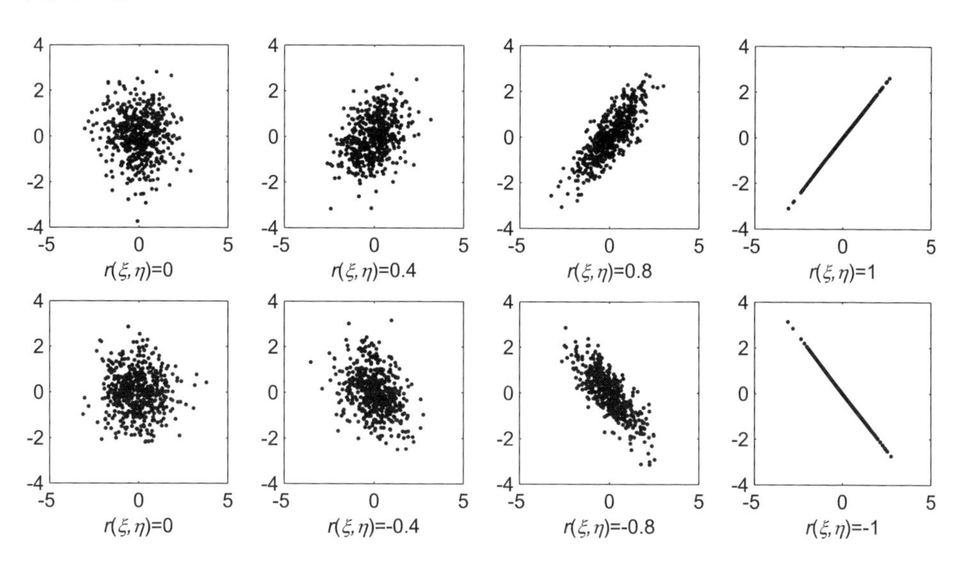

图 4.1 不同相关系数的散点图

定理4.2.6 设$\xi,\eta\in\mathscr{L}^2$，则$|r(\xi,\eta)|\leqslant 1$. 进一步，

$$r(\xi,\eta)=1\Leftrightarrow\xi^*=\eta^*\text{ a.e.}, \tag{4.33}$$

$$r(\xi,\eta)=-1\Leftrightarrow\xi^*=-\eta^*\text{ a.e.}, \tag{4.34}$$

其中ξ^*和η^*分别是ξ和η的标准化.

证明 由柯西-施瓦兹不等式(4.29)，

$$|r(\xi,\eta)| = |\mathbb{E}(\xi^*\eta^*)| \leqslant \sqrt{D(\xi^*)D(\eta^*)} = 1,$$

且等号成立当且仅当存在实数t_0，使得$\xi^* = t_0\eta^*$ a.e.. 进一步，当$r(\xi,\eta) = \pm 1$时，有

$$r(\xi,\eta) = \mathbb{E}(\xi^*\eta^*) = t_0 D(\eta^*) = t_0,$$

即$t_0 = \pm 1$，从而定理成立. ∎

定理4.2.7 设$\xi,\eta \in \mathscr{L}^2$，则

$$\begin{aligned} r(\xi,\eta) = 0 &\Leftrightarrow \operatorname{cov}(\xi,\eta) = 0 \\ &\Leftrightarrow \mathbb{E}(\xi\eta) = \mathbb{E}(\xi)\mathbb{E}(\eta) \\ &\Leftrightarrow D(\xi+\eta) = D(\xi) + D(\eta). \end{aligned}$$

证明 由相关系数的定义知：$r(\xi,\eta) = 0$等价于$\operatorname{cov}(\xi,\eta) = 0$. 由定理4.2.4中协方差性质4°知：$\operatorname{cov}(\xi,\eta) = 0$等价于$\mathbb{E}(\xi\eta) = \mathbb{E}(\xi)\mathbb{E}(\eta)$. 由定理4.2.4中协方差性质5°知：$\operatorname{cov}(\xi,\eta) = 0$等价于$D(\xi+\eta) = D(\xi) + D(\eta)$. ∎

例 4.2.6 设θ是$(-\pi,\pi)$上均匀分布的随机变量，又

$$\xi = \sin\theta, \quad \eta = \cos\theta,$$

求ξ与η的相关系数ρ.

解 显然

$$\mathbb{E}(\xi) = \frac{1}{2\pi}\int_{-\pi}^{\pi} \sin x \mathrm{d}x = 0, \quad \mathbb{E}(\xi\eta) = \frac{1}{2\pi}\int_{-\pi}^{\pi} \sin x \cos x \mathrm{d}x = 0,$$

即$\mathbb{E}(\xi\eta) = \mathbb{E}(\xi)\mathbb{E}(\eta)$. 由定理4.2.7知$\rho = 0$. ∎

由定理4.1.5和定理4.2.7知：ξ与η相互独立可以推出ξ与η不相关. 但这一结论的逆却不成立. 事实上，在例子4.2.6中，ξ与η不相关，

$$\mathbb{P}\left(0 < \xi < \frac{1}{2}\right) = \mathbb{P}\left(\left\{0 < \theta < \frac{\pi}{6}\right\} \cup \left\{\frac{5\pi}{6} < \theta < \pi\right\}\right) = \frac{1}{6},$$

$$\mathbb{P}\left(0 < \eta < \frac{1}{2}\right) = \mathbb{P}\left(\left\{-\frac{\pi}{2} < \theta < -\frac{\pi}{3}\right\} \cup \left\{\frac{\pi}{3} < \theta < \frac{\pi}{2}\right\}\right) = \frac{1}{6},$$

$$\mathbb{P}\left(0<\xi<\frac{1}{2},0<\eta<\frac{1}{2}\right)=\mathbb{P}(\varnothing)=0.$$

所以

$$\mathbb{P}\left(0<\xi<\frac{1}{2},0<\eta<\frac{1}{2}\right)\neq\mathbb{P}\left(0<\xi<\frac{1}{2}\right)\mathbb{P}\left(0<\eta<\frac{1}{2}\right),$$

即出现$r(\xi,\eta)=0$，且ξ与η不相互独立的情况.

§4.2.4　矩

数学期望与方差是随机变量最常用的数字特征，但它们形式上又都属于随机变量的一、二阶矩. 矩在概率论与数理统计中占有重要地位，下面简要介绍原点矩与中心矩.

定义 4.2.6　若$\mathbb{E}\left(|\xi|^k\right)<\infty$，则称

$$m_k\triangleq\mathbb{E}\left(\xi^k\right)\tag{4.35}$$

为随机变量ξ(及其分布)的k**阶原点矩**，称

$$c_k\triangleq\mathbb{E}\left(\xi-\mathbb{E}(\xi)\right)^k\tag{4.36}$$

为随机变量ξ(及其分布)的k**阶中心矩**.

定理4.2.8　当$\mathbb{E}\left(|\xi|^k\right)<\infty$时，有

$$c_k=\sum_{i=0}^{k}\binom{k}{i}(-m_1)^{k-i}m_i,\quad m_k=\sum_{i=0}^{k}\binom{k}{i}c_{k-i}m_1^i.$$

证明　利用二项式展开及数学期望的线性性质可得结论. ∎

例 4.2.7　求标准正态分布的n阶原点矩m_n.

解　设$\xi\sim N(0,1)$. 当$n=2k-1$为奇数时，利用奇函数的积分性质有

$$m_n=m_{2k-1}=\int_{-\infty}^{\infty}\frac{x^{2k-1}}{\sqrt{2\pi}}\mathrm{e}^{-\frac{x^2}{2}}\mathrm{d}x=0,\quad k\geqslant 1;\tag{4.37}$$

当$n=2k$为偶数时，利用偶函数的积分性质和分部积分公式得

$$m_n=m_{2k}=2\int_{0}^{\infty}\frac{x^{2k}}{\sqrt{2\pi}}\mathrm{e}^{-\frac{x^2}{2}}\mathrm{d}x=(2k-1)!!,\quad k\geqslant 1.\tag{4.38}$$

∎

§4.2.5 练习题

练习 4.2.1 袋中有编号1至n的n张卡片，现从中任意抽取m张. 对以下两种情形求m张卡片上编号之和的方差：(1) 有放回抽取；(2) 不放回抽取($m \leqslant n$).

练习 4.2.2 设ξ_1和ξ_2是相互独立的随机变量，$D(\xi_i) = \sigma_i^2 > 0$. 求常数$a_1$和$a_2$，使得$a_1\xi_1 + a_2\xi_2$的方差最小，其中$a_1 + a_2 = 1$.

练习 4.2.3 设ξ_1和ξ_2相互独立，$\xi_1 \sim N(1,3)$，$\xi_2 \sim N(2,4)$. 记

$$\eta_1 = 3\xi_1 + 2\xi_2 + 2, \quad \eta_2 = 2\xi_1 - 5\xi_2 + 6,$$

求(η_1, η_2)的方差矩阵.

练习 4.2.4 设随机变量ξ与η独立，且方差存在，则有

$$D(\xi\eta) = D(\xi)D(\eta) + (\mathbb{E}(\xi))^2 D(\eta) + D(\xi)(\mathbb{E}(\eta))^2.$$

练习 4.2.5 设随机变量$\xi_1, \xi_2, \cdots, \xi_{m+n} (m < n)$是独立同分布的，它们有有限的方差. 求$\alpha = \xi_1 + \xi_2 + \cdots + \xi_n$和$\beta = \xi_{m+1} + \xi_{m+2} + \cdots + \xi_{m+n}$的相关系数.

练习 4.2.6 设(ξ, η)服从单位圆域$\{(x,y) : x^2 + y^2 \leqslant 1\}$上的均匀分布，证明$r(\xi, \eta) = 0$.

练习 4.2.7 设$X, Y \in \mathscr{L}^2$，且$\mathbb{E}\left(X^2\right) > 0$. 定义

$$Q(a,b) = \mathbb{E}(Y - (a + bX))^2,$$

求a, b使$Q(a,b)$达到最小值$Q_{\min}$，并证明

$$Q_{\min} = D(Y)\left(1 - (r(X,Y))^2\right).$$

练习 4.2.8 设非负整值随机变量ξ的母函数为$G(s)$，且$\mathbb{E}(\xi)$与$\mathbb{E}(\xi^2)$有限，证明

$$G'(1) = \mathbb{E}(\xi), \quad G''(1) = \mathbb{E}(\xi^2) - \mathbb{E}(\xi).$$

§4.3 条件数学期望与最优预测

考察随机向量(ξ,η)，通常ξ的条件分布函数$F(x|\eta=y)$与ξ的边缘分布函数$F(x)$有所不同，本节讨论这两种分布函数所对应的数学期望之间的关系.

§4.3.1 条件数学期望及性质

定义 4.3.1 若ξ的数学期望存在，则称ξ的条件分布函数$F(x|\eta=y)$所决定的数学期望为已知$\eta=y$的情况下ξ的**条件数学期望**，简称为**条件期望**，记为$\mathbb{E}(\xi|\eta=y)$.

条件分布函数也满足定理3.1.9中的单增性、右连续性和规范性，进而由随机变量存在定理3.7.8知条件分布函数也是某一随机变量的分布函数. 因此条件数学期望是某一随机变量的数学期望，进而条件期望具备数学期望的所有性质. 如条件数学期望具有单调性和线性性质，又如单调收敛定理、法图引理和控制收敛定理适用于条件数学期望，等等.

例 4.3.1 若ξ为简单随机变量，求$\mathbb{E}(\xi|\eta=y)$.

证明 记ξ的值域为$\{x_1,x_2,\cdots,x_n\}$，则

$$\xi=\sum_{i=1}^{n}x_i\mathbb{1}_{\{\xi=x_i\}},$$

所以

$$\mathbb{E}(\xi|\eta=y)=\sum_{i=1}^{n}x_i\mathbb{P}(\xi=x_i|\eta=y).$$

∎

若(ξ,η)为离散型随机向量，则ξ的条件期望

$$\mathbb{E}(\xi|\eta=y_j)=\sum_{i=1}^{n}x_i\times\frac{p_{ij}}{p_{\bullet j}},\tag{4.39}$$

其中$\dfrac{p_{ij}}{p_{\bullet j}}$为条件密度(3.88)；$\eta$的条件期望

$$\mathbb{E}(\eta|\xi=x_i)=\sum_{j=1}^{m}y_j\times\frac{p_{ij}}{p_{i\bullet}},\tag{4.40}$$

其中$\dfrac{p_{ij}}{p_{i\bullet}}$为条件密度(3.89).

若(ξ,η)为连续型随机向量，则当η的边缘密度$p_2(y)>0$时，ξ的条件期望

$$\mathbb{E}(\xi|\eta=y)=\int_{-\infty}^{\infty}xp(x|\eta=y)\,\mathrm{d}x, \tag{4.41}$$

其中$p(x|\eta=y)$为条件密度函数(3.91)；当ξ的边缘密度$p_1(x)>0$时，η的条件期望

$$\mathbb{E}(\eta|\xi=x)=\int_{-\infty}^{\infty}yp(y|\xi=x)\,\mathrm{d}y, \tag{4.42}$$

其中$p(y|\xi=x)$为条件密度函数(3.93).

(4.39)至(4.42)分别给出了离散型和连续型二维随机向量条件数学期望的计算公式，它们都是通过条件密度来计算，通常条件密度是联合密度除以边缘密度.

记

$$h(y)=\mathbb{E}(\xi|\eta=y),$$

则$h(y)$是波莱尔函数. 因此$h(\eta)$为随机变量，人们习惯上把它记为$\mathbb{E}(\xi|\eta)$，并称之为ξ**关于**η**的条件数学期望**，简称为ξ**的条件数学期望**或**条件数学期望**. $\mathbb{E}(\xi|\eta)$在$\omega\in\Omega$点处的值

$$\mathbb{E}(\xi|\eta)(\omega)\triangleq\mathbb{E}(\xi|\eta=\eta(\omega)). \tag{4.43}$$

定理4.3.1 对于任意波莱尔函数$f(x)$和$g(x)$，随机变量ξ和η，若$f(\xi)g(\eta)$的数学期望存在，则有[1]

$$\mathbb{E}(f(\xi)g(\eta)|\eta)=g(\eta)\mathbb{E}(f(\xi)|\eta). \tag{4.44}$$

证明 记

$$h(y)=\mathbb{E}(f(\xi)g(\eta)|\eta=y),$$

则由条件期望的性质知

$$h(y)=\mathbb{E}(f(\xi)g(\eta)|\eta=y)=\mathbb{E}(f(\xi)g(y)|\eta=y)=g(y)\mathbb{E}(f(\xi)|\eta=y),$$

从而

$$\mathbb{E}(f(\xi)g(\eta)|\eta)=h(\eta)=g(\eta)\mathbb{E}(f(\xi)|\eta).$$

∎

例 4.3.2 设$\xi\sim U(0,1)$，$\eta=\mathbb{1}_{\{\xi\geqslant 0.5\}}$，求$\mathbb{E}(\xi|\eta)$.

[1] 这里约定$0\times\infty=0$.

解　显然

$$\mathbb{P}(\xi \leqslant x \,|\eta = 0) = \frac{\mathbb{P}(\xi \leqslant x, \xi < 0.5)}{\mathbb{P}(\xi < 0.5)} = 2\mathbb{E}\left(\mathbb{1}_{(-\infty,x]}(\xi)\,\mathbb{1}_{(-\infty,0.5)}(\xi)\right)$$

$$= 2\int_{-\infty}^{\infty} \mathbb{1}_{(-\infty,x]}(t)\,\mathbb{1}_{(-\infty,0.5)}(t)\,\mathbb{1}_{(0,1)}(t)\,\mathrm{d}t = 2\int_{-\infty}^{x} \mathbb{1}_{(0,0.5)}(t)\,\mathrm{d}t,$$

即给定$\eta = 0$时ξ的条件密度函数为$p(x\,|\eta = 0) = 2\mathbb{1}_{(0,0.5)}(x)$，从而

$$\mathbb{E}(\xi\,|\eta = 0) = 0.25.$$

类似地，$\eta = 1$时ξ的条件密度函数和条件数学期望分别为

$$p(x\,|\eta = 1) = 2\mathbb{1}_{[0.5,1)}(x) \quad 和 \quad \mathbb{E}(\xi\,|\eta = 1) = 0.75.$$

综上所述，

$$\mathbb{E}(\xi\,|\eta) = 0.25\mathbb{1}_{\{\eta=0\}} + 0.75\mathbb{1}_{\{\eta=1\}}.$$

■

可以将上述解答中的条件期望用分段函数表示为

$$\mathbb{E}(\xi\,|\eta)(\omega) = \begin{cases} 0.25, & \omega \in \{\eta = 0\}, \\ 0.75, & \omega \in \{\eta = 1\}. \end{cases}$$

此外，当η为离散型随机变量时，$\mathbb{E}(\xi\,|\eta)$为离散型随机变量.

例4.3.2中，η为简单随机变量，构造比ξ简单. 可以把条件期望$\mathbb{E}(\xi|\eta)$理解为是ξ相对于η的各个不同取值的平滑结果，如图4.2中四个图形所示：其中坐标横轴表示样本空间$(0,1)$，坐标纵轴表示随机变量或条件期望的取值，细线为ξ的图像，粗虚线为η的图像，粗线为条件期望$\mathbb{E}(\xi\,|\eta)$的图像. 条件期望$\mathbb{E}(\xi\,|\eta)$在事件$\{\omega : \eta(\omega) = 0\}$上等于$\xi$在该事件上的平均值0.25；在事件$\{\omega : \eta(\omega) = 1\}$上等于$\xi$在该事件上的平均值0.75.

下面给出的条件期望性质是全概率公式的一个推广，在实际问题中有着广泛的应用.

定理4.3.2 (条件期望的平滑性)　设ξ和η为随机变量，则

$$\mathbb{E}(\xi) = \mathbb{E}(\mathbb{E}(\xi\,|\eta)). \tag{4.45}$$

证明　仅证明$\xi \geqslant 0$和η为离散型随机变量的情形. 记A为η的概率支撑集，由离散型随机变量函数的数学期望计算公式(4.16)和单调收敛定理4.1.3得

$\mathbb{E}((\mathbb{E}(\xi\,|\eta)))$

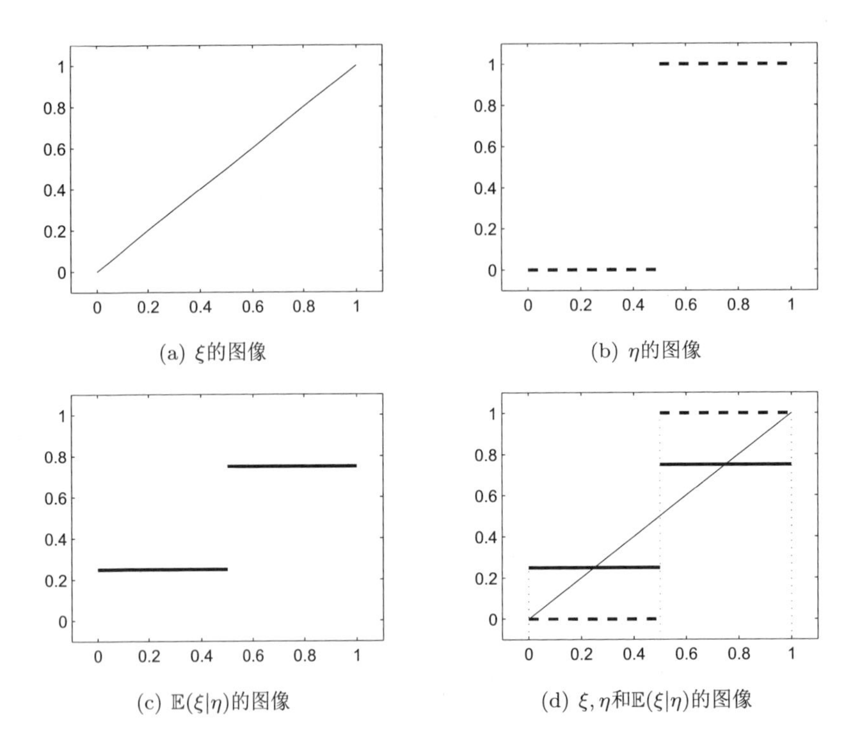

(a) ξ的图像　(b) η的图像

(c) $\mathbb{E}(\xi|\eta)$的图像　(d) ξ,η和$\mathbb{E}(\xi|\eta)$的图像

图 4.2 随机变量与随机变量的条件期望：样本空间为$(0,1)$.

$$
\begin{aligned}
&= \sum_{y\in A}\mathbb{E}\left(\xi\,|\eta=y\right)\mathbb{P}\left(\eta=y\right)\\
&= \sum_{y\in A}\lim_{n\to\infty}\mathbb{E}\left(\sum_{k=1}^{n2^n}\frac{k-1}{2^n}\mathbb{1}_{\left(\frac{k-1}{2^n},\frac{k}{2^n}\right]}(\xi)+n\mathbb{1}_{(n,\infty)}(\xi)\,\middle|\,\eta=y\right)\mathbb{P}\left(\eta=y\right)\\
&= \lim_{n\to\infty}\sum_{y\in A}\left(\sum_{k=1}^{n2^n}\frac{k-1}{2^n}\mathbb{P}\left(\xi\in\left(\frac{k-1}{2^n},\frac{k}{2^n}\right]\,\middle|\,\eta=y\right)+n\mathbb{P}\left(\xi\geqslant n\,|\eta=y\right)\right)\times\\
&\qquad\mathbb{P}\left(\eta=y\right)\\
&= \lim_{n\to\infty}\left(\sum_{k=1}^{n2^n}\frac{k-1}{2^n}\mathbb{P}\left(\xi\in\left(\frac{k-1}{2^n},\frac{k}{2^n}\right]\right)+n\mathbb{P}\left(\xi\geqslant n\right)\right)=\mathbb{E}\left(\xi\right).
\end{aligned}
$$

即(4.45)结论成立. ∎

类似地可以证明(ξ,η)为连续型随机向量情形（练习4.3.1），而一般情形的证明可参考 [4] 第七章第4节定理4（256页）.

平滑性(4.45)可以解释为：对ξ概率加权平均计算可分为两步，第一步，

计算ξ的条件概率加权平均$\mathbb{E}(\xi|\eta=y)$；第二步，计算$\mathbb{E}(\xi|\eta)$的概率加权平均$\mathbb{E}(\xi)$.

全概率公式可以看成条件期望平滑性的一个特例：取$\xi=\mathbb{1}_A$和$\eta=\sum_n n\mathbb{1}_{B_n}$，(4.45)即为全概率公式(2.9).

§4.3.2 条件数学期望的应用

例 4.3.3 (巴格达窃贼问题)一窃贼被关在有3个门的地牢中，其中第1个门通向自由的地道，出这个门后走3 h便回到地面；第2 个门通向一个地道，在此地道中走5 h将返回地牢；第3个门通向一个更长的地道，沿这个地道走7 h也回到地牢. 如果窃贼每次选择3个门可能性总相等，求他为获自由而奔走的平均时间长.

解 设窃贼需走ξ h到达地面，并设η代表窃贼每次对3个门的选择，则$\mathbb{P}(\eta=i)=\dfrac{1}{3}$，$i=1,2,3$. 运用条件期望的平滑性得

$$
\begin{aligned}
\mathbb{E}(\xi)=\mathbb{E}(\mathbb{E}(\xi|\eta))&=\sum_{i=1}^{3}\mathbb{E}(\xi|\eta=i)\mathbb{P}(\eta=i)\\
&=\frac{1}{3}(3+(5+\mathbb{E}(\xi))+(7+\mathbb{E}(\xi))),
\end{aligned}
$$

解方程得$\mathbb{E}(\xi)=15$. 即平均来说，窃贼将在15 h后获得自由. ∎

例 4.3.4 已知$\lambda>0$，随机变量ξ的密度函数

$$
p_1(x)=\lambda^2 x\mathrm{e}^{-\lambda x},\quad \forall x>0,
$$

随机变量η在区间$(0,\xi)$上服从均匀分布. 求$\mathbb{E}(\eta|\xi)$和$\mathbb{E}(\eta)$.

解 因为

$$
\mathbb{E}(\eta|\xi)=\int_0^{\xi}\frac{y}{\xi}\mathrm{d}y=\frac{\xi}{2},
$$

所以由条件期望的平滑性得

$$
\mathbb{E}(\eta)=\mathbb{E}(\mathbb{E}(\eta|\xi))=\frac{1}{2}\int_0^{\infty}\lambda^2x^2\mathrm{e}^{-\lambda x}\mathrm{d}x=\frac{1}{\lambda}.
$$

∎

定理4.3.3给出随机个独立同分布随机变量之和的数学期望计算公式，其推导关键是利用条件期望将求和的上限转换为非随机的正整数.

定理4.3.3 假设$\{\xi_k\}$为独立同分布随机变量列，η为取正整数值的随机变量，$\mathbb{E}(\eta)$有限且η与$\{\xi_k\}$独立. 则

$$\mathbb{E}\left(\sum_{k=1}^{\eta}\xi_k\right)=\mathbb{E}(\xi_1)\mathbb{E}(\eta). \tag{4.46}$$

证明 利用条件数学期望的平滑性、独立性和数学期望线性性质得

$$\begin{aligned}\mathbb{E}\left(\sum_{k=1}^{\eta}\xi_k\right)&=\mathbb{E}\left(\mathbb{E}\left(\sum_{k=1}^{\eta}\xi_k\middle|\eta\right)\right)=\sum_{n=1}^{\infty}\mathbb{E}\left(\sum_{k=1}^{\eta}\xi_k\middle|\eta=n\right)\mathbb{P}(\eta=n)\\&=\sum_{n=1}^{\infty}\mathbb{E}\left(\sum_{k=1}^{n}\xi_k\middle|\eta=n\right)\mathbb{P}(\eta=n)=\sum_{n=1}^{\infty}\mathbb{E}\left(\sum_{k=1}^{n}\xi_k\right)\mathbb{P}(\eta=n)\\&=\sum_{n=1}^{\infty}n\mathbb{E}\left(\xi_1\right)\mathbb{P}(\eta=n)=\mathbb{E}\left(\xi_1\right)\sum_{n=1}^{\infty}n\mathbb{P}(\eta=n)=\mathbb{E}\left(\xi_1\right)\mathbb{E}\left(\eta\right).\end{aligned}$$

■

在两个互有影响的随机变量ξ和η中，如果能得到η的观测值y，问应该如何估计与$\eta=y$相对应的ξ值？这种问题在实际应用中被称为“预测问题”. 自然，条件数学期望$\mathbb{E}(\xi|\eta=y)$ 是在已知$\eta=y$发生的条件下，对ξ的颇为“合理”的预测，而这个预测具有哪些优良的性质呢？

为此需要给出衡量预测好坏的准则. 基于η预测可以表示为$f(\eta)$，其中f为波莱尔函数. 可以用$(\xi-f(\eta))^2$刻画预测误差，但这是一个随机变量，具有不确定性，不适合作为衡量准则. 因此人们常用其数学期望作为衡量准则，并称

$$\mathbb{E}\left((\xi-f(\eta))^2\right)$$

为预测$f(\eta)$的**均方误差**.

定理4.3.4 (最优预报定理) 设$\xi,\eta\in\mathscr{L}^2$. 若$f(x)$为波莱尔函数，则

$$\mathbb{E}\left((\xi-\mathbb{E}(\xi|\eta))^2\right)\leqslant\mathbb{E}\left((\xi-f(\eta))^2\right).$$

证明 因为

$$\begin{aligned}\mathbb{E}\left((\xi-f(\eta))^2\right)&=\mathbb{E}\left((\xi-\mathbb{E}(\xi|\eta)+\mathbb{E}(\xi|\eta)-f(\eta))^2\right)\\&=\mathbb{E}\left((\xi-\mathbb{E}(\xi|\eta))^2\right)+\mathbb{E}\left((\mathbb{E}(\xi|\eta)-f(\eta))^2\right)+\\&\quad 2\mathbb{E}\Big((\xi-\mathbb{E}(\xi|\eta))\left(\mathbb{E}(\xi|\eta)-f(\eta)\right)\Big),\end{aligned}$$

所以只需证明

$$\mathbb{E}\Big(\,(\xi-\mathbb{E}(\xi|\eta))\,(\mathbb{E}(\xi|\eta)-f(\eta))\,\Big)=0.$$

由条件期望的平滑性和线性性质得

$$\begin{aligned}&\mathbb{E}\left((\xi-\mathbb{E}(\xi\,|\eta))\,(\mathbb{E}(\xi\,|\eta)-f(\eta))\right)\\&=\mathbb{E}\left(\mathbb{E}\left((\xi-\mathbb{E}(\xi\,|\eta))\,(\mathbb{E}(\xi\,|\eta)-f(\eta))\,|\eta\right)\right)\\&=\mathbb{E}\Big(\,(\mathbb{E}(\xi\,|\eta)-f(\eta))\,\mathbb{E}\left((\xi-\mathbb{E}(\xi\,|\eta))\,|\eta\right)\Big)=0,\end{aligned}$$

即定理结论成立. ∎

定理4.3.4说明如果用η的函数来近似ξ，则在均方误差的意义下$\mathbb{E}\,(\xi\,|\eta)$的效果最好.

定义 4.3.2　设$\xi\in\mathscr{L}^2$，η为随机变量，称

$$D(\xi|\eta=y)=\mathbb{E}\left(\left(\xi-\mathbb{E}(\xi|\eta=y)\right)^2|\eta=y\right)$$

为给定$\eta=y$后ξ的**条件方差**.

条件方差给出已知η的情况下，用$\mathbb{E}(\xi|\eta)$估计随机变量ξ 的平均误差.

§4.3.3　练习题

练习 4.3.1　设(ξ,η)为连续型随机向量，证明$\mathbb{E}\,(\mathbb{E}\,(\xi\,|\eta))=\mathbb{E}\,(\xi)$.

练习 4.3.2　利用条件数学期望的平滑性证明全概率公式.

练习 4.3.3　设某矿山在一个月中发生事故数ξ服从泊松分布，其参数

$$\lambda\sim\begin{pmatrix}1 & 3\\0.6 & 0.4\end{pmatrix},$$

求ξ的数学期望.

练习 4.3.4　袋中有N个球，其中白球数τ为随机变量，$\mathbb{E}(\tau)=n$. 现从袋中有放回地任取m个球，用ξ表示其中白球个数，求ξ的数学期望.

练习 4.3.5　某射手击中目标的概率为$p(0<p<1)$，他向一目标连续进行射击，直到第二次击中目标为止. 令ξ表示第一次击中目标时的次数，η表示第二次击中目标时的次数，求(ξ,η)的联合分布密度，已知$\eta=j$时ξ的条件密度，已知$\xi=i$时的条件密度，以及数学期望$\mathbb{E}(\xi|\eta=j)$.

练习 4.3.6 设$\xi_1,\xi_2,\cdots,\xi_n,\cdots$ 为数学期望是有限数的独立随机变量列，随机变量η只取正整数值，且与$\{\xi_n, n\geqslant 1\}$ 独立，证明

$$\mathbb{E}\left(\sum_{k=1}^{\eta}\xi_k\right)=\sum_{k=1}^{\infty}\mathbb{P}(\eta\geqslant k)\mathbb{E}\left(\xi_k\right).$$

练习 4.3.7 设随机变量ξ_1在区间$(0,1)$上均匀分布. 对$k\geqslant 1$，若已知$\xi_k=x_k$，则ξ_{k+1} 在区间(x_k,x_k+1)上均匀分布，求$\mathbb{E}(\xi_n)$.

练习 4.3.8 若ξ与η相互独立，证明

$$F(z)\triangleq\mathbb{E}\left(F_{\xi}(z-\eta)\right)$$

为$\xi+\eta$的分布函数.

练习 4.3.9 设$\{\xi_k\}$为相互独立的非负整值随机变量列，它们有共同的母函数$G(s)$. 如果η是另一正整值随机变量，其母函数为$F(s)$. 当η与$\{\xi_k\}$独立时，证明$\xi=\sum\limits_{k=1}^{\eta}\xi_k$ 的母函数为$H(s)=F\left(G(s)\right)$.

§4.4 特征函数

随机变量的随机变化规律可以通过分布函数和分布来刻画，是否还有其他等价刻画方法？本节讨论这个问题.

§4.4.1 特征函数的定义与基本性质

先复习复数的相关概念，并不加证明地给出几个公式. 在本节（或以后涉及特征函数的讨论）中，用i表示**虚数单位**，即$\mathrm{i}=\sqrt{-1}$. 对于任意复数$z=x+\mathrm{i}y$，用

$$|x+\mathrm{i}y| \triangleq \sqrt{x^2+y^2} \tag{4.47}$$

表示它的**模**，用$\Re(z)$ 表示z的**实部**. 进一步，对于复数z，存在实数θ，使得

$$z=|z|\mathrm{e}^{\mathrm{i}\theta} \triangleq |z|\left(\cos\theta+\mathrm{i}\sin\theta\right),$$

称θ为z的**辐角**，称$|z|\mathrm{e}^{\mathrm{i}\theta}$为$z$的**指数形式**.

对于复数z有

$$\sum_{k=0}^{\infty}\frac{z^k}{k!}=\mathrm{e}^z, \quad \sum_{k=0}^{\infty} z^k=\frac{1}{1-z}, \quad |z|<1. \tag{4.48}$$

对于任何复数z_1和z_2有

$$\mathrm{e}^{z_1}\mathrm{e}^{z_2}=\mathrm{e}^{z_1+z_2}. \tag{4.49}$$

定义 4.4.1 设ξ,η为随机变量，称$\zeta=\xi+\mathrm{i}\eta$为**复值随机变量**，

$$\mathbb{E}(\zeta) \triangleq \mathbb{E}(\xi)+\mathrm{i}\mathbb{E}(\eta) \tag{4.50}$$

为**复值随机变量ζ的数学期望**.

定义 4.4.2 若ξ为随机变量，则称

$$f_\xi(t) \triangleq \mathbb{E}\left(\mathrm{e}^{\mathrm{i}t\xi}\right) \tag{4.51}$$

为ξ或其概率分布的**特征函数**，简记为$f(t)$.

由于

$$|\cos(\xi t)| \leqslant 1, \quad |\sin(\xi t)| \leqslant 1,$$

因此$\mathbb{E}(\cos\xi t)$和$\mathbb{E}(\sin\xi t)$均为实数，故特征函数$f(t)$对一切实数t都有定义.

显然，当ξ的密度$p_k = \mathbb{P}(\xi = x_k)$时，其特征函数

$$f(t) = \sum_k \cos(tx_k)p_k + \mathrm{i}\sum_k \sin(tx_k)p_k. \tag{4.52}$$

当ξ的密度函数为$p(x)$时，其特征函数

$$f(t) = \int_{-\infty}^{\infty} \cos(tx)p(x)\mathrm{d}x + \mathrm{i}\int_{-\infty}^{\infty} \sin(tx)p(x)\mathrm{d}x. \tag{4.53}$$

例 4.4.1　设$\xi \sim \begin{pmatrix} 0 & 1 \\ q & p \end{pmatrix}$，$\eta \sim P(\lambda)$，$\zeta \sim G(p)$，求它们的特征函数.

解　显然

$$\begin{aligned} f_\xi(t) &= q + p\mathrm{e}^{\mathrm{i}t}, \\ f_\eta(t) &= \sum_{k=0}^{\infty} \mathrm{e}^{\mathrm{i}tk}\frac{\lambda^k}{k!}\mathrm{e}^{-\lambda} = \mathrm{e}^{\lambda(\mathrm{e}^{\mathrm{i}t}-1)}, \\ f_\zeta(t) &= \sum_{k=1}^{\infty} \mathrm{e}^{\mathrm{i}tk}q^{k-1}p = \frac{p\mathrm{e}^{\mathrm{i}t}}{1 - q\mathrm{e}^{\mathrm{i}t}}. \end{aligned}$$

∎

例 4.4.2　设$\xi \sim \Gamma(\lambda, 1)$，求其特征函数.

解　由(4.53)得

$$f(t) = \int_0^{\infty} \lambda\mathrm{e}^{-\lambda x}\cos(tx)\mathrm{d}x + \mathrm{i}\int_0^{\infty} \lambda\mathrm{e}^{-\lambda x}\sin(tx)\mathrm{d}x.$$

记

$$J_1 = \int_0^{\infty} \mathrm{e}^{-\lambda x}\cos(tx)\mathrm{d}x, \quad J_2 = \int_0^{\infty} \mathrm{e}^{-\lambda x}\sin(tx)\mathrm{d}x,$$

利用分部积分公式得

$$J_1 = \frac{\lambda}{t}J_2, \quad J_2 = \frac{1}{t} - \frac{\lambda}{t}J_1.$$

因此

$$J_1 = \frac{\lambda}{\lambda^2 + t^2}, \quad J_2 = \frac{t}{\lambda^2 + t^2},$$

所以ξ的特征函数

$$f(t) = \left(1 - \mathrm{i}\frac{t}{\lambda}\right)^{-1}.$$

∎

特征函数具有很多良好的性质，是刻画分布的有效工具. 为讨论这些性质，先介绍一个定理.

定理4.4.1 若$\xi,\eta\in\mathscr{L}^2$，则

$$|\mathbb{E}(\xi+\mathrm{i}\eta)|\leqslant\mathbb{E}\left(|\xi+\mathrm{i}\eta|\right). \tag{4.54}$$

证明 记$\mathbb{E}(\xi+\mathrm{i}\eta)=r\mathrm{e}^{\mathrm{i}\theta}$，则

$$|\mathbb{E}(\xi+\mathrm{i}\eta)|=r=\mathrm{e}^{-\mathrm{i}\theta}\mathbb{E}(\xi+\mathrm{i}\eta)=\mathbb{E}\left((\xi+\mathrm{i}\eta)\mathrm{e}^{-\mathrm{i}\theta}\right)$$

为实数，因此

$$\begin{aligned}\mathbb{E}\left((\xi+\mathrm{i}\eta)\mathrm{e}^{-\mathrm{i}\theta}\right)&=\Re\left(\mathbb{E}\left((\xi+\mathrm{i}\eta)\mathrm{e}^{-\mathrm{i}\theta}\right)\right)=\mathbb{E}\left(\Re\left((\xi+\mathrm{i}\eta)\mathrm{e}^{-\mathrm{i}\theta}\right)\right)\\&\leqslant\mathbb{E}\left(\left|\Re\left((\xi+\mathrm{i}\eta)\mathrm{e}^{-\mathrm{i}\theta}\right)\right|\right)\leqslant\mathbb{E}\left(\left|(\xi+\mathrm{i}\eta)\mathrm{e}^{-\mathrm{i}\theta}\right|\right)=\mathbb{E}\left(|\xi+\mathrm{i}\eta|\right),\end{aligned}$$

即(4.54)成立. ∎

定理4.4.2 设$f(t)$是ξ的特征函数，则有如下结论.

1° $|f(t)|\leqslant f(0)=1$.

2° 共轭对称性：$f(-t)=\overline{f(t)}$.

3° $f(t)$在$t\in(-\infty,\infty)$上一致连续.

4° 半正定性：$\forall n\geqslant1$，任意实数$t_1,t_2,\cdots,t_n$及复数$a_1,a_2,\cdots,a_n$有

$$\sum_{1\leqslant j,k\leqslant n}a_j\overline{a_k}f(t_j-t_k)\geqslant0.$$

5° 对于任何实数a,b，$f_{a+b\xi}(t)=\mathrm{e}^{\mathrm{i}at}f_\xi(bt)$.

证明 由定理4.4.1得

$$|f(t)|=\left|\mathbb{E}\left(\mathrm{e}^{\mathrm{i}t\xi}\right)\right|\leqslant\mathbb{E}\left(\left|\mathrm{e}^{\mathrm{i}t\xi}\right|\right)=f(0),$$

即1°成立.

由特征函数的定义得

$$f(-t)=\mathbb{E}\left(\mathrm{e}^{-\mathrm{i}t\xi}\right)=\mathbb{E}\left(\overline{\mathrm{e}^{\mathrm{i}t\xi}}\right)=\overline{f(t)},$$

即2°成立.

对于任何实数t和Δt，

$$
\begin{aligned}
&|f(t+\Delta t)-f(t)| \leqslant \mathbb{E}\left(\left|\mathrm{e}^{\mathrm{i}(t+\Delta t)\xi}-\mathrm{e}^{\mathrm{i}t\xi}\right|\right)\\
&=\mathbb{E}\left(\left|\mathrm{e}^{\mathrm{i}\left(t+\frac{\Delta t}{2}\right)\xi}\left(\mathrm{e}^{\mathrm{i}\frac{\Delta t}{2}\xi}-\mathrm{e}^{-\mathrm{i}\frac{\Delta t}{2}\xi}\right)\right|\right)=\mathbb{E}\left(\left|2\mathrm{i}\sin\frac{\xi\Delta t}{2}\right|\right)\\
&\leqslant 2\mathbb{E}\left(\left|\frac{\xi\Delta t}{2}\right|\wedge 1\right)\leqslant \mathbb{E}\left(|\xi\Delta t|\wedge 2\right),
\end{aligned}
$$

由控制收敛定理知$f(t)$一致连续，即3°成立.

由数学期望的线性性质得

$$
\begin{aligned}
&\sum_{1\leqslant j,k\leqslant n} a_j\overline{a_k}f(t_j-t_k)=\sum_{1\leqslant j,k\leqslant n} a_j\overline{a_k}\mathbb{E}\left(\mathrm{e}^{\mathrm{i}(t_j-t_k)\xi}\right)\\
&=\mathbb{E}\left(\sum_{j=1}^{n}\sum_{k=1}^{n}a_j\overline{a_k}\mathrm{e}^{\mathrm{i}t_j\xi}\mathrm{e}^{-\mathrm{i}t_k\xi}\right)=\mathbb{E}\left(\left|\sum_{j=1}^{n}a_j\mathrm{e}^{\mathrm{i}t_j\xi}\right|^2\right)\geqslant 0,
\end{aligned}
$$

即半正定性4°成立.

对任何实数a,b，随机变量$a+b\xi$的特征函数

$$
f_{a+b\xi}(t)=\mathbb{E}\left(\mathrm{e}^{\mathrm{i}t(a+b\xi)}\right)=\mathrm{e}^{\mathrm{i}at}\mathbb{E}\left(\mathrm{e}^{\mathrm{i}(tb)\xi}\right),
$$

即5°成立. ∎

利用特征函数的上述性质，可以帮助我们简化特征函数的计算.

例 4.4.3 设$\eta\sim U(a,b)$，求$f_\eta(t)$.

解 记$\xi=\dfrac{2}{b-a}\left(\eta-\dfrac{a+b}{2}\right)\sim U(-1,1)$，则$\eta=\dfrac{a+b}{2}+\dfrac{b-a}{2}\xi$，且

$$
f_\xi(t)=\frac{1}{2}\int_{-1}^{1}\cos(tx)\,\mathrm{d}x+\frac{\mathrm{i}}{2}\int_{-1}^{1}\sin(tx)\,\mathrm{d}x=\frac{\sin t}{t}.
$$

故由性质5°得$U(a,b)$的特征函数

$$
f_\eta(t)=\mathrm{e}^{\mathrm{i}\frac{a+b}{2}t}f_\xi\left(\frac{b-a}{2}t\right)=\frac{\mathrm{e}^{\mathrm{i}bt}-\mathrm{e}^{\mathrm{i}at}}{\mathrm{i}t(b-a)}. \tag{4.55}
$$

∎

当计算出的$f(t)$在某些点无意义时，习惯上是用左极限（或右极限）补充它在这些点的定义. 如在例4.4.3中

$$f_\eta(0)=\lim_{t\to 0}\frac{\mathrm{e}^{\mathrm{i}bt}-\mathrm{e}^{\mathrm{i}at}}{\mathrm{i}t(b-a)}=1.$$

定理4.4.3 若随机变量ξ的各阶原点矩有限，则对一切满足

$$\lim_{n\to\infty}\frac{|t|^n\mathbb{E}\left(|\xi|^n\right)}{n!}=0$$

的t，ξ的特征函数有如下的展开式

$$f(t)=\sum_{k=0}^{\infty}\frac{(\mathrm{i}t)^k}{k!}\mathbb{E}\left(\xi^k\right). \tag{4.56}$$

证明 由引理4.4.10，

$$\left|\mathrm{e}^{\mathrm{i}t\xi}-\sum_{k=0}^{n}\frac{(\mathrm{i}t\xi)^k}{k!}\right|\leqslant\frac{|\xi t|^{n+1}}{(n+1)!},$$

所以

$$\begin{aligned}\left|f(t)-\sum_{k=0}^{n}\frac{(\mathrm{i}t)^k}{k!}\mathbb{E}\left(\xi^k\right)\right|&=\left|\mathbb{E}\left(\mathrm{e}^{\mathrm{i}t\xi}-\sum_{k=0}^{n}\frac{(\mathrm{i}t\xi)^k}{k!}\right)\right|\\&\leqslant\mathbb{E}\left(\frac{|\xi t|^{n+1}}{(n+1)!}\right)=\frac{|t|^{n+1}}{(n+1)!}\mathbb{E}\left(|\xi|^{n+1}\right),\end{aligned}$$

令$n\to\infty$得(4.56). ∎

借助于数学期望的线性性质、$f(t)=\mathbb{E}\left(\mathrm{e}^{\mathrm{i}\xi t}\right)$和

$$\mathrm{e}^{\mathrm{i}\xi t}=\sum_{k=0}^{\infty}\frac{(\mathrm{i}\xi t)^k}{k!}=\sum_{k=0}^{\infty}\frac{(\mathrm{i}t)^k}{k!}\xi^k,$$

可以帮助记忆定理4.4.3结论和理解证明思路.

例 4.4.4 设$\xi\sim N(a,\sigma^2)$，求ξ的特征函数.

解 记$\eta=\dfrac{\xi-a}{\sigma}$，有$\eta\sim N(0,1)$. 因此对任何$k\geqslant 1$，由(4.38)得

$$\mathbb{E}\left(\eta^{2k}\right)=(2k-1)!!,$$

$$\mathbb{E}\left(|\eta|^{2k-1}\right) \leqslant \mathbb{E}\left(1+|\eta|^{2k}\mathbb{1}_{\{|\eta|\geqslant 1\}}\right) \leqslant 1+(2k-1)!!.$$

所以

$$0 \leqslant \varlimsup_{n\to\infty} \frac{|t|^n \mathbb{E}\left(|\xi|^n\right)}{n!} \leqslant \varlimsup_{n\to\infty} \frac{|t|^n\left(1+n!!\right)}{n!} = \varlimsup_{n\to\infty} \frac{|t|^n}{(n-1)!!} = 0.$$

再由定理4.4.3, (4.37)和(4.38)得

$$f_\eta(t) = 1+\sum_{k=1}^{\infty} \frac{(\mathrm{i}t)^{2k}}{(2k)!}(2k-1)!! = \sum_{k=0}^{\infty} \frac{(-t^2/2)^k}{k!} = \exp\left(-\frac{t^2}{2}\right),$$

再由$\xi = a+\sigma\eta$得

$$f_\xi(t) = \exp\left(\mathrm{i}at - \frac{1}{2}\sigma^2 t^2\right).$$

■

我们知道，在求随机变量的各阶矩时，常涉及非常烦琐的积分计算. 下面的定理4.4.4说明：可以通过特征函数的各阶导数来计算各阶原点矩.

定理4.4.4 设随机变量ξ的k阶原点矩有限，则其特征函数k阶可微，且有

$$f^{(k)}(t) = \mathbb{E}\left((\mathrm{i}\xi)^k \mathrm{e}^{\mathrm{i}t\xi}\right), \tag{4.57}$$

$$m_k = \mathrm{i}^{-k} f^{(k)}(0). \tag{4.58}$$

证明 $k=1$的情形. 由特征函数的定义

$$\frac{1}{\delta}\left(f(t+\delta)-f(t)\right) = \mathbb{E}\left(\frac{\mathrm{e}^{\mathrm{i}(t+\delta)\xi}-\mathrm{e}^{\mathrm{i}t\xi}}{\delta}\right),$$

由引理4.4.11知$\left|\dfrac{\mathrm{e}^{\mathrm{i}(t+\delta)\xi}-\mathrm{e}^{\mathrm{i}t\xi}}{\delta}\right| \leqslant |\xi|$，再由控制收敛定理得

$$f^{(1)}(t) = \mathbb{E}\left(\mathrm{i}\xi \mathrm{e}^{\mathrm{i}\xi t}\right).$$

沿用上面的思路，利用数学归纳法可证结论. ■

定理4.4.5 设随机变量ξ_1与ξ_2相互独立，则它们之和的特征函数等于各自特征函数之积，即有

$$f_{\xi_1+\xi_2}(t) = f_{\xi_1}(t) f_{\xi_2}(t). \tag{4.59}$$

证明　由ξ_1与ξ_2相互独立知$\mathrm{e}^{it\xi_1}$和$\mathrm{e}^{it\xi_2}$相互独立，所以

$$f_{\xi_1+\xi_2}(t)=\mathbb{E}\left(\mathrm{e}^{it\xi_1}\mathrm{e}^{it\xi_2}\right)=\mathbb{E}\left(\mathrm{e}^{it\xi_1}\right)\mathbb{E}\left(\mathrm{e}^{it\xi_2}\right)=f_{\xi_1}(t)f_{\xi_2}(t).$$

∎

定理4.4.5说明两个特征函数的乘积一定是特征函数，但(4.59)却不能推出ξ_1 和ξ_2相互独立（见练习4.4.8）.

利用归纳法，不难把上述性质推广到n个独立随机变量的场合，若$\xi_1,\xi_2,\cdots,\xi_n$是n个相互独立的随机变量，则$\xi=\sum\limits_{k=1}^{n}\xi_k$ 的特征函数为

$$f_\xi(t)=\prod_{k=1}^{n}f_{\xi_k}(t). \tag{4.60}$$

例 4.4.5　求二项分布$B(n,p)$的特征函数.

解　取相互独立同分布的随机变量$\xi_1,\xi_2,\cdots,\xi_n$，使得$\xi_1\sim B(1,p)$，则$\sum\limits_{j=1}^{n}\xi_j\sim B(n,p)$. 注意到$\xi_1$的特征函数为$q+p\mathrm{e}^{\mathrm{i}t}$，可得二项分布的特征函数为$f(t)=(q+p\mathrm{e}^{\mathrm{i}t})^n$. ∎

§4.4.2　反演公式与唯一性定理

显然分布函数唯一确定其特征函数，下面讨论其反问题：特征函数是否能唯一确定分布函数？

定理4.4.6 (特征函数反演公式)　设$f(t)$是随机变量ξ的特征函数，则对任何实数$a<b$有

$$\frac{\mathbb{P}(\xi=a)+\mathbb{P}(\xi=b)}{2}+\mathbb{P}(\xi\in(a,b))=\lim_{c\to\infty}\frac{1}{2\pi}\int_{-c}^{c}\frac{\mathrm{e}^{-\mathrm{i}ta}-\mathrm{e}^{-\mathrm{i}tb}}{\mathrm{i}t}f(t)\mathrm{d}t. \tag{4.61}$$

证明　记

$$J(c)\triangleq\frac{1}{2\pi}\int_{-c}^{c}\frac{\mathrm{e}^{-ita}-\mathrm{e}^{-itb}}{\mathrm{i}t}f(t)\mathrm{d}t=\frac{1}{2\pi}\int_{-c}^{c}\mathbb{E}\left(\frac{\mathrm{e}^{-ita}-\mathrm{e}^{-itb}}{\mathrm{i}t}\mathrm{e}^{\mathrm{i}t\xi}\right)\mathrm{d}t,$$

由引理4.4.11知

$$\left|\frac{\mathrm{e}^{-ita}-\mathrm{e}^{-itb}}{\mathrm{i}t}\mathrm{e}^{\mathrm{i}t\xi}\right|\leqslant(b-a).$$

利用控制收敛定理将数学期望与积分交换次序，可得

$$J(c)=\frac{1}{2\pi}\mathbb{E}\left(\int_{-c}^{c}\frac{\mathrm{e}^{-\mathrm{i}ta}-\mathrm{e}^{-\mathrm{i}tb}}{\mathrm{i}t}\mathrm{e}^{\mathrm{i}t\xi}\mathrm{d}t\right)=\frac{1}{2\pi}\mathbb{E}\left(\int_{-c}^{c}\frac{\mathrm{e}^{\mathrm{i}t(\xi-a)}-\mathrm{e}^{\mathrm{i}t(\xi-b)}}{\mathrm{i}t}\mathrm{d}t\right)$$
$$=\frac{1}{\pi}\mathbb{E}\left(\int_{0}^{c}\left(\frac{\sin(t(\xi-a))}{t}-\frac{\sin(t(\xi-b))}{t}\right)\mathrm{d}t\right),$$

其中最后一个等号用到被积函数的奇偶性. 由引理4.4.12得

$$\lim_{c\to\infty}\frac{1}{\pi}\int_{0}^{c}\frac{\sin(t(\xi-a))-\sin(t(\xi-b))}{t}\mathrm{d}t$$
$$=\frac{1}{2}\left(\mathbb{1}_{(0,\infty)}(\xi-a)-\mathbb{1}_{(-\infty,0)}(\xi-a)-\mathbb{1}_{(0,\infty)}(\xi-b)+\mathbb{1}_{(-\infty,0)}(\xi-b)\right)$$
$$=\frac{1}{2}\left(\mathbb{1}_{(a,\infty)}(\xi)-\mathbb{1}_{(-\infty,a)}(\xi)-\mathbb{1}_{(b,\infty)}(\xi)+\mathbb{1}_{(-\infty,b)}(\xi)\right)$$
$$=\frac{1}{2}\mathbb{1}_{\{a\}}(\xi)+\mathbb{1}_{(a,b)}(\xi)+\frac{1}{2}\mathbb{1}_{\{b\}}(\xi),$$

由控制收敛定理得

$$\lim_{c\to\infty}J(c)=\mathbb{E}\left(\frac{1}{2}\mathbb{1}_{\{a\}}(\xi)+\mathbb{1}_{(a,b)}(\xi)+\frac{1}{2}\mathbb{1}_{\{b\}}(\xi)\right)$$
$$=\frac{\mathbb{P}(\xi=a)+\mathbb{P}(\xi=b)}{2}+\mathbb{P}(a<\xi<b),$$

定理得证. ∎

当a和b为分布函数$F(x)$的连续点时，(4.61)等号左端变为$F(b)-F(a)$. 另外，在某些情况下(4.61)等号右边积分不能写成$(-\infty,\infty)$上的积分.

定理4.4.7 (特征函数唯一性定理) 分布函数由特征函数唯一确定.

证明 设分布函数$F(x)$和$G(x)$所对应的特征函数均为$f(t)$，C_F和C_G分别为$F(x)$和$G(x)$的连续点全体. 由反演公式知：对应任意$a,b\in C_F\cap C_G$都有

$$F(b)-F(a)=\lim_{c\to\infty}\frac{1}{2\pi}\int_{-c}^{c}\frac{\mathrm{e}^{-\mathrm{i}ta}-\mathrm{e}^{-\mathrm{i}tb}}{\mathrm{i}t}f(t)\mathrm{d}t=G(b)-G(a). \tag{4.62}$$

另外，由于分布函数为增函数，因此$\mathbb{R}-C_F$和$\mathbb{R}-C_G$至多包含可数个实数，进而对于任意实数x，存在$a_n,b_n\in C_F\cap C_G$，使得$a_n\downarrow-\infty$，$b_n\downarrow x$，再由分布函数的性质得

$$F(x)=\lim_{n\to\infty}(F(b_n)-F(a_n))=\lim_{n\to\infty}(G(b_n)-G(a_n))=G(x).$$

∎

例 4.4.6 设$\xi \sim B(1,0.5)$与$\eta \sim U(0,1)$相互独立，求$\xi+\eta$的分布.

解 ξ和η的特征函数分别为

$$f_\xi(t)=0.5+0.5\mathrm{e}^{\mathrm{i}t}, \quad f_\eta(t)=\frac{\mathrm{e}^{\mathrm{i}t}-1}{\mathrm{i}t},$$

由ξ与η相互独立得

$$f_{\xi+\eta}(t)=\left(0.5+0.5\mathrm{e}^{\mathrm{i}t}\right)\left(\frac{\mathrm{e}^{\mathrm{i}t}-1}{\mathrm{i}t}\right)=\frac{\mathrm{e}^{2\mathrm{i}t}-1}{2\mathrm{i}t},$$

这恰好是$U(0,2)$的特征函数(4.55). 由唯一性定理知$\xi+\eta \sim U(0,2)$. ∎

例 4.4.7 设$\xi_1 \sim B(n,p), \xi_2 \sim B(m,p)$，且$\xi_1$与$\xi_2$相互独立，求$\eta=\xi_1+\xi_2$的分布.

解 由例4.4.5知，$f_{\xi_1}(t)=(p\mathrm{e}^{\mathrm{i}t}+q)^n$, $f_{\xi_2}(t)=(p\mathrm{e}^{\mathrm{i}t}+q)^m$, 再由独立性得

$$f_\eta(t)=f_{\xi_1}(t)f_{\xi_2}(t)=(p\mathrm{e}^{\mathrm{i}t}+q)^{m+n}.$$

依据唯一性定理得$\eta \sim B(m+n,p)$. ∎

例4.4.7中的两个二项分布随机变量之和的分布仍是二项分布，且对应的参数等于各随机变量相应参数之和. 类似地，泊松分布、正态分布及χ^2分布都具有这种性质.

定理4.4.8提供了一种证明分布为连续型分布的途径，以及利用特征函数求密度函数的途径.

定理4.4.8 若特征函数$f(t)$绝对可积，则对应的分布函数$F(x)$为连续型，且其密度函数为

$$p(x)=\frac{1}{2\pi}\int_{-\infty}^{\infty}\mathrm{e}^{-\mathrm{i}tx}f(t)\mathrm{d}t. \tag{4.63}$$

证明 取随机变量ξ，使其分布函数为F. 对于实数$a<x$，由反演公式(4.61)和引理4.4.11得

$$\begin{aligned}
0 \leqslant F(x)-F(a) &= \mathbb{P}(\xi \in (a,x]) \\
&\leqslant 2\left(\mathbb{P}(\xi \in (a,x))+\frac{\mathbb{P}(\xi=x)+\mathbb{P}(\xi=a)}{2}\right) \\
&= \frac{1}{\pi}\lim_{c\to\infty}\left|\int_{-c}^{c}\frac{\mathrm{e}^{-\mathrm{i}tx}-\mathrm{e}^{-\mathrm{i}ta}}{\mathrm{i}t}f(t)\mathrm{d}t\right| \leqslant \frac{|x-a|}{\pi}\int_{-\infty}^{\infty}|f(t)|\,\mathrm{d}t.
\end{aligned}$$

所以F为连续函数. 对于任何实数x和δ，由反演公式(4.61)得

$$\frac{F(x+\delta)-F(x)}{\delta}=\frac{1}{2\pi}\int_{-\infty}^{\infty}\frac{\mathrm{e}^{-\mathrm{i}tx}-\mathrm{e}^{-\mathrm{i}t(x+\delta)}}{\mathrm{i}t\delta}f(t)\mathrm{d}t.$$

由引理4.4.11知

$$\left|\frac{\mathrm{e}^{-\mathrm{i}tx}-\mathrm{e}^{-\mathrm{i}t(x+\delta)}}{\mathrm{i}t\delta}f(t)\right|\leqslant|f(t)|,$$

进而由控制收敛定理得

$$\frac{\mathrm{d}F}{\mathrm{d}x}=\lim_{\delta\to0}\frac{1}{2\pi}\int_{-\infty}^{\infty}\frac{\mathrm{e}^{-\mathrm{i}tx}-\mathrm{e}^{-\mathrm{i}t(x+\delta)}}{\mathrm{i}t\delta}f(t)\mathrm{d}t=\frac{1}{2\pi}\int_{-\infty}^{\infty}\mathrm{e}^{-\mathrm{i}tx}f(t)\mathrm{d}t,$$

即F为连续型分布，其密度函数由(4.63)给出. ∎

例 4.4.8 证明

$$f(t)=1-|t|,\quad |t|<1$$

为特征函数，且它所对应的分布为连续型分布.

证明 取

$$p(x)=\frac{1}{2\pi}\int_{-\infty}^{\infty}\mathrm{e}^{-\mathrm{i}tx}f(t)\,\mathrm{d}t=\frac{1}{\pi}\int_{0}^{1}(1-t)\cos(-tx)\,\mathrm{d}t=\frac{1-\cos x}{x^2\pi},$$

注意到$p(x)$为偶函数，利用分部积分公式得

$$\int_{-\infty}^{\infty}p(x)\,\mathrm{d}x=\frac{2}{\pi}\int_{0}^{\infty}\frac{1-\cos x}{x^2}\mathrm{d}x=\frac{2}{\pi}\int_{0}^{\infty}\frac{\sin x}{x}\mathrm{d}x=1.$$

所以$p(x)$为密度函数，其特征函数

$$\begin{aligned}&\int_{-\infty}^{\infty}\mathrm{e}^{\mathrm{i}tx}p(x)\,\mathrm{d}x=\frac{2}{\pi}\int_{0}^{\infty}\cos(tx)\times\frac{1-\cos x}{x^2}\mathrm{d}x\\&=\frac{2}{\pi}\int_{0}^{\infty}\left(\cos(tx)-\frac{\cos((t+1)x)+\cos((t-1)x)}{2}\right)\frac{1}{x^2}\mathrm{d}x\\&=\frac{2}{\pi}\int_{0}^{\infty}\left(t\sin(tx)-\frac{(t+1)\sin((t+1)x)+(t-1)\sin((t-1)x)}{2}\right)\frac{1}{x}\mathrm{d}x\\&=-t\,\mathrm{sgn}\,t+\frac{1}{2}((t+1)\,\mathrm{sgn}(t+1)+(t-1)\,\mathrm{sgn}(t-1))=f(t).\end{aligned}$$

即$f(t)$是连续型分布的特征函数. ∎

§4.4.3 联合特征函数

随机变量的特征函数的概念，可以推广到有限维随机向量的情形.

定义 4.4.3 设$\boldsymbol{\xi}=(\xi_1,\xi_2,\cdots,\xi_n)$为随机向量，称

$$f(t_1,t_2,\cdots,t_n)\triangleq\mathbb{E}\left(\mathrm{e}^{\mathrm{i}(t_1\xi_1+t_2\xi_2+\cdots+t_n\xi_n)}\right) \tag{4.64}$$

为$\boldsymbol{\xi}$的**联合特征函数**或**多元特征函数**，简称为**特征函数**.

同样联合特征函数也具有类似于特征函数的性质. 证明方法类似，下面只列性质，不一一证明.

定理4.4.9 若$f(t_1,t_2,\cdots,t_n)$为随机向量$\boldsymbol{\xi}=(\xi_1,\xi_2,\cdots,\xi_n)$的联合特征函数，则如下结论成立.

1° $|f(t_1,t_2,\cdots,t_n)|\leqslant f(0,0,\cdots,0)$.

2° $f(-t_1,-t_2,\cdots,-t_n)=\overline{f(t_1,t_2,\cdots,t_n)}$.

3° 若混合矩$\mathbb{E}\left(\xi_1^{k_1}\xi_2^{k_2}\cdots\xi_n^{k_n}\right)$有限，则

$$\mathbb{E}\left(\xi_1^{k_1}\xi_2^{k_2}\cdots\xi_n^{k_n}\right)=\mathrm{i}^{-\sum\limits_{j=1}^{n}k_j}\frac{\partial^{k_1+k_2+\cdots+k_n}f(0,0,\cdots,0)}{\partial t_1^{k_1}\partial t_2^{k_2}\cdots\partial t_n^{k_n}}.$$

4° 对于任意$\boldsymbol{a}<\boldsymbol{b}\in\mathbb{R}^n$，若$\boldsymbol{\xi}$落在超立方体$(\boldsymbol{a},\boldsymbol{b}]$的边界上的概率为0，则有反演公式

$$\begin{aligned}&\mathbb{P}\left(\boldsymbol{\xi}\in(\boldsymbol{a},\boldsymbol{b}]\right)\\&=\lim_{\substack{c_j\to\infty\\ j=1,2,\cdots,n}}\frac{1}{(2\pi)^n}\int_{-c_1}^{c_1}\int_{-c_2}^{c_2}\cdots\int_{-c_n}^{c_n}\left(\prod_{j=1}^{n}\frac{\mathrm{e}^{-\mathrm{i}t_ja_j}-\mathrm{e}^{-\mathrm{i}t_jb_j}}{\mathrm{i}t_j}\right)\times\\&\qquad f(t_1,t_2,\cdots,t_n)\,\mathrm{d}t_1\mathrm{d}t_2\cdots\mathrm{d}t_n.\end{aligned}$$

5° 对于任何$1\leqslant s_1<s_2<\cdots<s_k\leqslant n$,

$$\begin{aligned}&f_{(\xi_{s_1},\xi_{s_2},\cdots,\xi_{s_k})}(t_{s_1},t_{s_2},\cdots,t_{s_k})\\&=f_{\boldsymbol{\xi}}(0,\cdots,0,t_{s_1},0,\cdots,0,t_{s_2},0,\cdots,0,t_{s_k},0,\cdots,0).\end{aligned}$$

6° $\xi_1,\xi_2,\cdots,\xi_n$相互独立的充要条件是联合特征函数等于各个边缘特征函数的乘积.

§4.4.4 引理

引理4.4.10 对于任何实数x和t，有

$$\left|\mathrm{e}^{\mathrm{i}x}-\sum_{k=0}^{n}\frac{(\mathrm{i}x)^k}{k!}\right|\leqslant\left(\frac{|x|^{n+1}}{(n+1)!}\right)\bigwedge\left(\frac{2|x|^n}{n!}\right). \tag{4.65}$$

证明 记

$$g(x)=\sum_{k=n+1}^{\infty}\frac{(\mathrm{i}x)^k}{k!},$$

对x求$n+1$阶导数得

$$\frac{\mathrm{d}^{n+1}g}{\mathrm{d}x^{n+1}}(x)=\sum_{k=n+1}^{\infty}\frac{(\mathrm{i})^k x^{k-n-1}}{(k-n-1)!}=\sum_{k=0}^{\infty}\frac{(\mathrm{i})^{n+1}(\mathrm{i})^k x^k}{k!}=(\mathrm{i})^{n+1}\mathrm{e}^{ix}.$$

所以

$$\begin{aligned}|g(x)|&=|g(x)-g(0)|\\&=\left|\int_0^x\mathrm{d}t_1\int_0^{t_1}\mathrm{d}t_2\cdots\int_0^{t_n}\frac{\mathrm{d}^{n+1}g}{\mathrm{d}x^{n+1}}(t_{n+1})\,\mathrm{d}t_{n+1}\right|\\&=\left|\int_0^x\mathrm{d}t_1\int_0^{t_1}\mathrm{d}t_2\cdots\int_0^{t_n}\mathrm{e}^{\mathrm{i}t_{n+1}}\mathrm{d}t_{n+1}\right|.\end{aligned}$$

因此

$$\begin{aligned}|g(x)|&\leqslant\int_0^x\mathrm{d}t_1\int_0^{t_1}\mathrm{d}t_2\cdots\int_0^{t_n}\mathrm{d}t_{n+1}=\frac{|x|^{n+1}}{(n+1)!},\\|g(x)|&=\left|\int_0^x\mathrm{d}t_1\int_0^{t_1}\mathrm{d}t_2\cdots\int_0^{t_{n-1}}\frac{1}{\mathrm{i}}\left(\mathrm{e}^{\mathrm{i}t_n}-1\right)\mathrm{d}t_n\right|\\&\leqslant 2\int_0^x\mathrm{d}t_1\int_0^{t_1}\mathrm{d}t_2\cdots\int_0^{t_{n-1}}\mathrm{d}t_n=\frac{2|x|^n}{n!},\end{aligned}$$

即(4.65)成立. ∎

引理4.4.11 对于任何实数a和b有

$$\left|\mathrm{e}^{\mathrm{i}a}-\mathrm{e}^{\mathrm{i}b}\right|\leqslant|b-a|. \tag{4.66}$$

证明 由引理4.4.10，

$$\left|\mathrm{e}^{\mathrm{i}a}-\mathrm{e}^{\mathrm{i}b}\right|=\left|\mathrm{e}^{\mathrm{i}(a-b)}-1\right|\leqslant|b-a|.$$

∎

引理4.4.12 对任意实数α及$T > 0$，令

$$I(\alpha, T) = \frac{2}{\pi}\int_0^T \frac{\sin\alpha t}{t}\mathrm{d}t,$$

则有

$$\lim_{T\to\infty} I(\alpha, T) = \mathbb{1}_{(0,\infty)}(\alpha) - \mathbb{1}_{(-\infty,0)}(\alpha),$$

并且，对$|\alpha| > \delta$一致收敛，其中δ为任意小的正数.

证明 因为

$$\lim_{T\to\infty}\int_0^T \frac{\sin t}{t}\mathrm{d}t = \frac{\pi}{2},$$

所以对任意$\varepsilon > 0$，存在T_1，使当$T > T_1$时，

$$\left|\frac{2}{\pi}\int_0^T \frac{\sin t}{t}\mathrm{d}t - 1\right| < \varepsilon.$$

另外，

$$I(\alpha, T) = \frac{2}{\pi}\int_0^T \frac{\sin\alpha t}{t}\mathrm{d}t = \frac{2}{\pi}\int_0^{\alpha T} \frac{\sin t}{t}\mathrm{d}t,$$

因此，当$\alpha > \delta$时有

$$\left|I(\alpha, T) - \left(\mathbb{1}_{(0,\infty)}(\alpha) - \mathbb{1}_{(-\infty,0)}(\alpha)\right)\right| = \left|\frac{2}{\pi}\int_0^{\alpha T}\frac{\sin t}{t}\mathrm{d}t - 1\right| < \varepsilon, \quad T > \frac{T_1}{\delta};$$

当$\alpha < -\delta$时有

$$\left|I(\alpha, T) - \left(\mathbb{1}_{(0,\infty)}(\alpha) - \mathbb{1}_{(-\infty,0)}(\alpha)\right)\right| = \left|\frac{2}{\pi}\int_0^{\alpha T}\frac{\sin t}{t}\mathrm{d}t + 1\right| < \varepsilon, \quad T > \frac{T_1}{\delta}.$$

综上所述，引理结论成立. ■

§4.4.5 练习题

练习 4.4.1 若$f(t)$为ξ的特征函数，证明

$$\int_{-\tau}^{\tau} f(t)\,\mathrm{d}t = 2\mathbb{E}\left(\frac{\sin(\xi\tau)}{\xi}\right).$$

练习 4.4.2 求下列特征函数对应的分布密度.

(1) $f(t) = \cos t$;

(2) $f(t)=\sum\limits_{k=0}^{\infty}a_k\cos(kt)$，其中$a_k\geqslant 0$，$\sum\limits_{k=0}^{\infty}a_k=1$.

练习 4.4.3 若随机变量的特征函数是$\dfrac{\mathrm{e}^{\mathrm{i}t}(1-\mathrm{e}^{\mathrm{i}nt})}{n(1-\mathrm{e}^{\mathrm{i}t})}$，证明$\xi$以概率$\dfrac{1}{n}$取值$1,2,\cdots,n$.

练习 4.4.4 设随机变量ξ的分布函数为$F(x)$，$F(x)$连续且严格单调. 求$F(\xi)+b$的特征函数，其中b为实数.

练习 4.4.5 设$F(x)$和$f(t)$分别是随机变量ξ的分布函数和特征函数. 令

$$G(x)=\frac{1}{2h}\int_{x-h}^{x+h}F(y)\mathrm{d}y,$$

其中$h>0$为常数. 证明$G(x)$为分布函数，其对应的特征函数为$\dfrac{\sin ht}{ht}f(t)$.

练习 4.4.6 已知$f(t)$为特征函数，问使得$\dfrac{1}{f(t)}$也为特征函数的充分必要条件是什么?

练习 4.4.7 假设特征函数$f(t)$为实函数，证明

$$1-f(2t)\leqslant 4\left(1-f(t)\right),\quad 1+f(2t)\geqslant 2\left(f(t)\right)^2.$$

练习 4.4.8 设二维随机变量(ξ,η) 具有联合密度函数:

$$p(x,y)=\begin{cases}\frac{1}{4}\left(1+xy(x^2-y^2)\right), & |x|<1,|y|<1,\\ 0 & \text{其他},\end{cases}$$

证明$\xi+\eta$的特征函数等于ξ的特征函数与η的特征函数之积，但是ξ和η并不相互独立.

练习 4.4.9 证明定理4.4.9中结论(1), (2), (5)和(6).

练习 4.4.10 设$\xi\sim N\left(0,\sigma^2\right)$，通过特征函数计算$\mathbb{E}\left(\xi^2\right)$.

练习 4.4.11 若g_k为随机变量的特征函数，记

$$g\left(\boldsymbol{t}\right)=\prod_{k=1}^{n}g_k\left(t_k\right),\quad \forall\boldsymbol{t}=(t_1,t_2,\cdots,t_n)\in\mathbb{R}^n,$$

则g为某一n维随机向量的联合特征函数.

§4.5 多元正态分布

在第3章中，我们介绍了正态分布随机变量，下面将其推广到随机向量的情形，并介绍多元正态分布的性质.

§4.5.1 密度函数与特征函数

若$\xi_1, \xi_2, \cdots, \xi_n$为相互独立的标准正态分布随机变量，则随机向量

$$\boldsymbol{\xi} = (\xi_1, \xi_2, \cdots, \xi_n)$$

为连续型随机向量，其联合特征函数

$$f_{\boldsymbol{\xi}}(\boldsymbol{t}) = \mathbb{E}\left(\exp\left(\mathrm{i}\boldsymbol{\xi}\boldsymbol{t}'\right)\right) = \prod_{k=1}^{n} f_{\xi_k}(t_k) = \prod_{k=1}^{n} \exp\left(-\frac{\sigma_k^2 t_k^2}{2}\right) = \exp\left(-\frac{\boldsymbol{t}\boldsymbol{I}_n\boldsymbol{t}'}{2}\right),$$

其中$\boldsymbol{t} = (t_1, t_2, \cdots, t_n) \in \mathbb{R}^n$，$\boldsymbol{I}_n$为$n$阶单位矩阵.

对于$\boldsymbol{a} \in \mathbb{R}^n$和$n \times n$阶矩阵$\boldsymbol{A}$，记$\boldsymbol{\eta} = \boldsymbol{a} + \boldsymbol{\xi}\boldsymbol{A}$，则$\boldsymbol{\eta}$的联合特征函数

$$\begin{aligned}
f_{\eta}(\boldsymbol{t}) &= \mathbb{E}\left(\exp\left(\mathrm{i}\boldsymbol{\eta}\boldsymbol{t}'\right)\right) = \mathbb{E}\left(\exp\left(\mathrm{i}\left(\boldsymbol{a} + \boldsymbol{\xi}\boldsymbol{A}\right)\boldsymbol{t}'\right)\right) \\
&= \exp\left(\mathrm{i}\boldsymbol{a}\boldsymbol{t}'\right)\mathbb{E}\left(\exp\left(\mathrm{i}\boldsymbol{\xi}\left(\boldsymbol{A}\boldsymbol{t}'\right)\right)\right) = \exp\left(\mathrm{i}\boldsymbol{a}\boldsymbol{t}'\right) f_{\boldsymbol{\xi}}\left(\boldsymbol{t}\boldsymbol{A}'\right) \\
&= \exp\left(\mathrm{i}\boldsymbol{a}\boldsymbol{t}'\right)\exp\left(-\frac{\left(\boldsymbol{t}\boldsymbol{A}'\right)\boldsymbol{I}_n\left(\boldsymbol{t}\boldsymbol{A}'\right)'}{2}\right) \\
&= \exp\left(\mathrm{i}\boldsymbol{a}\boldsymbol{t}' - \frac{\boldsymbol{t}\left(\boldsymbol{A}'\boldsymbol{A}\right)\boldsymbol{t}'}{2}\right), \quad \forall \boldsymbol{t} \in \mathbb{R}^n.
\end{aligned}$$

对于任意半正定矩阵$\boldsymbol{B}$，存在$n \times n$阶矩阵$\boldsymbol{A}$，使得$B = \boldsymbol{A}'\boldsymbol{A}$，因此

$$f(\boldsymbol{t}) = \exp\left(\mathrm{i}\boldsymbol{a}\boldsymbol{t}' - \frac{\boldsymbol{t}\boldsymbol{B}\boldsymbol{t}'}{2}\right) \tag{4.67}$$

为联合特征函数，称f所对应的分布为n**元正态分布**或**多元正态分布**，记作$N(\boldsymbol{a}, \boldsymbol{B})$.

定理4.5.1 若$\boldsymbol{a} \in \mathbb{R}^n$，$\boldsymbol{B}$为正定矩阵，$\boldsymbol{y} = (y_1, y_2, \cdots, y_n) \in \mathbb{R}^n$，

$$p(\boldsymbol{y}) = \frac{1}{(2\pi)^{n/2}|\boldsymbol{B}|^{1/2}}\exp\left(-\frac{(\boldsymbol{y} - \boldsymbol{a})\boldsymbol{B}^{-1}(\boldsymbol{y} - \boldsymbol{a})'}{2}\right), \tag{4.68}$$

则$N(\boldsymbol{a}, \boldsymbol{B})$为连续型分布，且$p$为该分布的联合密度函数.

证明 对于正定矩阵$\boldsymbol{B}$，存在可逆矩阵$\boldsymbol{A}$，$\boldsymbol{B}=\boldsymbol{A}'\boldsymbol{A}$. 取相互独立的标准正态分布随机变量$\xi_1,\xi_2,\cdots,\xi_n$，记

$$\boldsymbol{\xi}=(\xi_1,\xi_2,\cdots,\xi_n),\quad \boldsymbol{\eta}=\boldsymbol{a}+\boldsymbol{\xi}\boldsymbol{A},$$

则$\boldsymbol{\eta}\sim N(\boldsymbol{a},\boldsymbol{B})$，且$\boldsymbol{\xi}$的联合密度函数

$$p_{\boldsymbol{\xi}}(\boldsymbol{x})=\prod_{k=1}^{n}\varphi(x_k)=\frac{1}{(2\pi)^{n/2}}\exp\left(-\frac{\boldsymbol{x}\boldsymbol{x}'}{2}\right),\quad \forall \boldsymbol{x}=(x_1,x_2,\cdots,x_n)\in\mathbb{R}^n.$$

记$\boldsymbol{y}=\boldsymbol{a}+\boldsymbol{x}\boldsymbol{A}$，则$\boldsymbol{x}=(\boldsymbol{y}-\boldsymbol{a})\boldsymbol{A}^{-1}$，雅可比行列式

$$J=\left|\frac{\partial(\boldsymbol{y}-\boldsymbol{a})\boldsymbol{A}^{-1}}{\partial(y_1,y_2,\cdots,y_n)}\right|=\left|\boldsymbol{A}^{-1}\right|=|A|^{-1}.$$

由定理3.7.6知$\boldsymbol{\eta}$为连续型随机向量，且$\boldsymbol{\eta}$的联合密度函数

$$\begin{aligned}p_\eta(\boldsymbol{y})&=\frac{1}{(2\pi)^{n/2}}\exp\left(-\frac{\left((\boldsymbol{y}-\boldsymbol{a})\boldsymbol{A}^{-1}\right)\left((\boldsymbol{y}-\boldsymbol{a})\boldsymbol{A}^{-1}\right)'}{2}\right)|J|\\&=\frac{1}{(2\pi)^{n/2}}\exp\left(-\frac{(\boldsymbol{y}-\boldsymbol{a})\left(\boldsymbol{A}^{-1}(\boldsymbol{A}')^{-1}\right)(\boldsymbol{y}-\boldsymbol{a})'}{2}\right)\left||\mathbf{A}|^{-1}\right|,\quad \boldsymbol{y}\in\mathbb{R}^n,\end{aligned}$$

将$\boldsymbol{A}^{-1}(\boldsymbol{A}')^{-1}=(\boldsymbol{A}'\boldsymbol{A})^{-1}=\boldsymbol{B}^{-1}$和$\left||\mathbf{A}|^{-1}\right|=\left||\boldsymbol{A}'\boldsymbol{A}|^{-1}\right|^{1/2}=|\boldsymbol{B}|^{-1/2}$代入上式，得到

$$p_\eta(\boldsymbol{y})=\frac{1}{(2\pi)^{n/2}|\boldsymbol{B}|^{1/2}}\exp\left(-\frac{(\boldsymbol{y}-\boldsymbol{a})\boldsymbol{B}^{-1}(\boldsymbol{y}-\boldsymbol{a})'}{2}\right),\quad \boldsymbol{y}\in\mathbb{R}^n,$$

即p为$N(\boldsymbol{a},\boldsymbol{B})$的联合密度函数. ■

当$\boldsymbol{B}$正定时，称$N(\boldsymbol{a},\boldsymbol{B})$为**非退化的正态分布**，此时$N(\boldsymbol{a},\boldsymbol{B})$为连续型分布，其密度函数由(4.68)给出；当$\boldsymbol{B}$退化时，即行列式$|\boldsymbol{B}|=0$时，称$N(\boldsymbol{a},\boldsymbol{B})$为**退化的正态分布**，此时$N(\boldsymbol{a},\boldsymbol{B})$不是连续型分布.

§4.5.2 多元正态分布的性质

定理4.5.2 若$\boldsymbol{\xi}=(\xi_1,\xi_2,\cdots,\xi_n)\sim N(\boldsymbol{a},\boldsymbol{B})$，则$\boldsymbol{\xi}$ 的任意子向量

$$\boldsymbol{\xi}_1=(\xi_{s_1},\xi_{s_2},\cdots,\xi_{s_k})\sim N(\boldsymbol{a}_1,\boldsymbol{B}_1),\tag{4.69}$$

其中$1\leqslant s_1<s_2<\cdots<s_k\leqslant n$，$\boldsymbol{a}_1$是由$\boldsymbol{a}$的第$s_1,s_2,\cdots,s_k$分量组成的向量，而$\boldsymbol{B}_1$是由$\boldsymbol{B}$的第$s_1,s_2,\cdots,s_k$行和列组成的子矩阵.

证明 $\boldsymbol{\xi}$的特征函数为

$$f_{\boldsymbol{\xi}}(\boldsymbol{t}) = \exp\left(\mathrm{i}\boldsymbol{a}\boldsymbol{t}' - \frac{\boldsymbol{t}\boldsymbol{B}\boldsymbol{t}'}{2}\right).$$

其中$\boldsymbol{t} = (t_1, t_2, \cdots, t_n)$. 特别当$j \notin \{s_1, s_2, \cdots, s_k\}$时，取$t_j = 0$，可由上式得$\boldsymbol{\xi}_1$的边缘特征函数为

$$f_{\boldsymbol{\xi}_1}(\boldsymbol{t}_1) = \exp\left(\mathrm{i}\boldsymbol{a}_1\boldsymbol{t}_1' - \frac{\boldsymbol{t}_1\boldsymbol{B}_1\boldsymbol{t}_1'}{2}\right),$$

其中$\boldsymbol{t}_1 = (t_{s_1}, t_{s_2}, \cdots, t_{s_k})$，即$\boldsymbol{\xi}_1 \sim N(\boldsymbol{a}_1, \boldsymbol{B}_1)$. ∎

特别地，定理4.5.2中正态分布随机向量$\boldsymbol{\xi}$的分量$\xi_k \sim N(a_k, b_{kk})$，其中$b_{kk}$为$\boldsymbol{B}$对角线上第$k$个元素.

定理4.5.3 若$\boldsymbol{\xi} \sim N(\boldsymbol{a}, \boldsymbol{B})$，则

$$\mathbb{E}(\boldsymbol{\xi}) = \boldsymbol{a}, \quad \mathrm{var}(\boldsymbol{\xi}) = \boldsymbol{B}, \tag{4.70}$$

证明 分别记ξ_j和a_j为$\boldsymbol{\xi}$和$\boldsymbol{a}$的第j分量，b_{jk}为$\boldsymbol{B}$的第j行第k列位置的元素. 由(4.69)知

$$\xi_j \sim N(a_j, b_{jj}), \quad 1 \leqslant j \leqslant n,$$

所以$\mathbb{E}(\xi_j) = a_j$，$D(\xi_j) = b_{jj}$，$\xi_j \in \mathscr{L}^2$. 进而$\mathbb{E}(\boldsymbol{\xi}) = \boldsymbol{a}$.

由柯西-施瓦兹不等式得

$$\mathbb{E}|\xi_j\xi_k| \leqslant \sqrt{\mathbb{E}\left(\xi_j^2\right)\mathbb{E}\left(\xi_k^2\right)} < \infty,$$

再利用定理4.4.9结论(3)得

$$\mathbb{E}(\xi_j\xi_k) = \frac{1}{\mathrm{i}^2}\frac{\partial^2 f_{\boldsymbol{\xi}}(\boldsymbol{0})}{\partial t_j \partial t_k} = b_{jk} + a_j a_k.$$

由定理4.2.4性质4°可得$\mathrm{cov}(\xi_j, \xi_k) = b_{jk}$，即$\mathrm{var}(\boldsymbol{\xi}) = \boldsymbol{B}$. ∎

定理4.5.4 n维正态随机向量的各个分量相互独立的充分必要条件是它们两两不相关.

证明 必要性显然，只需证明充分性. 若$\xi_1, \xi_2, \cdots, \xi_n$两两不相关，则方差矩阵

$$\mathrm{var}(\boldsymbol{\xi}) = \begin{pmatrix} D(\xi_1) & 0 & \cdots & 0 \\ 0 & D(\xi_2) & \cdots & 0 \\ \vdots & \vdots & \ddots & \vdots \\ 0 & 0 & \cdots & D(\xi_n) \end{pmatrix},$$

从而$\boldsymbol{\xi}$的联合特征函数

$$\begin{aligned} f(\boldsymbol{t}) &= \exp\left(\mathrm{i}\boldsymbol{a}\boldsymbol{t}' - \frac{\boldsymbol{t}\mathrm{var}(\boldsymbol{\xi})\boldsymbol{t}'}{2}\right) \\ &= \exp\left(\mathrm{i}\sum_{k=1}^{n} a_k t_k - \frac{1}{2}\sum_{k=1}^{n} D(\xi_k) t_k^2\right) \\ &= \prod_{k=1}^{n} \exp\left(\mathrm{i}a_k t_k - \frac{t_k^2 D(\xi_k)}{2}\right), \end{aligned}$$

即联合特征函数等于各边缘特征函数之乘积，即$\xi_1, \xi_2, \cdots, \xi_n$相互独立. ∎

为讨论方便，定义随机向量$\boldsymbol{\xi} = (\xi_1, \xi_2, \cdots, \xi_n)$的**数学期望**

$$\mathbb{E}(\boldsymbol{\xi}) \triangleq (\mathbb{E}(\xi_1), \mathbb{E}(\xi_2), \cdots, \mathbb{E}(\xi_n)), \tag{4.71}$$

定义$\boldsymbol{\xi}$和随机向量$\boldsymbol{\eta} = (\eta_1, \eta_2, \cdots, \eta_m)$的**协方差矩阵**

$$\mathrm{cov}(\boldsymbol{\xi}, \boldsymbol{\eta}) \triangleq \mathbb{E}\left((\boldsymbol{\xi} - \mathbb{E}(\boldsymbol{\xi}))'(\boldsymbol{\eta} - \mathbb{E}(\boldsymbol{\eta}))\right) \triangleq \Big(\mathrm{cov}(\xi_j, \eta_k)\Big)_{n\times m}. \tag{4.72}$$

显然

$$\mathrm{cov}(\boldsymbol{\xi}, \boldsymbol{\eta}) = (\mathrm{cov}(\boldsymbol{\eta}, \boldsymbol{\xi}))'.$$

定理4.5.5　设n维随机向量$\boldsymbol{\xi} = (\boldsymbol{\xi}_1, \boldsymbol{\xi}_2) \sim N(\boldsymbol{a}, \boldsymbol{B})$，则$\boldsymbol{\xi}_1$和$\boldsymbol{\xi}_2$相互独立的充要条件是$\mathrm{cov}(\boldsymbol{\xi}_1, \boldsymbol{\xi}_2) = 0$.

证明　若$\boldsymbol{\xi}_1$和$\boldsymbol{\xi}_2$相互独立，由定理4.5.4和(4.72)知$\mathrm{cov}(\boldsymbol{\xi}_1, \boldsymbol{\xi}_2) = 0$，即必要性成立.

往证充分性. 当$\mathrm{cov}(\boldsymbol{\xi}_1, \boldsymbol{\xi}_2) = 0$时，

$$\boldsymbol{B} = \mathrm{var}(\boldsymbol{\xi}) = \begin{pmatrix} \mathrm{var}(\boldsymbol{\xi}_1) & 0 \\ 0 & \mathrm{var}(\boldsymbol{\xi}_2) \end{pmatrix}.$$

不妨将$\boldsymbol{\xi}_1$的维数记为m，

$$\boldsymbol{a}_1 = \mathbb{E}(\boldsymbol{\xi}_1), \quad \boldsymbol{a}_2 = \mathbb{E}(\boldsymbol{\xi}_2),$$

则对于任何$\boldsymbol{t}_1 \in \mathbb{R}^m$，$\boldsymbol{t}_2 \in \mathbb{R}^{n-m}$，有

$$f_{\boldsymbol{\xi}}(\boldsymbol{t}_1, \boldsymbol{t}_2) = \exp\left(\mathrm{i}(\boldsymbol{a}_1, \boldsymbol{a}_2)\begin{pmatrix} \boldsymbol{t}_1' \\ \boldsymbol{t}_2' \end{pmatrix} - \frac{1}{2}(\boldsymbol{t}_1, \boldsymbol{t}_2)\boldsymbol{B}\begin{pmatrix} \boldsymbol{t}_1' \\ \boldsymbol{t}_2' \end{pmatrix}\right)$$

$$
\begin{aligned}
&= \exp\left(\mathrm{i}(\boldsymbol{a}_1\boldsymbol{t}_1' + \boldsymbol{a}_2\boldsymbol{t}_2') - \frac{1}{2}\left(\boldsymbol{t}_1 \mathrm{var}\left(\boldsymbol{\xi}_1\right)\boldsymbol{t}_1' + \boldsymbol{t}_2 \mathrm{var}\left(\boldsymbol{\xi}_2\right)\boldsymbol{t}_2'\right)\right) \\
&= f_{\boldsymbol{\xi}_1}\left(\boldsymbol{t}_1\right) f_{\boldsymbol{\xi}_2}\left(\boldsymbol{t}_2\right),
\end{aligned}
$$

即$\boldsymbol{\xi}_1$和$\boldsymbol{\xi}_2$相互独立. ∎

下面考虑n元正态分布随机向量的线性变换分布问题.

定理4.5.6 若$\boldsymbol{\xi} \sim N(\boldsymbol{a}, \boldsymbol{B})$，$\boldsymbol{C}$为$n \times m$阶矩阵，则

$$
\boldsymbol{\eta} = \boldsymbol{\xi}\boldsymbol{C} \sim N(\boldsymbol{a}\boldsymbol{C}, \boldsymbol{C}'\boldsymbol{B}\boldsymbol{C}). \tag{4.73}
$$

证明 $\boldsymbol{\eta}$的特征函数为

$$
f_{\boldsymbol{\eta}}\left(\boldsymbol{t}\right) = \mathbb{E}\left(\mathrm{e}^{\mathrm{i}\boldsymbol{\eta}\boldsymbol{t}'}\right) = \mathbb{E}\left(\mathrm{e}^{\mathrm{i}\boldsymbol{\xi}\boldsymbol{C}\boldsymbol{t}'}\right) = f_{\boldsymbol{\xi}}\left(\boldsymbol{t}\boldsymbol{C}'\right) = \exp\left(\mathrm{i}\boldsymbol{a}\boldsymbol{C}\boldsymbol{t}' - \frac{\boldsymbol{t}\boldsymbol{C}'\boldsymbol{B}\boldsymbol{C}\boldsymbol{t}'}{2}\right),
$$

即$\boldsymbol{\eta} \sim N(\boldsymbol{a}\boldsymbol{C}, \boldsymbol{C}'\boldsymbol{B}\boldsymbol{C})$. ∎

定理4.5.6说明正态分布随机向量在线性变换下仍然服从正态分布，这个性质简称为正态分布的线性变换不变性.

定理4.5.7 若$\boldsymbol{\xi} \sim N(\boldsymbol{a}, \boldsymbol{B})$，则存在正交矩阵$\boldsymbol{C}$，使得$\boldsymbol{\eta} = \boldsymbol{\xi}\boldsymbol{C}$的各个分量相互独立.

证明 因为$\boldsymbol{B}$为半正定矩阵，所以存在正交矩阵$\boldsymbol{C}$，使得$\boldsymbol{C}'\boldsymbol{B}\boldsymbol{C}$为对角矩阵. 由定理4.5.6知$\boldsymbol{\xi}\boldsymbol{C} \sim N(\boldsymbol{a}\boldsymbol{C}, \boldsymbol{C}'\boldsymbol{B}\boldsymbol{C})$，再由定理4.5.4得结论. ∎

定理4.5.8 若$0 < \sigma^2 \in \mathbb{R}$，$I_n$为$n$阶单位矩阵，$\boldsymbol{\xi} \sim N(\boldsymbol{a}, \sigma^2 I_n)$，$\boldsymbol{C}$为正交矩阵，则$\boldsymbol{\eta} = \boldsymbol{\xi}\boldsymbol{C}$的各个分量相互独立.

证明 注意到$\boldsymbol{C}$为正交矩阵得$\boldsymbol{C}'\sigma^2 I_n \boldsymbol{C} = \sigma^2 I_n$，再由定理4.5.6和定理4.5.4知$\boldsymbol{\eta}$的各个分量相互独立. ∎

定理4.5.9 $\boldsymbol{\xi} \sim N(\boldsymbol{a}, \boldsymbol{B})$的充要条件是

$$
\boldsymbol{\xi}\boldsymbol{s}' \sim N\left(\boldsymbol{a}\boldsymbol{s}', \boldsymbol{s}\boldsymbol{B}\boldsymbol{s}'\right), \quad \forall \boldsymbol{s} \in \mathbb{R}^n. \tag{4.74}
$$

证明 由定理4.5.6知必要性成立，只需证明充分性. 对于任何$\boldsymbol{s} \in \mathbb{R}^n$和$t \in \mathbb{R}$，

$$
\mathbb{E}\left(\mathrm{e}^{\mathrm{i}\boldsymbol{\xi}\boldsymbol{s}'t}\right) = f_{\boldsymbol{\xi}\boldsymbol{s}'}(t) = \exp\left(\mathrm{i}\boldsymbol{a}\boldsymbol{s}'t - \frac{\boldsymbol{s}\boldsymbol{B}\boldsymbol{s}'t^2}{2}\right).
$$

特别地，取$t=1$有

$$\mathbb{E}\left(\mathrm{e}^{\mathrm{i}\boldsymbol{\xi}\boldsymbol{s}'}\right)=\exp\left(\mathrm{i}\boldsymbol{a}\boldsymbol{s}'-\frac{\boldsymbol{s}\boldsymbol{B}\boldsymbol{s}'}{2}\right),\quad \forall\ \boldsymbol{s}\in\mathbb{R}^n,$$

即$\boldsymbol{\xi}\sim N(\boldsymbol{a},\boldsymbol{B})$. ∎

定理4.5.9给出了多元正态分布的一个等价定义(4.74).

例 4.5.1 设ξ和η独立同分布，$\xi\sim N(0,1)$，$\zeta=|\eta|\,\mathbb{1}_{\{\xi\geqslant 0\}}-|\eta|\,\mathbb{1}_{\{\xi<0\}}$，证明$\zeta\sim N(0,1)$.

证明 由全概率公式和独立性假设得

$$\begin{aligned}F_\zeta(x)&=\mathbb{P}(\zeta\leqslant x)\\&=\mathbb{P}(\xi\geqslant 0)\mathbb{P}(\zeta\leqslant x|\xi\geqslant 0)+\mathbb{P}(\xi<0)\,\mathbb{P}(\zeta\leqslant x|\xi<0)\\&=\frac{1}{2}\left(\mathbb{P}(|\eta|\leqslant x)+\mathbb{P}(-|\eta|\leqslant x)\right).\end{aligned}\tag{4.75}$$

当$x\leqslant 0$时，由标准正态分布的对称性有

$$\mathbb{P}\left(|\eta|\leqslant x\right)+\mathbb{P}\left(-|\eta|\leqslant x\right)=\mathbb{P}(|\eta|\geqslant -x)=2\Phi\left(x\right).\tag{4.76}$$

类似地，当$x>0$时有

$$\mathbb{P}\left(|\eta|\leqslant x\right)+\mathbb{P}\left(-|\eta|\leqslant x\right)=\mathbb{P}(|\eta|\leqslant x)+1=2\left(\mathbb{P}(0\leqslant\eta\leqslant x)+\frac{1}{2}\right)=2\Phi\left(x\right).\tag{4.77}$$

由(4.75)，(4.76)和(4.77)知$\zeta\sim N(0,1)$. ∎

在例4.5.1中，二维随机向量(η,ζ)的边缘分布都是标准正态分布，但联合分布不是正态分布. 若不然，则$\eta+\zeta\sim N(0,\sigma^2)$，这与下式相矛盾：

$$\begin{aligned}&\mathbb{P}(\eta+\zeta=0)\\&=\mathbb{P}\left(\xi\geqslant 0\right)\mathbb{P}\left(\eta+|\eta|=0\middle|\xi\geqslant 0\right)+\mathbb{P}\left(\xi<0\right)\mathbb{P}\left(\eta-|\eta|=0\middle|\xi<0\right)\\&=\frac{1}{2}\left(\mathbb{P}\left(\eta\leqslant 0\right)+\mathbb{P}\left(\eta>0\right)\right)=\frac{1}{2}.\end{aligned}$$

例 4.5.2 设随机变量ξ_1,ξ_2,ξ_3独立同分布，$\xi_1\sim N(a,\sigma^2)$，

$$\eta_1=\frac{1}{\sqrt{3}}(\xi_1+\xi_2+\xi_3),\quad \eta_2=\frac{1}{\sqrt{2}}(\xi_1-\xi_2),$$

求$D(\eta_1\eta_2)$.

解 记

$$\boldsymbol{\xi}=(\xi_1,\xi_2,\xi_3)\,,\quad \boldsymbol{\eta}=(\eta_1,\eta_2),\quad \boldsymbol{C}'=\begin{pmatrix}\frac{1}{\sqrt{3}} & \frac{1}{\sqrt{3}} & \frac{1}{\sqrt{3}}\\ \frac{1}{\sqrt{2}} & -\frac{1}{\sqrt{2}} & 0\end{pmatrix},$$

则

$$\boldsymbol{\xi}\sim N(\boldsymbol{a},\sigma^2 I_3),\ \boldsymbol{\eta}=\boldsymbol{\xi C}\sim N(\boldsymbol{aC},\sigma^2\boldsymbol{C}'\boldsymbol{C}),$$

其中$\boldsymbol{a}=(a,a,a)$. 由$\boldsymbol{aC}=\left(a\sqrt{3},0\right)$和$\boldsymbol{C}'\boldsymbol{C}=I_2$知:

$$\mathbb{E}(\eta_1)=a\sqrt{3},\ \mathbb{E}(\eta_2)=0,\ \mathbb{E}(\eta_1^2)=\sigma^2+3a^2,$$
$$\mathbb{E}(\eta_2^2)=\sigma^2,\ \boldsymbol{\eta}\sim N\left(\left(a\sqrt{3},0\right),\sigma^2 I_2\right),$$

η_1和η_2相互独立，η_1^2和η_2^2相互独立. 因此

$$D(\eta_1\eta_2)=\mathbb{E}(\eta_1^2\eta_2^2)-(\mathbb{E}(\eta_1\eta_2))^2=\mathbb{E}(\eta_1^2)\mathbb{E}(\eta_2^2)-(\mathbb{E}(\eta_1)\mathbb{E}(\eta_2))^2=(\sigma^2+3a^2)\sigma^2.$$

∎

在许多问题中正态分布的均值和方差未知，需要通过样本来估计. 设$\xi_1,\xi_2,\cdots,\xi_n$ 是来自总体$N(a,\sigma^2)$的独立同分布样本，常用样本均值和方差来估计a和σ^2，下面讨论这两个估计量的分布.

定理4.5.10 若$\xi_1,\xi_2,\cdots,\xi_n$相互独立同分布，$\xi_1\sim N\left(a,\sigma^2\right)$，则

1° $\bar{\xi}=\dfrac{1}{n}\sum\limits_{k=1}^{n}\xi_k$ 与 $S_n^2\triangleq\dfrac{1}{n}\sum\limits_{k=1}^{n}\left(\xi_k-\bar{\xi}\right)^2$相互独立;

2° $\bar{\xi}\sim N\left(a,\dfrac{\sigma^2}{n}\right)$;

3° $\dfrac{nS_n^2}{\sigma^2}\sim\chi^2\left(n-1\right)$.

证明 1° 由于$\left(n^{-1/2},\cdots,n^{-1/2}\right)'$为单位列向量，因此存在正交矩阵$\boldsymbol{C}$，使得该向量为$\boldsymbol{C}$的第一列. 记

$$\boldsymbol{\xi}=(\xi_1,\xi_2,\cdots,\xi_n)\,,\quad \boldsymbol{\eta}=\boldsymbol{\xi C},$$

并用η_k表示$\boldsymbol{\eta}$的第k个分量，则$\eta_1,\eta_2,\cdots,\eta_n$ 相互独立，且

$$\eta_1=\frac{1}{\sqrt{n}}\sum_{k=1}^{n}\xi_k=\sqrt{n}\bar{\xi}.$$

再注意到$\|\boldsymbol{\xi}\| = \|\boldsymbol{\eta}\|$可得

$$S_n^2 = \frac{1}{n}\left(\sum_{k=1}^{n}\xi_k^2 - 2\sum_{k=1}^{n}\xi_k\bar{\xi} + \sum_{k=1}^{n}\bar{\xi}^2\right)$$
$$= \frac{1}{n}\left(\|\xi\|^2 - n\bar{\xi}^2\right) = \frac{1}{n}\left(\|\eta\|^2 - \eta_1^2\right) = \frac{1}{n}\sum_{k=2}^{n}\eta_k^2,$$

所以$\bar{\xi}$与S_n^2相互独立.

2° 取$T = \left(\frac{1}{n},\cdots,\frac{1}{n}\right)$，则$\bar{\xi} = \boldsymbol{\xi}T'$. 由

$$\boldsymbol{\xi} \sim N\left((a,\cdots,a),\sigma^2 I_n\right),\quad (a,\cdots,a)\,T' = a,\quad T\sigma^2 I_n T' = \frac{\sigma^2}{n},$$

得$\bar{\xi} \sim N\left(a,\frac{\sigma^2}{n}\right)$.

3° 由1°证明知

$$\frac{nS_n^2}{\sigma^2} = \sum_{k=2}^{n}\frac{\eta_k^2}{\sigma^2} = \sum_{k=2}^{n}\left(\frac{\eta_k}{\sigma}\right)^2,$$

且$\frac{\eta_2}{\sigma},\frac{\eta_3}{\sigma},\cdots,\frac{\eta_n}{\sigma}$ 独立同分布，都服从$N(0,1)$. 所以$\frac{nS_n^2}{\sigma^2} \sim \chi^2(n-1)$. ∎

§4.5.3 练习题

练习 4.5.1 设(ξ,η)有密度

$$p(x,y) = \frac{1}{2\pi}\exp\left(-\frac{1}{2}\left(2x^2 + 2xy + y^2\right)\right),$$

求$\operatorname{cov}(\xi,\eta)$.

练习 4.5.2 设$\boldsymbol{\xi} = (\xi_1,\xi_2)$有密度

$$p(x,y) = \frac{1}{2\pi}\exp\left(-\frac{1}{2}\left(2x^2 + y^2 + 2xy - 22x - 14y + 65\right)\right),$$

求$\boldsymbol{\xi}$的数学期望和方差矩阵.

练习 4.5.3 设$\boldsymbol{\xi} = (\xi_1,\xi_2) \sim N(\boldsymbol{a},\boldsymbol{B})$, 其中

$$\boldsymbol{B} = \begin{pmatrix}\sigma^2 & r\sigma^2\\ r\sigma^2 & \sigma^2\end{pmatrix},$$

证明$\xi_1+\xi_2$与$\xi_1-\xi_2$ 相互独立.

练习 4.5.4　设随机变量为(ξ,η)服从二维正态分布，$\mathbb{E}(\xi)=\mathbb{E}(\eta)=0$，$D(\xi)=D(\eta)=1, r(\xi,\eta)=R$. 证明

$$\mathbb{E}\left(\max(\xi,\eta)\right)=\sqrt{\frac{1-R}{\pi}}.$$

练习 4.5.5　$\boldsymbol{\xi}=(\xi_1,\xi_2,\xi_3)\sim N(\boldsymbol{a},\boldsymbol{B})$，其中

$$\boldsymbol{B}=\begin{pmatrix}2&1&0\\1&1&0\\0&0&2\end{pmatrix},$$

证明ξ_1与ξ_2相互不独立，而(ξ_1,ξ_2)与ξ_3独立.

练习 4.5.6　设$\boldsymbol{\xi}=(\xi_1,\xi_2,\cdots,\xi_n)$服从$n$元正态分布. 证明

$$\mathbb{P}\left(b_1\xi_1+b_2\xi_2+\cdots+b_n\xi_n=b_0\right)=0\text{或}1,\quad \forall b_0,b_1,b_2,\cdots,b_n\in\mathbb{R}.$$

练习 4.5.7　假设(ξ_1,ξ_2)服从二元正态分布，且对$k,j=1,2$有$\mathbb{E}(\xi_k)=0$与$\mathbb{E}(\xi_k\xi_j)=\sigma^2>0$. 求$\eta=\sigma^{-2}\xi_1\xi_2$的分布.

练习 4.5.8　设$\boldsymbol{\xi}_1,\boldsymbol{\xi}_2,\cdots,\boldsymbol{\xi}_m$独立同分布，$\boldsymbol{\xi}_1\sim N(\boldsymbol{\mu},\boldsymbol{B})$,

$$\boldsymbol{z}_1=\sum_{i=1}^{m}a_i\boldsymbol{\xi}_i,\quad \boldsymbol{z}_2=\sum_{i=1}^{m}b_i\boldsymbol{\xi}_i,$$

其中$a_1,a_2,\cdots,a_m,b_1,b_2,\cdots,b_m$均为实数，满足条件$\sum\limits_{i=1}^{m}a_ib_i=0$. 证明$\boldsymbol{z}_1$和$\boldsymbol{z}_2$相互独立，都服从正态分布.

练习 4.5.9　已知随机向量(ξ,η)的联合密度函数

$$f(x,y)=C\mathrm{e}^{-\left(4(x-5)^2+2(x-5)(y-3)+5(y-3)^2\right)},$$

求常数C，$\mathbb{E}(\xi)$，$\mathbb{E}(\eta)$及特征函数$f_{(\xi,\eta)}(t_1,t_2)$.

练习 4.5.10　假设$\boldsymbol{\xi}=(\xi_1,\xi_2,\cdots,\xi_n)$的各个分量独立同分布，$\xi_1\sim N(0,1)$. 若

$$\boldsymbol{\eta}=\boldsymbol{\xi}\boldsymbol{A},\quad \boldsymbol{A}=\begin{pmatrix}0&1&&\\&0&\ddots&\\&&\ddots&1\\&&&0\end{pmatrix},$$

求$\boldsymbol{\eta} = (\eta_1, \eta_2, \cdots, \eta_n)$的特征函数，以及在已知$\eta_1 = 0$的情况下$\boldsymbol{\zeta} = (\eta_2, \eta_3, \cdots, \eta_n)$的条件密度函数.

第 5 章　大数定律和中心极限定理

大数定律和中心极限定理在概率论和统计学理论与应用研究中十分重要，是随机变量列“极限”性质的刻画. 这里的“极限”和数学分析中的极限内涵有所不同，其定义随着视角的变化而改变. 本章先讨论随机变量列的四种不同极限定义及性质，然后介绍大数定律和中心极限定理及应用.

§5.1　随机变量的收敛性

不同的衡量标准，导致不同的随机变量列的极限定义，本节简要介绍其中四种极限定义及简单性质.

§5.1.1　几种不同的收敛性

设$(\Omega,\mathscr{F},\mathbb{P})$为概率空间，$\xi$和$\{\xi_n\}$为随机变量和随机变量列.

定义 5.1.1　若

$$\mathbb{P}\left(\lim_{n\to\infty}\xi_n=\xi\right)=1, \tag{5.1}$$

则称$\{\xi_n\}$**几乎处处（必然）收敛**于ξ，记作

$$\xi_n\xrightarrow{\text{a.e.}}\xi \text{ 或 } \lim_{n\to\infty}\xi_n=\xi \text{ a.e.},$$

称$\left\{\omega:\lim\limits_{n\to\infty}\xi_n(\omega)\neq\xi(\omega)\right\}$为**例外集**.

从映射观点看，随机变量和实函数都是映射，它们的值域都为实数. 在此观点之下，几乎处处收敛与点点收敛相类似，只是几乎处处收敛容许有不收敛的样本点，所有这种点构成例外集，例外集的概率为0.

定义 5.1.2　若

$$\lim_{n\to\infty}\mathbb{P}\left(|\xi_n-\xi|\geqslant\varepsilon\right)=0,\quad \forall\varepsilon>0, \tag{5.2}$$

则称$\{\xi_n\}$**依概率收敛**于ξ，记为$\xi_n\xrightarrow{\mathbb{P}}\xi$.

依概率收敛仅要求对于任意$\varepsilon > 0$，随着n的增加，事件

$$A_n = \{\omega:\ |\xi_n(\omega) - \xi(\omega)| \geqslant \varepsilon\}$$

的概率趋于0. 但该收敛并没有对事件列$\{A_n\}$有其他的要求，可能出现$\bigcap\limits_{k\geqslant n} \bar{A}_k = \varnothing$，此时$\{\xi_n\}$不存在收敛的样本点，如图5.1所示. 所以依概率收敛不能推出几乎处处收敛，下用反例说明.

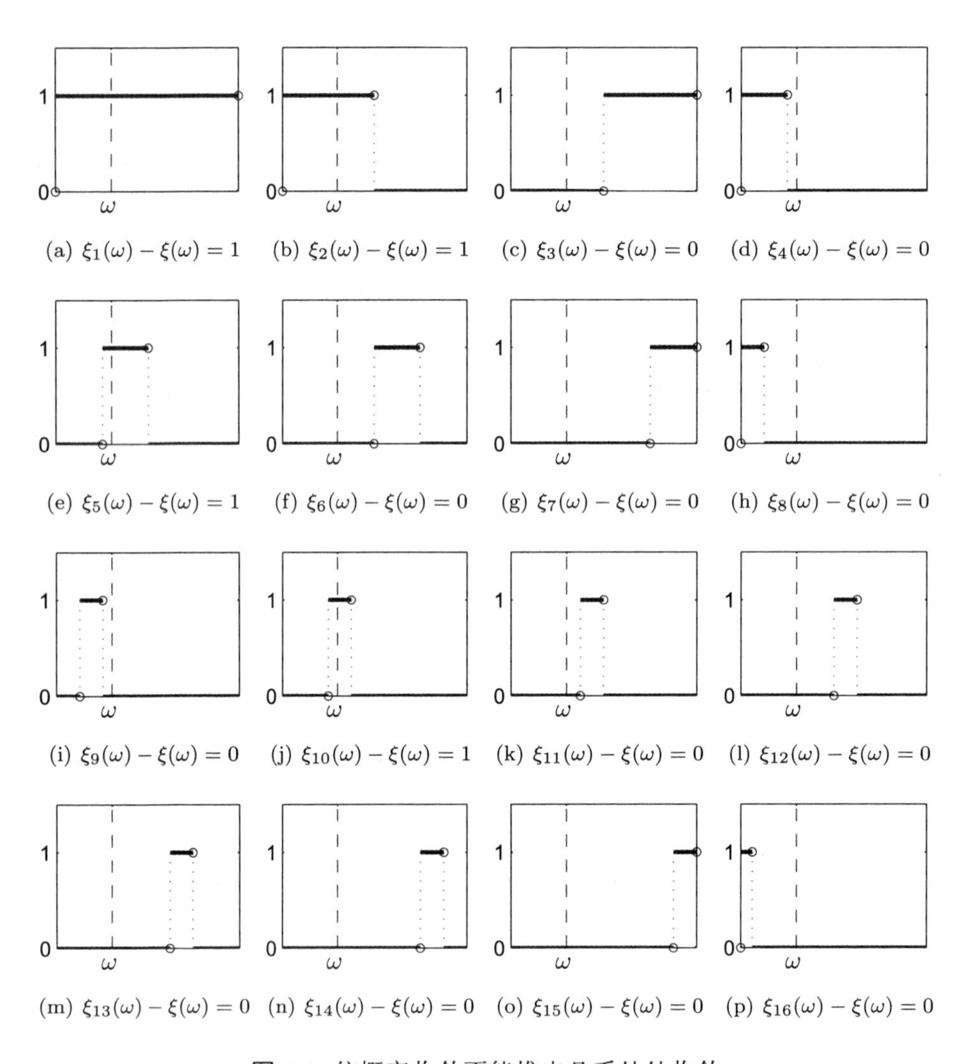

(a) $\xi_1(\omega) - \xi(\omega) = 1$ (b) $\xi_2(\omega) - \xi(\omega) = 1$ (c) $\xi_3(\omega) - \xi(\omega) = 0$ (d) $\xi_4(\omega) - \xi(\omega) = 0$

(e) $\xi_5(\omega) - \xi(\omega) = 1$ (f) $\xi_6(\omega) - \xi(\omega) = 0$ (g) $\xi_7(\omega) - \xi(\omega) = 0$ (h) $\xi_8(\omega) - \xi(\omega) = 0$

(i) $\xi_9(\omega) - \xi(\omega) = 0$ (j) $\xi_{10}(\omega) - \xi(\omega) = 1$ (k) $\xi_{11}(\omega) - \xi(\omega) = 0$ (l) $\xi_{12}(\omega) - \xi(\omega) = 0$

(m) $\xi_{13}(\omega) - \xi(\omega) = 0$ (n) $\xi_{14}(\omega) - \xi(\omega) = 0$ (o) $\xi_{15}(\omega) - \xi(\omega) = 0$ (p) $\xi_{16}(\omega) - \xi(\omega) = 0$

图 5.1 依概率收敛不能推出几乎处处收敛

例 5.1.1 举例说明依概率收敛不能推出几乎处处收敛.

解　取$\Omega=[0,1)$，$\mathscr{F}=\mathscr{B}\cap[0,1)$，$\mathbb{P}$为几何概率，$\xi(\omega)\equiv 0$. 对于任意正整数$n\geqslant 1$，$k\leqslant 2^{n-1}$，定义

$$\xi_{2^{n-1}+k-1}(\omega)=\begin{cases}1, & \omega\in\left[\dfrac{k-1}{2^{n-1}},\dfrac{k}{2^{n-1}}\right),\\ 0, & 否则.\end{cases}$$

显然，对于任何$\varepsilon\in(0,1)$有

$$\mathbb{P}\left(|\xi_m-0|\geqslant\varepsilon\right)\leqslant\frac{1}{2^{n-1}},\quad \forall m\geqslant 2^{n-1},$$

即$\xi_n\xrightarrow{\mathbb{P}}0$.

另外，对于任何$\omega\in\Omega$，

$$\varliminf_{n\to\infty}\xi_n(\omega)=0<1=\varlimsup_{n\to\infty}\xi_n(\omega),$$

所以$\{\xi_n\}$在任意点ω都不收敛，进而它不是几乎处处收敛. ∎

虽然由依概率收敛不能推出几乎处处收敛，但由几乎处处收敛却可以推出依概率收敛，详见定理5.1.1.

定理5.1.1　$\{\xi_n\}$几乎处处收敛的充要条件是

$$\lim_{k\to\infty}\mathbb{P}\left(\bigcup_{n=k}^{\infty}\{|\xi_n-\xi|\geqslant\varepsilon\}\right)=0,\quad\forall\varepsilon>0. \tag{5.3}$$

证明　由概率的下方和上方连续性得

$$\begin{aligned}\mathbb{P}\left(\lim_{n\to\infty}\xi_n\neq\xi\right)&=\mathbb{P}\left(\bigcup_{m=1}^{\infty}\bigcap_{k=1}^{\infty}\bigcup_{n=k}^{\infty}\left\{|\xi_n-\xi|\geqslant\frac{1}{m}\right\}\right)\\&=\lim_{m\to\infty}\mathbb{P}\left(\bigcap_{k=1}^{\infty}\bigcup_{n=k}^{\infty}\left\{|\xi_n-\xi|\geqslant\frac{1}{m}\right\}\right)\\&=\lim_{m\to\infty}\lim_{k\to\infty}\mathbb{P}\left(\bigcup_{n=k}^{\infty}\left\{|\xi_n-\xi|\geqslant\frac{1}{m}\right\}\right).\end{aligned}$$

利用上式和概率的单调性得

$$\mathbb{P}\left(\lim_{n\to\infty}\xi_n\neq\xi\right)=0\Leftrightarrow\lim_{k\to\infty}\mathbb{P}\left(\bigcup_{n=k}^{\infty}\left\{|\xi_n-\xi|\geqslant\frac{1}{m}\right\}\right)=0,\quad\forall m\geqslant 1$$

$$\Leftrightarrow \lim_{k\to\infty} \mathbb{P}\left(\bigcup_{n=k}^{\infty}\{|\xi_n-\xi|\geqslant\varepsilon\}\right)=0, \quad \forall\varepsilon>0.$$

即结论成立. ■

由

$$\mathbb{P}(|\xi_k-\xi|\geqslant\varepsilon)\leqslant\mathbb{P}\left(\bigcup_{n=k}^{\infty}\{|\xi_n-\xi|\geqslant\varepsilon\}\right)$$

和定理5.1.1得：几乎处处收敛能推出依概率收敛.

定义 5.1.3 给定实数$r>0$，若随机变量ξ和ξ_n的r阶矩均存在，且

$$\lim_{n\to\infty}\mathbb{E}(|\xi_n-\xi|^r)=0, \tag{5.4}$$

则称$\{\xi_n\}$为r**阶平均收敛**于ξ或r**阶收敛**于ξ，记作$\xi_n\xrightarrow{L_r}\xi$. 特别地，称1阶平均收敛为**平均收敛**，称2阶平均收敛为**均方收敛**.

一个自然的问题：r阶收敛、依概率收敛和几乎处处收敛之间有何关系？为回答此问题，需要一点准备知识.

定理5.1.2 [马尔可夫(Markov)不等式] 设随机变量的r阶矩有限，则

$$\mathbb{P}(|\xi|\geqslant\varepsilon)\leqslant\frac{\mathbb{E}(|\xi|^r)}{\varepsilon^r}, \quad \forall\varepsilon>0. \tag{5.5}$$

证明 对于任何$\varepsilon>0$，

$$\mathbb{P}(|\xi|\geqslant\varepsilon)=\mathbb{E}\left(\mathbb{1}_{\{\varepsilon\leqslant|\xi|\}}\right)\leqslant\mathbb{E}\left(\frac{|\xi|^r}{\varepsilon^r}\mathbb{1}_{\{\varepsilon\leqslant|\xi|\}}\right)\leqslant\frac{\mathbb{E}(|\xi|^r)}{\varepsilon^r}.$$

■

利用马尔可夫不等式可以证明：r阶收敛可以推出依概率收敛.

定理5.1.3 若$\xi_n\xrightarrow{L_r}\xi$，则$\xi_n\xrightarrow{\mathbb{P}}\xi$.

证明 由马尔可夫不等式得

$$\mathbb{P}(|\xi_n-\xi|\geqslant\varepsilon)\leqslant\frac{\mathbb{E}(|\xi_n-\xi|^r)}{\varepsilon^r}\xrightarrow{n\to\infty}0, \quad \forall\varepsilon>0,$$

即结论成立. ■

定理5.1.3的逆不对，构造反例思路如下：取$\Omega = [0,1)$，$\mathscr{F} = \mathscr{B} \cap [0,1)$，$\mathbb{P}$为几何概率；令$\xi \equiv 0$，$\xi_n$不等于0的概率很小，但其非0的值却很大. 例如$m_n > 0$，则由数学期望的单调性得

$$\mathbb{E}\left(|\xi_n - \xi|^r\right) = \mathbb{E}\left(|\xi_n|^r\right) = \mathbb{E}\left(|\xi_n|^r \mathbb{1}_{\{|\xi_n| \neq 0\}}\right) \geqslant m_n^r \mathbb{P}\left(|\xi_n| \neq 0\right).$$

于是只需右端的极限大于0即可，一种特殊的取法如图5.2所示.

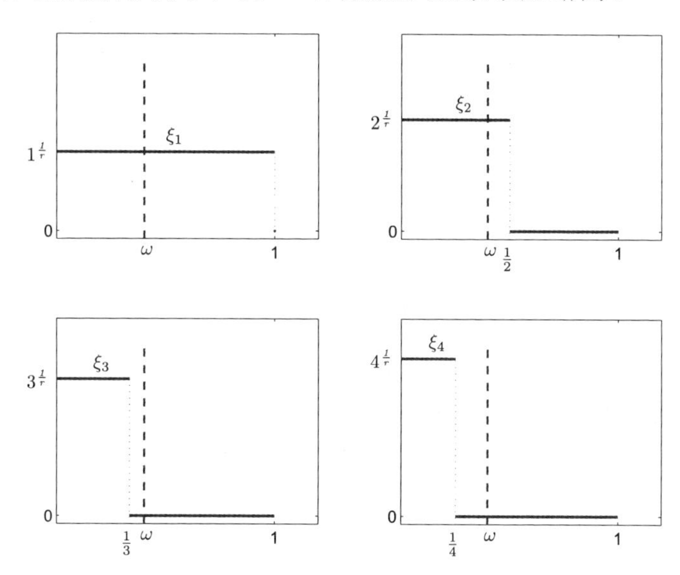

图 5.2 $\{\xi_n\}$几乎处处收敛但不是r阶收敛示意图

例 5.1.2 取$[0,1)$上的几何概率空间$(\Omega, \mathscr{F}, \mathbb{P})$及实数$r > 0$，定义

$$\xi_n(\omega) = \begin{cases} n^{1/r}, & \omega \in [0, 1/n), \\ 0, & \omega \in [1/n, 1). \end{cases}$$

证明$\{\xi_n\}$处处收敛于0，但不是r阶收敛于0.

证明 对于任意$\omega \in (0,1)$，存在正整数N，使得$\dfrac{1}{N} < \omega$，由ξ_n的定义知

$$\xi_n(\omega) = 0, \quad \forall n \geqslant N,$$

即$\{\xi_n\}$处处收敛于0. 另外，

$$\mathbb{E}\left(|\xi_n - 0|^r\right) = n\mathbb{E}\left(\mathbb{1}_{[0,1/n)}\right) = 1, \quad \forall n \geqslant 1,$$

即$\{\xi_n\}$不r阶收敛于0. ∎

例5.1.2说明依概率收敛、几乎处处收敛，甚至处处收敛都不能推出r阶收敛. 另外，易验证例5.1.1中的$\{\xi_n\}$ r阶收敛于0，这说明r阶收敛也不能推出几乎处处收敛. 一般地，r阶收敛和几乎处处收敛之间没有什么关系.

定义 5.1.4 设$G(x)$和$G_n(x)$均为实函数. 若

$$\lim_{n\to\infty} G_n(x) = G(x), \quad \forall x \in C_G, \tag{5.6}$$

其中C_G为$G(x)$的连续点全体，则称$\{G_n\}$**弱收敛于**G，记为$G_n \xrightarrow{w} G$.

显然，任意函数列都弱收敛于任何一个处处都不连续的函数，因此弱收敛极限不唯一. 若限制$G_n(x)$的极限为左连续或右连续单调函数，则弱收敛的极限唯一.

定义 5.1.5 设随机变量ξ_n和ξ的分布函数分别为$F_n(x)$和$F(x)$，若$F_n \xrightarrow{w} F$，则称$\{\xi_n\}$**弱（依分布）收敛于**ξ，记为$\xi_n \xrightarrow{w} \xi$.

随机变量列的弱收敛是从分布函数的角度刻画其收敛性. 在研究过程中，现象的观测数据列形成相关的随机变量列，人们常通过极限分布来近似该列的分布. 因此弱收敛在理论和应用中有十分重要的价值.

定理5.1.4 若$\xi_n \xrightarrow{\mathbb{P}} \xi$，则$\xi_n \xrightarrow{w} \xi$.

证明 分别记ξ_n和ξ的分布函数为$F_n(x)$和$F(x)$. 对于任意$y < x < z$，由概率的有限可加性和单调性得

$$\begin{aligned} F(y) &= \mathbb{P}(\xi \leqslant y, \xi_n \leqslant x) + \mathbb{P}(\xi \leqslant y, \xi_n > x) \\ &\leqslant F_n(x) + \mathbb{P}(|\xi_n - \xi| \geqslant x - y). \end{aligned}$$

同理

$$\begin{aligned} F_n(x) &= \mathbb{P}(\xi \leqslant z, \xi_n \leqslant x) + \mathbb{P}(\xi > z, \xi_n \leqslant x) \\ &\leqslant F(z) + \mathbb{P}(|\xi_n - \xi| \geqslant z - x). \end{aligned}$$

再由依概率收敛得

$$F(y) \leqslant \varliminf_{n\to\infty} F_n(x) \leqslant \varlimsup_{n\to\infty} F_n(x) \leqslant F(z), \quad \forall y < x < z,$$

特别地，当x为F的连续点时，令$y \uparrow x$，$z \downarrow x$得

$$\lim_{n\to\infty} F_n(x) = F(x),$$

即结论成立. ∎

例 5.1.3　设ξ与η独立同分布，$\xi \sim B(1, 0.5)$. 定义$\xi_n = \eta$，证明$\xi_n \xrightarrow{w} \xi$，但$\{\xi_n\}$不是依概率收敛到$\xi$.

证明　由于$F_{\xi_n}(x) \equiv F_\xi(x)$，所以$\xi_n \xrightarrow{w} \xi$. 另外，对于任意$\varepsilon \in (0, 1)$有

$$\mathbb{P}(|\xi_n - \xi| \geqslant \varepsilon) = \mathbb{P}(|\eta - \xi| \geqslant \varepsilon) = \mathbb{P}(\eta \neq \xi) = 0.5,$$

即$\{\xi_n\}$不是依概率收敛到ξ. ■

由定理5.1.1, 定理5.1.3和定理5.1.4知：几乎处处收敛、r阶收敛和依概率收敛都可以推出弱收敛. 而例5.1.3说明反之不然，所以弱收敛是四种收敛定义中最“弱”的收敛. 这些收敛之间的关系总结如下：

$$\xi_n \xrightarrow{\text{a.e.}} \xi \text{ 或 } \xi_n \xrightarrow{L_r} \xi$$

$$\Downarrow$$

$$\xi_n \xrightarrow{\mathbb{P}} \xi$$

$$\Downarrow$$

$$\xi_n \xrightarrow{w} \xi.$$

因此基于弱收敛的理论结果适用于所有的收敛.

定理5.1.5　对于任何实数c，若$\xi_n \xrightarrow{w} c$，则$\xi_n \xrightarrow{\mathbb{P}} c$.

证明　因c的分布函数F的唯一不连续点为$x = c$，所以$\forall \varepsilon > 0$，

$$\begin{aligned}\mathbb{P}\left(|\xi_n - c| \geqslant \varepsilon\right) &= \mathbb{P}(\xi_n \geqslant c + \varepsilon) + \mathbb{P}(\xi_n \leqslant c - \varepsilon) \\ &= 1 - F_n(c + \varepsilon - 0) + F_n(c - \varepsilon) \\ &\leqslant 1 - F_n\left(c + \frac{\varepsilon}{2}\right) + F_n(c - \varepsilon).\end{aligned}$$

注意到$c - \varepsilon$和$c + \dfrac{\varepsilon}{2}$均为$F$的连续点，令$n \to \infty$得结论. ■

对于任意实数x，若存在$x_n, y_n \in D \subset \mathbb{R}$，使得$x_n \uparrow x$，$y_n \downarrow x$，则称实数集$D$为**稠子集**. 显然对于任何实数$x$，不但存在有理数$x_n \uparrow x$，也存在有理数$y_n \downarrow x$，因此有理数全体为稠子集.

定理5.1.6　假设$\{F_n(x)\}$为分布函数列，且存在$\mathbb{R}$的某个稠子集D使得

$$\lim_{n \to \infty} F_n(x) = F(x), \quad \forall x \in D, \tag{5.7}$$

则$F_n \xrightarrow{w} F$.

证明 取$y_m, z_m \in D$，使$y_m \uparrow x$，$z_m \downarrow x$，则有

$$F_n(y_m) \leqslant F_n(x) \leqslant F_n(z_m),$$

令$n \to \infty$有

$$F(y_m) \leqslant \varliminf_{n\to\infty} F_n(x) \leqslant \varlimsup_{n\to\infty} F_n(x) \leqslant F(z_m),$$

因此当x为F的连续点时有

$$\lim_{n\to\infty} F_n(x) = \lim_{m\to\infty} F(y_m) = F(x),$$

即$F_n \xrightarrow{w} F$. ∎

定理5.1.6中$F(x)$必为单增函数，但可以不是分布函数. 如分布函数

$$F_n = \mathbb{1}_{[n,\infty)}$$

的极限$F \equiv 0$不是分布函数.

§5.1.2 特征函数与弱收敛

本小节讨论特征函数列的收敛性和分布函数列的弱收敛之间的关系.

定理5.1.7 [赫利(Helly)第一定理] 若$\{F_n(x)\}$为分布函数列，则存在非负右连续增函数$F(x)$及子分布函数列$\{F_{n_k}(x)\}$，使得

$$F_{n_k} \xrightarrow[k\to\infty]{w} F. \tag{5.8}$$

证明 记$\mathbb{D} = \{r_1, r_2, \cdots\}$为有理数全体. 由数列$\{F_n(r_1)\}$有界知：存在子列$\{F_{1,n}\} \subset \{F_n\}$和数$G(r_1)$，使得

$$\lim_{n\to\infty} F_{1,n}(r_1) = G(r_1).$$

若已经取得子列$\{F_{m,n}\} \subset \{F_{m-1,n}\}$和数$G(r_m)$使得

$$\lim_{n\to\infty} F_{m,n}(r_m) = G(r_m),$$

由$\{F_{m,n}(r_{m+1})\}$有界知：存在子列$\{F_{m+1,n}\} \subset \{F_{m,n}\}$和数$G(r_{m+1})$，使得

$$\lim_{n\to\infty} F_{m+1,n}(r_{m+1}) = G(r_{m+1}).$$

这样有

$$\begin{array}{cccccc} F_{1,1}(r_1) & F_{1,2}(r_1) & \cdots & F_{1,n}(r_1) & \to & G(r_1) \\ F_{2,1}(r_2) & F_{2,2}(r_2) & \cdots & F_{2,n}(r_2) & \to & G(r_2) \\ \vdots & \vdots & \vdots & \vdots & \vdots & \vdots \\ F_{m,1}(r_m) & F_{m,2}(r_m) & \cdots & F_{m,n}(r_m) & \to & G(r_m) \\ \vdots & \vdots & \vdots & \vdots & \vdots & \vdots \end{array}$$

注意到子分布函数列$\{F_{n,n}: n \geqslant m\} \subset \{F_{m,n}: n \geqslant 1\}$，可得

$$\lim_{n\to\infty} F_{n,n}(r_m) = \lim_{n\to\infty} F_{m,n}(r_m) = G(r_m), \quad \forall m \geqslant 1,$$

且$G(r)$为定义在有理数集$\mathbb{D}$上的单调函数. 对于任意实数x，定义

$$G(x) \triangleq \begin{cases} \lim\limits_{\text{有理数} r\downarrow x} G(r), & x \in \mathbb{R} - \mathbb{D}, \\ G(x), & x \in \mathbb{D}, \end{cases}$$

则$G(x)$为$\mathbb{R}$上的非负增函数，再由定理5.1.6知$F_{n,n} \xrightarrow{w} G$. 定义

$$F(x) \triangleq \lim_{y\downarrow x} G(y),$$

则F右连续，且$F_{n,n} \xrightarrow{w} F$（见练习5.1.6）. ∎

定理5.1.8 (赫利第二定理)　$\xi_n \xrightarrow{w} \xi$的充要条件是对于任何有界连续函数$h(x)$有

$$\lim_{n\to\infty} \mathbb{E}(h(\xi_n)) = \mathbb{E}(h(\xi)). \tag{5.9}$$

证明　假设$\xi_n \xrightarrow{w} \xi$，往证(5.9). 记$F$和$F_n$分别为$\xi$和$\xi_n$的分布函数，$C$为$F$的连续点构成的集合，则$\mathbb{R} - C$为有限集或可数集. 因此对于$\varepsilon > 0$，存在$a, b \in C$，使得

$$F(a) + 1 - F(b) \leqslant \varepsilon. \tag{5.10}$$

另外，

$$\mathbb{E}(h(\xi_n)) = \mathbb{E}\left(h(\xi_n)\left(1 - \mathbb{1}_{(a,b]}(\xi_n) + \mathbb{1}_{(a,b]}(\xi_n)\right)\right), \tag{5.11}$$

$$\mathbb{E}(h(\xi)) = \mathbb{E}\left(h(\xi)\left(1 - \mathbb{1}_{(a,b]}(\xi) + \mathbb{1}_{(a,b]}(\xi)\right)\right), \tag{5.12}$$

因此

$$\left|\mathbb{E}(h(\xi_n)) - \mathbb{E}(h(\xi))\right| \leqslant \left|\mathbb{E}\left(h(\xi_n)\left(1 - \mathbb{1}_{(a,b]}(\xi_n)\right)\right)\right| +$$

$$
\begin{aligned}
&\left|\mathbb{E}\left(h(\xi_n)\mathbb{1}_{(a,b]}\left(\xi_n\right)\right)-\mathbb{E}\left(h(\xi)\mathbb{1}_{(a,b]}\left(\xi\right)\right)\right|+\\
&\left|\mathbb{E}\left(h(\xi)\left(1-\mathbb{1}_{(a,b]}\left(\xi\right)\right)\right)\right|. \qquad (5.13)
\end{aligned}
$$

记$M=\max\limits_{x}|h(x)|$，由$\xi_n\xrightarrow{w}\xi$和$a,b\in C$得

$$
\begin{aligned}
\varlimsup_{n\to\infty}\left|\mathbb{E}\left(h(\xi_n)\left(1-\mathbb{1}_{(a,b]}\left(\xi_n\right)\right)\right)\right|&\leqslant\varlimsup_{n\to\infty}\mathbb{E}\left(M\left(1-\mathbb{1}_{(a,b]}\left(\xi_n\right)\right)\right)\\
&=M\varlimsup_{n\to\infty}\left(F_n\left(a\right)+1-F_n\left(b\right)\right)\\
&=M\left(F(a)+1-F(b)\right), \qquad (5.14)\\
\left|\mathbb{E}\left(h(\xi)\left(1-\mathbb{1}_{(a,b]}\left(\xi\right)\right)\right)\right|&\leqslant\mathbb{E}\left(M\left(1-\mathbb{1}_{(a,b]}\left(\xi\right)\right)\right)\\
&=M\left(F(a)+1-F(b)\right), \qquad (5.15)
\end{aligned}
$$

由(5.13), (5.14), (5.15), (5.10)和练习5.1.8结论得

$$
\varlimsup_{n\to\infty}\left|\mathbb{E}\left(h(\xi_n)\right)-\mathbb{E}\left(h(\xi)\right)\right|\leqslant 2M\left(F(a)+1-F(b)\right)\leqslant 2M\varepsilon,\quad \forall\varepsilon>0,
$$

即(5.9)成立.

假设(5.9)，往证$\xi_n\xrightarrow{w}\xi$. 给定实数y，定义有界连续函数

$$
\begin{aligned}
&\varphi_m\left(x\right)=\mathbb{1}_{(-\infty,y)}\left(x\right)+\left(1+m\left(y-x\right)\right)\mathbb{1}_{\left[y,y+\frac{1}{m}\right)}\left(x\right),\\
&\psi_m\left(x\right)=\mathbb{1}_{\left(-\infty,y-\frac{1}{m}\right)}\left(x\right)+\left(1+m\left(y-\frac{1}{m}-x\right)\right)\mathbb{1}_{\left[y-\frac{1}{m},y\right)}\left(x\right),
\end{aligned}
$$

则$\psi_m\leqslant\mathbb{1}_{(-\infty,y]}\leqslant\varphi_m$. 由数学期望的单调性得

$$
\mathbb{E}\left(\psi_m\left(\xi_n\right)\right)\leqslant\mathbb{E}\left(\mathbb{1}_{(-\infty,y]}\left(\xi_n\right)\right)\leqslant\mathbb{E}\left(\varphi_m\left(\xi_n\right)\right).
$$

注意到$\mathbb{E}\left(\mathbb{1}_{(-\infty,y]}\left(\xi_n\right)\right)=F_n\left(y\right)$，令$n\to\infty$得

$$
\mathbb{E}\left(\psi_m\left(\xi\right)\right)\leqslant\varliminf_{n\to\infty}F_n\left(y\right)\leqslant\varlimsup_{n\to\infty}F_n\left(y\right)\leqslant\mathbb{E}\left(\varphi_m\left(\xi\right)\right),
$$

令$m\to\infty$，注意到$\psi_m\uparrow\mathbb{1}_{(-\infty,y)}$和$\varphi_m\downarrow\mathbb{1}_{(-\infty,y]}$，由控制收敛定理得

$$
F_\xi\left(y-\right)\leqslant\varliminf_{n\to\infty}F_n\left(y\right)\leqslant\varlimsup_{n\to\infty}F_n\left(y\right)\leqslant F_\xi\left(y\right),
$$

因此当y为F_ξ的连续点时有$\lim\limits_{n\to\infty}F_n\left(y\right)=F_\xi\left(y\right)$，即$\xi_n\xrightarrow{w}\xi$. ∎

由赫利第二定理和特征函数的定义得如下结论：若分布列$\{F_n\left(x\right)\}$弱收敛于分布函数$F\left(x\right)$，$f_n\left(t\right)$和$f\left(t\right)$分别为$F_n\left(x\right)$和$F\left(x\right)$所对应的特征函数，则

$$
\lim_{n\to\infty}f_n\left(t\right)=f\left(t\right). \qquad (5.16)
$$

反之也真，详见下定理.

定理5.1.9　设分布函数F_n的特征函数为f_n,

$$\lim_{n\to\infty} f_n(t) = f(t), \tag{5.17}$$

且f在0点连续，则f为特征函数，且$\{F_n\}$弱收敛于f所对应的分布函数F.

证明　由赫利第一定理知存在子列$\{F_{n_k}\}$和非负右连续增函数$\hat{F}$，使得$F_{n_k} \xrightarrow{w} \hat{F}$.

若能证明$\hat{F}$为分布函数，则由赫利第二定理、(5.17)和特征函数定义知f为$\hat{F}$所对应的特征函数，再由特征函数唯一性定理知$\{F_n\}$的任何弱收敛的子列都收敛于特征函数f所对应的分布函数$\hat{F}$，进而由练习5.1.2结论知$\{F_n\}$弱收敛于$\hat{F}$，即定理5.1.9成立.

因此仅需证明$\hat{F}$为分布函数，即

$$a \triangleq \hat{F}(\infty) - \hat{F}(-\infty) = 1. \tag{5.18}$$

若不然，必有$a<1$，进而由$f(0)=\lim\limits_{n\to\infty} f_n(0)=1$和$f$在0点连续知：对于任意$\varepsilon \in \left(0, \dfrac{1-a}{2}\right)$，存在$\tau>0$, 使得

$$\frac{1}{2\tau}\left|\int_{-\tau}^{\tau} f(t)\mathrm{d}t\right| > 1-\frac{\varepsilon}{2} > a+\frac{\varepsilon}{2}. \tag{5.19}$$

另外，由控制收敛定理

$$\frac{1}{2\tau}\left|\int_{-\tau}^{\tau} f(t)\mathrm{d}t\right| = \lim_{k\to\infty}\frac{1}{2\tau}\left|\int_{-\tau}^{\tau} f_{n_k}(t)\mathrm{d}t\right|, \tag{5.20}$$

由练习4.4.1可得

$$\begin{aligned}
&\left|\frac{1}{2}\int_{-\tau}^{\tau} f_{n_k}(t)\mathrm{d}t\right| = \left|\mathbb{E}\left(\frac{\sin(\xi_{n_k}\tau)}{\xi_{n_k}}\right)\right| \\
&\leqslant \mathbb{E}\left(\left|\frac{\sin(\xi_{n_k}\tau)}{\xi_{n_k}}\right|\left(\mathbb{1}_{\{\xi_{n_k}\leqslant -N\}}+\mathbb{1}_{\{\xi_{n_k}>M\}}+\mathbb{1}_{\{-N<\xi_{n_k}\leqslant M\}}\right)\right) \\
&\leqslant \mathbb{E}\left(\frac{1}{N}\right)+\mathbb{E}\left(\frac{1}{M}\right)+\mathbb{E}\left(\tau\mathbb{1}_{\{-N<\xi_{n_k}\leqslant M\}}\right) \\
&= \frac{1}{N}+\frac{1}{M}+\tau\left(F_{n_k}(M)-F_{n_k}(-N)\right).
\end{aligned}$$

取$-N, M \in C_{\hat{F}}$，使得，$0<N<M$ 且 $\dfrac{1}{\tau N}<\dfrac{\varepsilon}{4}$，令$k\to\infty$，由(5.20)和上式得

$$\frac{1}{2\tau}\left|\int_{-\tau}^{\tau} f(t)\mathrm{d}t\right| \leqslant \frac{2}{N\tau}+\hat{F}(M)-\hat{F}(-N) < a+\frac{\varepsilon}{2},$$

这与(5.19)矛盾. 因此，(5.18)成立，即定理结论成立。 ∎

定理5.1.10 (连续性定理) 设分布函数$F_n(x)$所对应的特征函数是$f_n(t)$，则存在分布函数F使$F_n \xrightarrow{w} F$的充要条件是存在复值连续函数$f(t)$使

$$\lim_{n\to\infty} f_n(t) = f(t), \quad \forall t \in \mathbb{R}^1. \tag{5.21}$$

此外，若(5.21)成立，则f是分布函数F所对应的特征函数.

证明 由特征函数的定义和赫利第二定理得必要性，并且f是分布函数F所对应的特征函数；由定理5.1.9得充分性，并且f是分布函数F所对应的特征函数. ∎

利用练习4.4.11和分布函数弱收敛的连续性定理，可以证明正态分布定义中的(4.67)是联合特征函数.

§5.1.3 练习题

练习 5.1.1 证明例5.1.1解答中定义的随机变量$\xi_n \xrightarrow{L_r} 0$.

练习 5.1.2 若$\{G_n\}$为实函数列，证明$G_n \xrightarrow{w} G$的充要条件是：对于$\{G_n\}$的任何子列$\{G_{n_k}\}$，都存在该子列的弱收敛于G的子列.

练习 5.1.3 若$\xi_n \xrightarrow{\mathbb{P}} \xi$，且$\xi_n \xrightarrow{\mathbb{P}} \eta$，证明$\xi = \eta$ a.e..

练习 5.1.4 设$\xi_n \xrightarrow{\mathbb{P}} \xi$，$\eta_n \xrightarrow{\mathbb{P}} \eta$，证明$\xi_n + \eta_n \xrightarrow{\mathbb{P}} \xi + \eta$，$\xi_n\eta_n \xrightarrow{\mathbb{P}} \xi\eta$.

练习 5.1.5 设$\{\xi_n\}$为非负随机变量的单调下降列，且$\xi_n \xrightarrow{\mathbb{P}} 0$，证明$\xi_n \xrightarrow{\text{a.e.}} 0$.

练习 5.1.6 设$G_n \xrightarrow{w} G$，且G为单增函数. 定义

$$F(x) \triangleq \lim_{y\downarrow x} G(y),$$

证明$F(x)$为$\mathbb{R}$上的右连续增函数，且$G_n \xrightarrow{w} F$.

练习 5.1.7 设$\{\xi_n\}$为独立同分布随机变量列，$\xi_1 \sim U(a, a+1)$. 记$\eta_n = \min_{1\leqslant i\leqslant n} \xi_i$，证明$\eta_n \xrightarrow{\mathbb{P}} a$.

练习 5.1.8　设$\xi_n \xrightarrow{w} \xi$，$a$和$b$均为$F_\xi$的连续点，$h(x)$为有界连续函数，证明

$$\lim_{n\to\infty} \mathbb{E}\left(h\left(\xi_n\right)\mathbb{1}_{(a,b]}\left(\xi_n\right)\right) = \mathbb{E}\left(h\left(\xi\right)\mathbb{1}_{(a,b]}\left(\xi\right)\right).$$

练习 5.1.9　设正态随机变量列$\{\xi_n\}$弱收敛于ξ，证明ξ也服从正态分布.

练习 5.1.10　设$\xi_n \xrightarrow{w} \xi$，$\eta_n \xrightarrow{w} a$，$a$为常数，证明$\{\xi_n + \eta_n\}$弱收敛于$\xi + a$.

练习 5.1.11　设$\{\xi_n\}$依分布收敛到ξ，$\{\eta_n\}$依分布收敛到0.　求证$\{\xi_n\eta_n\}$依分布收敛到0.

练习 5.1.12　设$\{\xi_n\}$依分布收敛到ξ，数列$a_n \to a$，$b_n \to b$.　求证$\{a_n\xi_n + b_n\}$依分布收敛到$a\xi + b$.

练习 5.1.13　设$\{\xi_n\}$依概率收敛到ξ，求证对于任意连续函数g，列$\{g(\xi_n)\}$依概率收敛到$g(\xi)$.　再将上述“依概率”均改为“依分布”命题仍真.

练习 5.1.14　设分布函数列$\{F_n(x)\}$弱收敛到连续的分布函数$F(x)$，求证这种收敛对于$x \in \mathbb{R}^1$是一致的.

练习 5.1.15　已知$\boldsymbol{a} \in \mathbb{R}^n$，$\sigma_1 \geqslant \sigma_2 \geqslant \cdots \geqslant \sigma_n \geqslant 0$，

$$f_m\left(\boldsymbol{t}\right) = \exp\left(\mathrm{i}\boldsymbol{a}\boldsymbol{t}' - \frac{\boldsymbol{t}\left(\boldsymbol{D} + m^{-1}I_n\right)\boldsymbol{t}'}{2}\right), \quad \forall \boldsymbol{t} = (t_1, t_2, \cdots, t_n) \in \mathbb{R}^n,$$

其中I_n为n阶单位矩阵，

$$\boldsymbol{D} = \begin{pmatrix} \sigma_1^2 & & & \\ & \sigma_2^2 & & \\ & & \ddots & \\ & & & \sigma_n^2 \end{pmatrix},$$

证明如下结论.

(1) f_m为n维联合特征函数.

(2) 对于任何$\boldsymbol{t} = (t_1, t_2, \cdots, t_n) \in \mathbb{R}^n$有

$$\lim_{m\to\infty} f_m\left(\boldsymbol{t}\right) = \exp\left(\mathrm{i}\boldsymbol{a}\boldsymbol{t}' - \frac{\boldsymbol{t}\boldsymbol{D}\boldsymbol{t}'}{2}\right).$$

(3) $\exp\left(\mathrm{i}\boldsymbol{a}\boldsymbol{t}'-\dfrac{\boldsymbol{t}\boldsymbol{D}\boldsymbol{t}'}{2}\right)$为$n$维联合特征函数.

§5.2 大数定律

人们常将事件A的频率稳定性解释为

$$\lim_{n\to\infty}\frac{n(A)}{n}=\mathbb{P}(A),$$

其中$n(A)$是n次独立观察中A出现的次数. 问题是这一解释中“极限”的含义是什么？下面讨论这一问题.

n次独立的观察相当于进行了n重伯努利实验，定义

$$\xi_k=\begin{cases}1, & \text{第}k\text{次实验出现}A,\\ 0, & \text{否则},\end{cases}$$

则

$$n(A)=\sum_{k=1}^{n}\xi_k,\quad \mathbb{P}(A)=\mathbb{E}(\xi_1).$$

于是，频率的稳定性变为

$$\lim_{n\to\infty}\frac{1}{n}\sum_{k=1}^{n}\xi_k=\mathbb{E}(\xi_1). \tag{5.22}$$

因此，频率的稳定性可以用随机变量列$\{\xi_n\}$的前n项的算术平均值的收敛性质来刻画.

本节在几乎处处收敛和依概率收敛的意义下，讨论随机变量列的前n项的算术平均值的收敛性，即强大数定律和弱大数定律的相关结论.

§5.2.1 大数定律的定义

定义 5.2.1 设$\{\xi_n\}$为随机变量列，且$\mathbb{E}(\xi_n)\in\mathbb{R}$，$n\geqslant 1$. 如果

$$\frac{1}{n}\sum_{k=1}^{n}\left(\xi_k-\mathbb{E}(\xi_k)\right)\xrightarrow{\mathbb{P}}0, \tag{5.23}$$

则称$\{\xi_n\}$满足**弱大数定律**或**大数定律**. 进一步，如果有

$$\frac{1}{n}\sum_{k=1}^{n}\left(\xi_k-\mathbb{E}(\xi_k)\right)\xrightarrow{\text{a.e.}}0, \tag{5.24}$$

则称$\{\xi_n\}$满足**强大数定律**.

显然，若$\{\xi_n\}$满足强大数定律，则它一定满足大数定律，反之不真. 并不是所有的随机变量列都满足大数定律，人们关心保证大数定律或强大数定律成立的条件.

定理5.2.1 设随机变量列$\{\xi_n\}$满足

$$\frac{1}{n^2}D\left(\sum_{k=1}^{n}\xi_k\right)\xrightarrow{n\to\infty}0, \tag{5.25}$$

则$\{\xi_n\}$满足大数定律. 进一步，称(5.25)为**马尔可夫条件**.

证明 $\forall\varepsilon>0$，由马尔可夫不等式(5.5)，

$$\mathbb{P}\left(\left|\frac{1}{n}\sum_{k=1}^{n}(\xi_k-\mathbb{E}(\xi_k))\right|\geqslant\varepsilon\right)\leqslant\frac{1}{n^2\varepsilon^2}D\left(\sum_{k=1}^{n}\xi_k\right)\xrightarrow{n\to\infty}0,$$

即$\{\xi_n\}$满足大数定律. ∎

马尔可夫条件(5.25)是大数定律成立的一个充分条件，它对随机变量列没有独立性要求，是人们判断大数定律成立的首选条件. 基于马尔可夫条件可以得到关于大数定律的一系列结果.

定理5.2.2 若随机变量列$\{\xi_n\}$两两不相关且方差有界，则$\{\xi_n\}$满足大数定律.

证明 不妨假设对于一切n有$D(\xi_n)\leqslant M<\infty$. 由定理4.2.7得

$$\begin{aligned}D\left(\sum_{k=1}^{n}\xi_k\right)&=\mathbb{E}\left(\sum_{j=1}^{n}\sum_{k=1}^{n}(\xi_j-\mathbb{E}(\xi_j))(\xi_k-\mathbb{E}(\xi_k))\right)\\&=\sum_{j=1}^{n}\sum_{k=1}^{n}\operatorname{cov}(\xi_j,\xi_k)=\sum_{k=1}^{n}D(\xi_k)\leqslant nM,\end{aligned}$$

即马尔可夫条件(5.25)成立，从而$\{\xi_n\}$满足大数定律. ∎

现在可以证明：在依概率收敛的意义之下，频率的极限为概率，即在伯努利实验中，成功次数与实验次数之比依概率收敛于成功概率.

定理5.2.3 **(伯努利大数律)** 设μ_n为n重伯努利实验中成功的次数，p为成功概率，则

$$\frac{\mu_n}{n}\xrightarrow{\mathbb{P}}p. \tag{5.26}$$

证明 对于任意自然数k，定义

$$\xi_k = \begin{cases} 1, & 第k次实验成功, \\ 0, & 否则, \end{cases}$$

则$\{\xi_n\}$独立同分布，$\mu_n = \sum\limits_{k=1}^{n} \xi_k$. 由定理5.2.2知$\{\xi_n\}$满足大数定律，进而对于任意$\varepsilon > 0$，

$$\mathbb{P}\left(\left|\frac{\mu_n}{n} - p\right| \geqslant \varepsilon\right) = \mathbb{P}\left(\left|\frac{1}{n}\sum_{k=1}^{n}(\xi_k - \mathbb{E}(\xi_k))\right| \geqslant \varepsilon\right) \to 0,$$

即(5.26)成立. ∎

§5.2.2 独立同分布情形的大数定律

在随机现象的研究中，重复观测产生独立同分布的观测随机变量列，因此在此前提下研究大数定律有重要的理论和应用价值. 为研究独立同分布随机变量序列的大数定律，先讨论事件列上极限的概率性质.

定理5.2.4 [波莱尔-坎泰利(Borel-Cantelli)引理] 设$\{A_n\}$为事件列.

1° 若$\sum\limits_{n=1}^{\infty} \mathbb{P}(A_n) < \infty$，则$\mathbb{P}\left(\varlimsup\limits_{n\to\infty} A_n\right) = 0$.

2° 若$\{A_n\}$相互独立，则

$$\sum_{n=1}^{\infty} \mathbb{P}(A_n) = \infty \Longleftrightarrow \mathbb{P}\left(\varlimsup_{n\to\infty} A_n\right) = 1. \tag{5.27}$$

证明 由概率的单调性和次可列可加性得

$$\mathbb{P}\left(\varlimsup_{n\to\infty} A_n\right) = \mathbb{P}\left(\bigcap_{k=1}^{\infty}\bigcup_{n=k}^{\infty} A_n\right) \leqslant \mathbb{P}\left(\bigcup_{n=k}^{\infty} A_n\right) \leqslant \sum_{n=k}^{\infty} \mathbb{P}(A_n) \xrightarrow{k\to\infty} 0,$$

即结论1°成立.

由1°的结论易知结论2°之充分性成立. 往证必要性. 因为

$$\mathbb{P}\left(\varlimsup_{n\to\infty} A_n\right) = 1 - \mathbb{P}\left(\varliminf_{n\to\infty} \bar{A}_n\right) = 1 - \mathbb{P}\left(\bigcup_{k=1}^{\infty}\bigcap_{n=k}^{\infty} \bar{A}_n\right),$$

由概率的次可加性得

$$\mathbb{P}\left(\overline{\lim_{n\to\infty}} A_n\right) \geqslant 1-\sum_{k=1}^{\infty}\mathbb{P}\left(\bigcap_{n=k}^{\infty}\bar{A}_n\right). \tag{5.28}$$

而由$\{A_n\}$的独立性和$\sum\limits_{n=1}^{\infty}\mathbb{P}(A_n)=\infty$得

$$\begin{aligned}\sum_{k=1}^{\infty}\mathbb{P}\left(\bigcap_{n=k}^{\infty}\bar{A}_n\right) &= \sum_{k=1}^{\infty}\left(\prod_{n=k}^{\infty}(1-\mathbb{P}(A_n))\right)\\ &= \sum_{k=1}^{\infty}\exp\left(\sum_{n=k}^{\infty}\log(1-\mathbb{P}(A_n))\right)=0. \end{aligned}\tag{5.29}$$

由(5.28)和(5.29)得结论2°之必要性. ∎

对于独立同分布随机变量列，定理5.2.5给出了强大数定律成立的充分必要条件.

定理5.2.5 设随机变量列$\{\xi_n\}$独立同分布，如果$\mathbb{E}(\xi_1)=a\in\mathbb{R}$，则强大数定律成立.

证明 不妨设$\xi_n \geqslant 0$ [1]. 记$\xi_n^*=\xi_n\mathbb{1}_{[0,n]}(\xi_n)$，由引理5.2.9知$\frac{1}{n}\sum\limits_{k=1}^{n}(\xi_k-\xi_k^*)\xrightarrow{\text{a.e.}}0$，因此只需证明

$$\lim_{n\to\infty}\frac{1}{n}\sum_{k=1}^{n}\xi_k^*=a. \tag{5.30}$$

事实上，由引理5.2.10知对于任意$r>1$有

$$\frac{1}{[r^n]}\sum_{k=1}^{[r^n]}(\xi_k^*-\mathbb{E}(\xi_k^*))\xrightarrow{\text{a.e.}}0. \tag{5.31}$$

由$\mathbb{E}(\xi_k^*)=\mathbb{E}\left(\xi_1\mathbb{1}_{[0,k]}(\xi_1)\right)\uparrow a$可得$\frac{1}{[r^n]}\sum\limits_{k=1}^{[r^n]}\mathbb{E}(\xi_k^*)\xrightarrow{n\to\infty}a$，代入(5.31)有

$$\frac{1}{[r^n]}\sum_{k=1}^{[r^n]}\xi_k^*\xrightarrow{\text{a.e.}}a. \tag{5.32}$$

[1] 否则将随机变量分解为正部和负部去证明. 对于非负随机变量，其二阶矩可能为正无穷，这是进一步证明的难点所在.

另外，对于任意正整数$m \in ([r^n], [r^{n+1}])$，有

$$\frac{r^n-1}{r^{n+1}} \times \frac{1}{[r^n]}\sum_{k=1}^{[r^n]}\xi_k^* \leqslant \frac{[r^n]}{[r^{n+1}]} \times \frac{1}{[r^n]}\sum_{k=1}^{[r^n]}\xi_k^* = \frac{1}{[r^{n+1}]}\sum_{k=1}^{[r^n]}\xi_k^* \leqslant \frac{1}{m}\sum_{k=1}^{m}\xi_k^*$$
$$\leqslant \frac{1}{[r^n]}\sum_{k=1}^{[r^{n+1}]}\xi_k^* = \frac{[r^{n+1}]}{[r^n]} \times \frac{1}{[r^{n+1}]}\sum_{k=1}^{[r^{n+1}]}\xi_k^* \leqslant \frac{r^{n+1}}{r^n-1} \times \frac{1}{[r^{n+1}]}\sum_{k=1}^{[r^{n+1}]}\xi_k^*,$$

这样令$m \to \infty$，可得

$$\frac{a}{r} \leqslant \varliminf_{m\to\infty}\frac{1}{m}\sum_{k=1}^{m}\xi_k^* \leqslant \varlimsup_{m\to\infty}\frac{1}{m}\sum_{k=1}^{m}\xi_k^* \leqslant ra,$$

再令$r \downarrow 1$有(5.30). ∎

定理5.2.6　设$\{\xi_n\}$为独立同分布随机变量列，大数定律成立的充要条件是$\mathbb{E}(\xi_1) = a$为实数.

证明　必要性显然，充分性是定理5.2.5和定理5.1.1的结果. ∎

定理5.2.7 (**波莱尔强大数律**)　设μ_n为n重伯努利实验中成功的次数，p为成功概率，则

$$\frac{\mu_n}{n} \xrightarrow{\text{a.e.}} p.$$

证明　定理5.2.5的结果. ∎

定理5.2.7说明在几乎处处收敛的意义下，频率收敛于概率.

§5.2.3　独立情形的强大数定律

定理5.2.8 (**柯尔莫戈洛夫强大数律**)　设$\{\xi_n\}$是独立随机变量列，满足

$$\sum_{k=1}^{\infty}\frac{D(\xi_k)}{k^2} < \infty,$$

则$\{\xi_n\}$满足强大数定律.

证明　记$\tilde{\xi}_k = \xi_k - \mathbb{E}(\xi_k)$，只需证明

$$\frac{1}{n}\sum_{k=1}^{n}\tilde{\xi}_k \xrightarrow{\text{a.e.}} 0.$$

由引理5.2.11只需证明

$$S_n = \sum_{k=1}^{n} \frac{\tilde{\xi}_k}{k} \tag{5.33}$$

几乎处处收敛. 记

$$b_m = \sup_{k\geqslant 1} |S_{m+k} - S_m|, \quad b = \inf_{m\geqslant 1} b_m, \tag{5.34}$$

由引理5.2.12只需证明$\mathbb{P}(b=0)=1$. 再由概率的下连续性知，只需证明

$$\mathbb{P}(b > \varepsilon) = 0, \quad \forall \varepsilon > 0. \tag{5.35}$$

事实上，对$\varepsilon > 0$，由(5.34)，概率的单调性和下连续性得

$$\begin{aligned}\mathbb{P}(b > \varepsilon) &\leqslant \mathbb{P}(b_m > \varepsilon) \leqslant \mathbb{P}\left(\lim_{n\to\infty}\left\{\max_{1\leqslant k\leqslant n} |S_{m+k} - S_m| \geqslant \varepsilon\right\}\right) \\ &= \lim_{n\to\infty} \mathbb{P}\left(\max_{1\leqslant k\leqslant n} |S_{m+k} - S_m| \geqslant \varepsilon\right). \end{aligned} \tag{5.36}$$

由引理5.2.13得

$$\mathbb{P}\left(\max_{1\leqslant k\leqslant n} |S_{m+k} - S_m| \geqslant \varepsilon\right) \leqslant \frac{1}{\varepsilon^2} D\left(\sum_{k=m+1}^{n} \frac{\tilde{\xi}_k}{k}\right) = \frac{1}{\varepsilon^2} \sum_{k=m+1}^{n} \frac{D(\tilde{\xi}_k)}{k^2},$$

代入(5.36)得

$$\mathbb{P}(b > \varepsilon) \leqslant \frac{1}{\varepsilon^2} \sum_{k=m+1}^{\infty} \frac{D(\tilde{\xi}_k)}{k^2},$$

令$m\to\infty$得(5.35). ∎

§5.2.4 大数定律与蒙特卡洛方法

依据强大数定律，可以通过设计适当的随机实验，通过实验观测值获取实际问题的近似解，这种解答问题的方法称为**蒙特卡洛方法**(Monte Carlo method). 下面简要介绍蒙特卡洛方法在积分近似计算领域中的应用.

假设$f(x)$为可积函数，下讨论其定积分的近似计算问题. 令$x = a + t(b-a)$，则

$$\int_a^b f(x)\,\mathrm{d}x = (b-a)\int_0^1 f(a + t(b-a))\,\mathrm{d}t.$$

取独立同分布随机变量$\xi_1, \xi_2, \cdots, \xi_n$，使$\xi_1 \sim U(0,1)$，由强大数定律

$$\begin{aligned}\lim_{n\to\infty} \frac{1}{n} \sum_{k=1}^{n} f\left(a+\xi_k\left(b-a\right)\right) &= \mathbb{E}\left(f\left(a+\xi_1\left(b-a\right)\right)\right) \\ &= \int_0^1 f\left(a+t\left(b-a\right)\right)\mathrm{d}t \text{ a.e.}\end{aligned}$$

这样就得到近似计算定积分的蒙特卡洛方法：

$$\int_a^b f(x)\mathrm{d}x \approx \frac{(b-a)}{n} \sum_{k=1}^{n} f\left(a+\xi_k\left(b-a\right)\right). \tag{5.37}$$

这种方法容易推广到重积分的情形.

§5.2.5　引理

引理5.2.9　若非负随机变量列$\{\xi_n\}$满足定理5.2.5假设，则

$$\frac{1}{n} \sum_{k=1}^{n} \left(\xi_k - \xi_k^*\right) \xrightarrow{\text{a.e.}} 0, \tag{5.38}$$

其中$\xi_n^* = \xi_n \mathbb{1}_{[0,n]}\left(\xi_n\right)$.

证明　取$\varepsilon \in (0,1)$，则$\left\{\xi_k \mathbb{1}_{(k,\infty)}\left(\xi_k\right) \geqslant \varepsilon\right\} = \{\xi_k > k\}$. 注意到$\{\xi_n\}$独立同分布可得

$$\begin{aligned}&\sum_{k=1}^{\infty} \mathbb{P}\left(\xi_k \mathbb{1}_{(k,\infty)}\left(\xi_k\right) \geqslant \varepsilon\right) = \sum_{k=1}^{\infty} \mathbb{P}\left(\xi_k > k\right) = \sum_{k=1}^{\infty} \mathbb{P}\left(\xi_1 > k\right) \\ &= \sum_{k=1}^{\infty} \sum_{n=k}^{\infty} \mathbb{P}\left(n < \xi_1 \leqslant n+1\right) = \sum_{n=1}^{\infty} \sum_{k=1}^{n} \mathbb{P}\left(n < \xi_1 \leqslant n+1\right) \\ &= \sum_{n=1}^{\infty} n\mathbb{P}\left(n < \xi_1 \leqslant n+1\right) \leqslant \sum_{n=1}^{\infty} \mathbb{E}\left(\xi_1 \mathbb{1}_{(n,n+1]}\left(\xi_1\right)\right) = \mathbb{E}\left(\xi_1\right) = a.\end{aligned}$$

由波莱尔-坎泰利引理、事件列上极限的定义和概率的上连续性得

$$\begin{aligned}0 &= \mathbb{P}\left(\overline{\lim_{k\to\infty}} \left\{\xi_k \mathbb{1}_{(k,\infty)}\left(\xi_k\right) \geqslant \varepsilon\right\}\right) \\ &= \mathbb{P}\left(\bigcap_{n=1}^{\infty} \bigcup_{k=n}^{\infty} \left\{\xi_k \mathbb{1}_{(k,\infty)}\left(\xi_k\right) \geqslant \varepsilon\right\}\right) = \lim_{n\to\infty} \mathbb{P}\left(\bigcup_{k=n}^{\infty} \left\{\xi_k \mathbb{1}_{(k,\infty)}\left(\xi_k\right) \geqslant \varepsilon\right\}\right),\end{aligned}$$

再由定理5.1.1知$\xi_k \mathbb{1}_{(k,\infty)}(\xi_k) \xrightarrow{\text{a.e.}} 0$. 因此

$$0 \leqslant \frac{1}{n}\sum_{k=1}^{n}(\xi_k - \xi_k^*) = \frac{1}{n}\sum_{k=1}^{n}\xi_k \mathbb{1}_{(k,\infty)}(\xi_k) \xrightarrow{\text{a.e.}} 0,$$

即(5.38)成立. ∎

引理5.2.10　在引理5.2.9假设之下，对于任何$r > 1$有

$$\frac{1}{[r^n]}\sum_{k=1}^{[r^n]}(\xi_k^* - \mathbb{E}(\xi_k^*)) \xrightarrow{\text{a.e.}} 0. \tag{5.39}$$

证明　由定理5.1.1，只需证

$$0 = \lim_{k\to\infty}\mathbb{P}\left(\bigcup_{n=k}^{\infty}\left\{\left|\frac{1}{[r^n]}\sum_{k=1}^{[r^n]}(\xi_k^* - \mathbb{E}(\xi_k^*))\right| \geqslant \varepsilon\right\}\right), \quad \forall \varepsilon > 0,$$

即只需证

$$0 = \mathbb{P}\left(\overline{\lim_{n\to\infty}}\left\{\left|\frac{1}{[r^n]}\sum_{k=1}^{[r^n]}(\xi_k^* - \mathbb{E}(\xi_k^*))\right| \geqslant \varepsilon\right\}\right), \quad \forall \varepsilon > 0,$$

而由波莱尔-坎泰利引理，这只需证

$$\sum_{n=1}^{\infty}\mathbb{P}\left(\left|\frac{1}{[r^n]}\sum_{k=1}^{[r^n]}(\xi_k^* - \mathbb{E}(\xi_k^*))\right| \geqslant \varepsilon\right) < \infty, \quad \forall \varepsilon > 0. \tag{5.40}$$

事实上，由$\{\xi_k^*\}$ 为独立随机变量列可得

$$\begin{aligned}
&\mathbb{P}\left(\left|\frac{1}{[r^n]}\sum_{k=1}^{[r^n]}(\xi_k^* - \mathbb{E}(\xi_k^*))\right| \geqslant \varepsilon\right) \leqslant \frac{1}{\varepsilon^2}D\left(\frac{1}{[r^n]}\sum_{k=1}^{[r^n]}\xi_k^*\right)\\
&= \frac{1}{\varepsilon^2[r^n]^2}\sum_{k=1}^{[r^n]}D(\xi_k^*) \leqslant \frac{1}{\varepsilon^2[r^n]^2}\sum_{k=1}^{[r^n]}\mathbb{E}\left(\xi_k^2\mathbb{1}_{[0,k]}(\xi_k)\right)\\
&= \frac{1}{\varepsilon^2[r^n]^2}\sum_{k=1}^{[r^n]}\mathbb{E}\left(\xi_1^2\mathbb{1}_{[0,k]}(\xi_1)\right) \leqslant \frac{1}{\varepsilon^2[r^n]}\mathbb{E}\left(|\xi_1|^2\mathbb{1}_{(0,[r^n]]}(\xi_1)\right)\\
&= \frac{1}{\varepsilon^2[r^n]}\mathbb{E}\left(|\xi_1|^2\mathbb{1}_{[\xi_1,\infty)}([r^n])\right).
\end{aligned}$$

进而

$$\sum_{n=1}^{N}\mathbb{P}\left(\left|\frac{1}{[r^n]}\sum_{k=1}^{[r^n]}(\xi_k^*-\mathbb{E}(\xi_k^*))\right|\geqslant\varepsilon\right)\leqslant\frac{1}{\varepsilon^2}\mathbb{E}\left(\sum_{n=1}^{N}\frac{1}{[r^n]}\xi_1^2\mathbb{1}_{[\xi_1,\infty)}([r^n])\right)$$

$$\leqslant\frac{1}{\varepsilon^2}\mathbb{E}\left(\sum_{n=[\log_r\xi_1]}^{N}\frac{1}{[r^n]}\xi_1^2\mathbb{1}_{[\xi_1,\infty)}([r^n])\right)\leqslant\frac{2}{\varepsilon^2}\mathbb{E}\left(\sum_{n=[\log_r\xi_1]}^{N}\frac{1}{r^n}\xi_1^2\right)$$

令$N\to\infty$，由单调收敛定理得

$$\sum_{n=1}^{\infty}\mathbb{P}\left(\left|\frac{1}{[r^n]}\sum_{k=1}^{[r^n]}(\xi_k^*-\mathbb{E}(\xi_k^*))\right|\geqslant\varepsilon\right)\leqslant\frac{2}{\varepsilon^2}\mathbb{E}\left(\sum_{n=[\log_r\xi_1]}^{\infty}\frac{1}{r^n}\xi_1^2\right)$$

$$=\frac{2}{\varepsilon^2}\mathbb{E}\left(\frac{1}{1-r^{-1}}\times\frac{1}{r^{[\log_r\xi_1]}}\times\xi_1^2\right)=\frac{2}{\varepsilon^2(1-r^{-1})}\mathbb{E}\left(\frac{r}{r^{[\log_r\xi_1]+1}}\times\xi_1^2\right)$$

$$\leqslant\frac{2r}{\varepsilon^2(1-r^{-1})}\mathbb{E}\left(\frac{1}{r^{\log_r\xi_1}}\times\xi_1^2\right)=\frac{2r}{\varepsilon^2(1-r^{-1})}\mathbb{E}(|\xi_1|)<\infty.$$

即(5.40)成立. ∎

引理5.2.11 设$\{a_n\}$为实数列，且$\sum_{k=1}^{\infty}\frac{a_k}{k}$收敛，则

$$\lim_{n\to\infty}\frac{1}{n}\sum_{k=1}^{n}a_k=0. \tag{5.41}$$

证明 令$t_0=0$，

$$t_n=\sum_{k=1}^{n}\frac{a_k}{k},\quad n\geqslant1,$$

注意到$a_k=k(t_k-t_{k-1})$，可得

$$\sum_{k=1}^{n+1}a_k=\sum_{k=1}^{n+1}kt_k-\sum_{k=1}^{n+1}kt_{k-1}=(n+1)t_{n+1}-\sum_{k=1}^{n}t_k.$$

所以

$$\frac{1}{n+1}\sum_{k=1}^{n+1}a_k=t_{n+1}-\frac{1}{n+1}\sum_{k=1}^{n}t_k. \tag{5.42}$$

另外

$$\lim_{n\to\infty}t_{n+1}=\sum_{k=1}^{\infty}\frac{a_k}{k}=\lim_{n\to\infty}\frac{1}{n}\sum_{k=1}^{n}t_k=\lim_{n\to\infty}\frac{1}{n+1}\sum_{k=1}^{n}t_k,$$

因此，在(5.42)中令$n \to \infty$得

$$\lim_{n\to\infty} \frac{1}{n+1} \sum_{k=1}^{n+1} a_k = \lim_{n\to\infty} t_{n+1} - \lim_{n\to\infty} \frac{1}{n+1} \sum_{k=1}^{n} t_k = 0,$$

即(5.41)成立. ∎

引理5.2.12　设$\{a_n\}$为实数列，记

$$b_m = \sup_{k\geqslant 1} |a_{m+k} - a_m|, \quad b = \inf_{m\geqslant 1} b_m.$$

若$b = 0$，则$\{a_n\}$收敛.

证明　对于任意$\varepsilon > 0$，存在正整数N，使得$b_N < \varepsilon/2$. 所以

$$|a_{N+k} - a_N| < \varepsilon/2, \quad k = 1, 2, \cdots$$

进而

$$|a_m - a_n| \leqslant |a_{N+m-N} - a_N| + |a_{N+n-N} - a_N| < \varepsilon, \quad \forall m, n > N,$$

即$\{a_n\}$收敛. ∎

引理5.2.13　设$\{\xi_n\}$为独立随机变量列，$S_n = \sum\limits_{k=1}^{n} \xi_k$，且

$$\mathbb{E}(\xi_n) = 0, \quad D(\xi_n) < \infty, \quad n \geqslant 1.$$

则

$$\mathbb{P}\left(\max_{1\leqslant k\leqslant n} |S_k| \geqslant \varepsilon\right) \leqslant \frac{D(S_n)}{\varepsilon^2}, \quad \forall \varepsilon > 0, \tag{5.43}$$

并称(5.43)为**柯尔莫戈洛夫极大不等式**.

证明　记

$$A_k = \{|S_k| \geqslant \varepsilon\} \bigcap \left(\bigcap_{j=1}^{k-1} \{|S_j| < \varepsilon\}\right),$$

则$A_1, A_2, \cdots, A_n$互不相容，且

$$\left\{\max_{1\leqslant k\leqslant n} |S_k| \geqslant \varepsilon\right\} = \bigcup_{k=1}^{n} A_k.$$

由概率的有限可加性得

$$\mathbb{P}\left(\max_{1\leqslant k\leqslant n}|S_k|\geqslant\varepsilon\right)=\sum_{k=1}^{n}\mathbb{P}(A_k)=\sum_{k=1}^{n}\mathbb{E}(\mathbb{1}_{A_k})\leqslant\frac{1}{\varepsilon^2}\sum_{k=1}^{n}\mathbb{E}(S_k^2\mathbb{1}_{A_k}),\quad(5.44)$$

另外，由S_n-S_k与$S_k\mathbb{1}_{A_k}$相互独立得$\mathbb{E}\left((S_n-S_k)S_k\mathbb{1}_{A_k}\right)=0$，因此

$$\begin{aligned}\mathbb{E}\left(S_k^2\mathbb{1}_{A_k}\right)&\leqslant\mathbb{E}\left(S_k^2\mathbb{1}_{A_k}\right)+\mathbb{E}\left((S_n-S_k)^2\mathbb{1}_{A_k}\right)+2\mathbb{E}\left((S_n-S_k)S_k\mathbb{1}_{A_k}\right)\\&=\mathbb{E}\left(S_n^2\mathbb{1}_{A_k}\right).\end{aligned}$$

将上式代入(5.44)得

$$\mathbb{P}\left(\max_{1\leqslant k\leqslant n}|S_k|\geqslant\varepsilon\right)\leqslant\frac{1}{\varepsilon^2}\sum_{k=1}^{n}\mathbb{E}\left(S_n^2\mathbb{1}_{A_k}\right)\leqslant\frac{\mathbb{E}(S_n^2)}{\varepsilon^2}=\frac{D(S_n)}{\varepsilon^2},$$

即(5.43)成立. ■

§5.2.6　练习题

练习 5.2.1　设$\{\xi_n\}$独立同分布，$\mathbb{E}(\xi_1)=a\in\mathbb{R}$，证明

$$\lim_{n\to\infty}\mathbb{P}\left(n(a-\varepsilon)<\sum_{k=1}^{n}\xi_k<n(a+\varepsilon)\right)=1,\quad\varepsilon>0.$$

练习 5.2.2　设$\{\xi_n\}$独立同分布，$\mathbb{E}(\xi_1)=\mu\in(-\infty,\infty)$，

$$\eta_n=\alpha\xi_n+\beta\xi_{n+1}+\gamma,$$

其中α，β和γ均为实数，求$\frac{1}{n}\sum\limits_{k=1}^{n}\eta_n$的 a.e. 收敛极限.

练习 5.2.3　参加集会的n个人将他们自己的帽子混放在一起，会后每个人任选一顶戴上. 以S_n表示戴上自己帽子的人的个数，证明

$$\frac{S_n-\mathbb{E}(S_n)}{n}\xrightarrow{\mathbb{P}}0.$$

练习 5.2.4　设g为有界波莱尔函数，$\{\xi_n\}$为独立随机变量列，证明$\{g(\xi_n)\}$满足强大数定律.

练习 5.2.5　设$\{\xi_n\}$为同分布随机变量列，$D(\xi_1)\in(0,\infty)$，且当$|k-l|\geqslant 2$时ξ_k与ξ_l相互独立. 证明$\{\xi_n\}$满足大数定律.

练习 5.2.6 设$\{\xi_n\}$为独立随机变量列，每个ξ_n有有限的方差σ_n^2，且$\sigma_n^2/n \to 0$，证明$\{\xi_n\}$满足大数定律.

练习 5.2.7 设$\{\xi_n\}$为独立随机变量列，证明

$$\xi_n \xrightarrow{\text{a.e.}} 0 \Longleftrightarrow \sum_{k=1}^{\infty} \mathbb{P}\big(|\xi_k| \geqslant \varepsilon\big) < \infty, \quad \forall \varepsilon > 0.$$

练习 5.2.8 设$\{\xi_n\}$为独立同分布随机变量列，且有有限的方差$D(\xi_n) = \sigma^2$，证明样本方差

$$S_n^2 = \frac{1}{n-1} \sum_{k=1}^{n} \left(\xi_n - \bar{\xi}\right)^2 \xrightarrow{\text{a.e.}} \sigma^2,$$

其中$\bar{\xi} = \dfrac{1}{n} \sum\limits_{k=1}^{n} \xi_k$.

练习 5.2.9 若非负连续函数f和g满足条件

$$0 < f(x) \leqslant cg(x), \quad \forall x \in [0,1],$$

其中$c > 0$为常数. 用大数定律证明

$$\lim_{n\to\infty} \int_0^1 \cdots \int_0^1 \frac{f(x_1) + f\,(x_2) + \cdots + f(x_n)}{g(x_1) + g\,(x_2) + \cdots + g(x_n)} \mathrm{d}x_1 \mathrm{d}x_2 \cdots \mathrm{d}x_n = \frac{\int_0^1 f(x)\mathrm{d}x}{\int_0^1 g(x)\mathrm{d}x}.$$

§5.3　中心极限定理

设$\{\xi_n\}$为随机变量序列，其均值和方差均有限. 通常当n很大时，$\sum\limits_{k=1}^{n}\xi_k$的密度图像近似于正态分布密度曲线形状，从而其标准化的密度近似于标准正态分布函数的密度函数，即当n很大时

$$\zeta_n = \frac{\sum\limits_{k=1}^{n}(\xi_k - \mathbb{E}(\xi_k))}{\sqrt{D\left(\sum\limits_{k=1}^{n}\xi_k\right)}} \tag{5.45}$$

近似地服从标准正态分布，如图5.3所示.

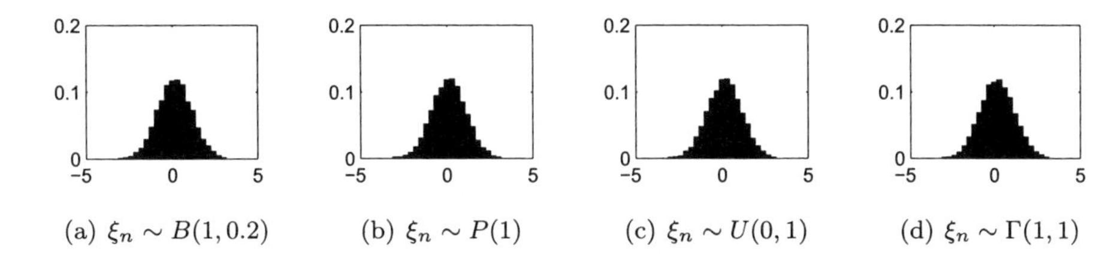

(a) $\xi_n \sim B(1,0.2)$　(b) $\xi_n \sim P(1)$　(c) $\xi_n \sim U(0,1)$　(d) $\xi_n \sim \Gamma(1,1)$

图 5.3　$\{\xi_n\}$对应的ζ_{10000}频率直方图

本节讨论(5.45)弱收敛于标准正态分布的条件及其应用.

§5.3.1　中心极限定理的定义

定义 5.3.1　对独立随机变量列$\{\xi_n\}\subset\mathscr{L}^2$，若

$$\zeta_n = \frac{\sum\limits_{k=1}^{n}(\xi_k - \mathbb{E}(\xi_k))}{\sqrt{\sum\limits_{k=1}^{n}D(\xi_k)}} \xrightarrow{w} \zeta \sim N(0,1),$$

则称$\{\xi_n\}$**满足中心极限定理**.

设$\Phi(x)$和$f(t)$为分别是$N(0,1)$的分布函数和特征函数，$f_n(t)$是ζ_n的特征函数，则

$$\begin{aligned}\{\xi_n\}\text{满足中心极限定理} &\Longleftrightarrow \lim_{n\to\infty}\mathbb{P}(\zeta_n \leqslant x) = \Phi(x), \quad \forall x\in\mathbb{R}^1\\ &\Longleftrightarrow \lim_{n\to\infty} f_n(t) = f(t), \quad \forall t\in\mathbb{R}^1.\end{aligned}$$

§5.3.2 独立同分布情形的中心极限定理

定理5.3.1 **[林德伯格-列维(Lindeberg-Lévy)定理]** 设$\{\xi_n\}$为独立同分布随机变量列，且

$$\mathbb{E}(\xi_1)=a,\quad 0<D(\xi_1)=\sigma^2<\infty, \tag{5.46}$$

则$\{\xi_n\}$满足中心极限定理.

证明 用$f(t)$表示$\dfrac{\xi_1-a}{\sigma}$的特征函数，记

$$\zeta_n=\frac{\sum\limits_{k=1}^{n}(\xi_k-\mathbb{E}(\xi_k))}{\sqrt{D\left(\sum\limits_{k=1}^{n}\xi_k\right)}}=\sum_{k=1}^{n}\frac{\xi_k-a}{\sigma\sqrt{n}}.$$

由$\{\xi_n\}$的独立性及引理5.3.8知ζ_n的特征函数

$$f_{\zeta_n}(t)=\left(f\left(\frac{t}{\sqrt{n}}\right)\right)^n=\left(1-\frac{t^2}{2n}+o\left(\frac{t^2}{n}\right)\right)^n,$$

由引理5.3.7，当$n>t^2$时有

$$\left|f_{\zeta_n}(t)-\left(1-\frac{t^2}{2n}\right)^n\right|\leqslant n\left|o\left(\frac{t^2}{n}\right)\right|\xrightarrow{n\to\infty}0.$$

所以

$$\lim_{n\to\infty}f_{\zeta_n}(t)=\lim_{n\to\infty}\left(1-\frac{t^2}{2n}\right)^n=\mathrm{e}^{-t^2/2},$$

由连续性定理5.1.10得结论. ∎

定理5.3.2 假设$\mu_n\sim B(n,p)$，则

$$\lim_{n\to\infty}\mathbb{P}\left(\frac{\mu_n-np}{\sqrt{np(1-p)}}\leqslant x\right)=\Phi(x). \tag{5.47}$$

证明 取独立同分布随机变量列$\{\xi_n\}$，使得$\xi_1\sim B(1,p)$. 由定理5.3.1知

$$\frac{\sum\limits_{k=1}^{n}(\xi_k-\mathbb{E}(\xi_k))}{\sqrt{D\left(\sum\limits_{k=1}^{n}\xi_k\right)}}\xrightarrow{w}\zeta\sim N(0,1).$$

再由$\sum\limits_{k=1}^{n}\xi_k \sim B(n,p)$得

$$\mathbb{P}\left(\frac{\mu_n - np}{\sqrt{np(1-p)}} \leqslant x\right) = \mathbb{P}\left(\frac{\sum\limits_{k=1}^{n}(\xi_k - \mathbb{E}(\xi_k))}{\sqrt{D\left(\sum\limits_{k=1}^{n}\xi_k\right)}} \leqslant x\right) \xrightarrow{n\to\infty} \Phi(x),$$

即结论成立. ∎

定理5.3.2可解释高尔顿钉板实验1.3中小球的堆积形状很像正态密度曲线的原因.

§5.3.3　独立情形的中心极限定理

设$\{\xi_n\}$为独立随机变量列，满足条件

$$\mathbb{E}(\xi_n) = a_n \in \mathbb{R}^1, \quad D(\xi_n) = \sigma_n^2 > 0,$$

记

$$B_n^2 \triangleq D\left(\sum_{k=1}^{n}\xi_k\right) = \sum_{k=1}^{n}\sigma_k^2. \tag{5.48}$$

林德伯格(Lindeberg)条件：对于任何$\tau > 0$有

$$\lim_{n\to\infty}\frac{1}{B_n^2}\sum_{k=1}^{n}\mathbb{E}\left((\xi_k - a_k)^2\,\mathbb{1}_{\{|\xi_k - a_k| \geqslant \tau B_n\}}\right) = 0. \tag{5.49}$$

定理5.3.3　若$\{\xi_n\}$满足林德伯格条件(5.49)，则对于任意$\tau > 0$有

$$\lim_{n\to\infty}\mathbb{P}\left(\max_{1\leqslant k\leqslant n}\left|\frac{\xi_k - a_k}{B_n}\right| \geqslant \tau\right) = 0, \tag{5.50}$$

$$\lim_{n\to\infty}\max_{1\leqslant k\leqslant n}\frac{\sigma_k^2}{B_n^2} = 0, \tag{5.51}$$

$$\lim_{n\to\infty}\frac{1}{B_n^2} = 0. \tag{5.52}$$

证明　往证(5.50). 记

$$A_k = \{|\xi_k - a_k| \geqslant \tau B_n\},\ 1 \leqslant k \leqslant n,$$

由概率的次可加性得

$$\begin{aligned}
&\mathbb{P}\left(\max_{1\leqslant k\leqslant n}\left|\frac{\xi_k-a_k}{B_n}\right|\geqslant\tau\right)=\mathbb{P}\left(\bigcup_{k=1}^{n}A_k\right)\leqslant\sum_{k=1}^{n}\mathbb{P}(A_k)\\
&=\sum_{k=1}^{n}\mathbb{E}\left(\mathbb{1}_{\{|\xi_k-a_k|\geqslant\tau B_n\}}\right)\leqslant\sum_{k=1}^{n}\mathbb{E}\left(\frac{(\xi_k-a_k)^2}{\tau^2B_n^2}\mathbb{1}_{\{|\xi_k-a_k|\geqslant\tau B_n\}}\right)\\
&\leqslant\frac{1}{\tau^2B_n^2}\sum_{k=1}^{n}\mathbb{E}\left((\xi_k-a_k)^2\,\mathbb{1}_{\{|\xi_k-a_k|\geqslant\tau B_n\}}\right),
\end{aligned}$$

令 $n\to\infty$由林德伯格条件得(5.50).

往证(5.51). $\forall\tau>0$,

$$\frac{\sigma_k^2}{B_n^2}=\mathbb{E}\left(\frac{(\xi_k-a_k)^2}{B_n^2}\right)\leqslant\tau^2+\mathbb{E}\left(\frac{(\xi_k-a_k)^2}{B_n^2}\mathbb{1}_{\{|\xi_k-a_k|\geqslant\tau B_n\}}\right).$$

所以

$$\max_{1\leqslant k\leqslant n}\frac{\sigma_k^2}{B_n^2}\leqslant\tau^2+\frac{1}{B_n^2}\sum_{k=1}^{n}\mathbb{E}\left((\xi_k-a_k)^2\,\mathbb{1}_{\{|\xi_k-a_k|\geqslant\tau B_n\}}\right),$$

由林德伯格条件(5.49)和τ的任意性得(5.51).

往证(5.52). 由$\sigma_1^2>0$有

$$\frac{1}{B_n^2}\leqslant\frac{1}{\sigma_1^2}\max_{1\leqslant k\leqslant n}\frac{\sigma_k^2}{B_n^2}\xrightarrow{n\to\infty}0,$$

即有(5.52). ∎

在林德伯格条件(5.49)之下，(5.50)成立. 因此当n充分大时，

$$\zeta_n=\frac{\sum\limits_{k=1}^{n}\left(\xi_k-\mathbb{E}(\xi_k)\right)}{\sqrt{D\left(\sum\limits_{k=1}^{n}\xi_k\right)}}=\sum_{k=1}^{n}\frac{\xi_k-a_k}{B_n}$$

是相互独立的小随机变量的叠加，下定理表明这种叠加将导致正态分布. 因此众多相互独立小随机因素的叠加导致正态分布.

定理5.3.4 若独立随机变量列$\{\xi_n\}$满足林德伯格条件(5.49)，则它满足中心极限定理.

证明 记

$$a_k = \mathbb{E}\left(\xi_k\right), \quad \sigma_k^2 = D\left(\xi_k\right), \quad \xi_{nk} = \frac{\xi_k - a_k}{B_n}, \quad \zeta_n = \sum_{k=1}^{n} \xi_{nk},$$

则

$$\mathbb{E}\left(\xi_{nk}\right) = 0, \quad D\left(\xi_{nk}\right) = \frac{\sigma_k^2}{B_n^2}, \tag{5.53}$$

$$\mathbb{E}\left(\xi_{nk}^2 \mathbb{1}_{\{|\xi_{nk}| \geqslant \tau\}}\right) = \frac{1}{B_n^2}\mathbb{E}\left(\left(\xi_k - a_k\right)^2 \mathbb{1}_{\{|\xi_k - a_k| \geqslant \tau B_n\}}\right). \tag{5.54}$$

分别用f_n和f_{nk}表示ζ_n和ξ_{nk}的特征函数，只需证明

$$f_n(t) = \prod_{k=1}^{n} f_{nk}(t) \to \mathrm{e}^{-\frac{t^2}{2}} = \prod_{k=1}^{n} \mathrm{e}^{-\frac{t^2\sigma_k^2}{2B_n^2}},$$

即要证明

$$\left|\prod_{k=1}^{n} f_{nk}(t) - \prod_{k=1}^{n} \mathrm{e}^{-\frac{t^2\sigma_k^2}{2B_n^2}}\right| \to 0.$$

由引理5.3.7，

$$\left|\prod_{k=1}^{n} f_{nk}(t) - \prod_{k=1}^{n} \mathrm{e}^{-\frac{t^2\sigma_k^2}{2B_n^2}}\right| \leqslant \sum_{k=1}^{n}\left|f_{nk}(t) - \mathrm{e}^{-\frac{t^2\sigma_k^2}{2B_n^2}}\right|,$$

所以只需证明

$$\sum_{k=1}^{n}\left|f_{nk}(t) - \mathrm{e}^{-\frac{t^2\sigma_k^2}{2B_n^2}}\right| \to 0. \tag{5.55}$$

由引理5.3.10和(5.53)得

$$\begin{aligned}
&\left|f_{nk}(t) - \mathrm{e}^{-\frac{t^2\sigma_k^2}{2B_n^2}}\right| \\
\leqslant\ & t^4\left(\frac{\sigma_k}{B_n}\right)^4 + \left|t^3\right|\tau\left(\frac{\sigma_k^2}{B_n^2}\right) + t^2\mathbb{E}\left(\xi_{nk}^2 \mathbb{1}_{\{|\xi_{nk}| \geqslant \tau\}}\right) \\
\leqslant\ & \left(t^4 \max_{1 \leqslant k \leqslant n} \frac{\sigma_k^2}{B_n^2} + \left|t^3\right|\tau\right)\left(\frac{\sigma_k^2}{B_n^2}\right) + t^2\mathbb{E}\left(\xi_{nk}^2 \mathbb{1}_{\{|\xi_{nk}| \geqslant \tau\}}\right), \quad \tau > 0.
\end{aligned}$$

将(5.54)代入上式后，对k求和得

$$\sum_{k=1}^{n}\left|f_{nk}(t) - \mathrm{e}^{-\frac{t^2\sigma_k^2}{2B_n^2}}\right|$$

$$\leqslant t^4 \max_{1\leqslant k\leqslant n} \frac{\sigma_k^2}{B_n^2} + |t^3|\tau + \frac{t^2}{B_n^2}\sum_{k=1}^n \mathbb{E}\left((\xi_k - a_k)^2 \mathbb{1}_{\{|\xi_k - a_k|\geqslant \tau B_n\}}\right),$$

令$n\to\infty$，再令$\tau\downarrow 0$，由定理5.3.3得(5.55). ∎

通过验证林德伯格条件，可以得到很多中心极限定理成立的充分条件. 另外，对于独立随机变量列而言，林德伯格不是中心极限定理成立的必要条件，详见练习5.3.10.

定理5.3.5 设$\{\xi_n\}$为独立随机变量列. 若存在非负常数列$\{L_n\}$，使得

$$\max_{1\leqslant k\leqslant n} |\xi_k| \leqslant L_n \text{ 且 } \lim_{n\to\infty} \frac{L_n}{B_n} = 0, \tag{5.56}$$

则$\{\xi_n\}$满足中心极限定理.

证明 只需验证林德伯格条件(5.49). $\forall \tau > 0$，存在$N > 0$，使得

$$\frac{L_n}{B_n} < \frac{\tau}{2}, \quad \forall\, n \geqslant N.$$

从而对$\forall n > N$, $1\leqslant k\leqslant n$有$|\xi_k - a_k| \leqslant |\xi_k| + |a_k| \leqslant 2L_n < \tau B_n$，即

$$\{|\xi_k - a_k| \geqslant \tau B_n\} = \varnothing.$$

所以

$$\begin{aligned}
&\lim_{n\to\infty} \frac{1}{B_n^2}\sum_{k=1}^n \mathbb{E}\left(\xi_k - a_k\right)^2 \mathbb{1}_{\{|\xi_k - a_k|\geqslant \tau B_n\}}\big) \\
&= \lim_{n\to\infty} \frac{1}{B_n^2}\sum_{k=1}^N \mathbb{E}\left((\xi_k - a_k)^2 \mathbb{1}_{\{|\xi_k - a_k|\geqslant \tau B_n\}}\right) = 0,
\end{aligned}$$

即林德伯格条件(5.49)成立. ∎

例 5.3.1 设$\{\xi_n\}$为独立随机变量列，

$$\xi_k \sim U(-\sqrt{k}, \sqrt{k}), \quad \forall k \geqslant 1,$$

证明$\{\xi_n\}$满足中心极限定理.

证明 显然$a_k = \mathbb{E}(\xi_k) = 0$，$\sigma_k^2 = D(\xi_k) = k/3$，$B_n^2 = n(n+1)/6$. 取$L_n = \sqrt{n}$，则

$$\max_{1\leqslant k\leqslant n} |\xi_k| \leqslant L_n, \quad \lim_{n\to\infty} \frac{L_n}{B_n} = 0.$$

由定理5.3.5知结论成立. ∎

定理5.3.6 **[李亚普诺夫(Lyapunov)定理]**　设$\{\xi_n\}$为独立随机变量列，且存在$\delta > 0$，使得

$$\lim_{n\to\infty} \frac{1}{B_n^{2+\delta}} \sum_{k=1}^{n} \mathbb{E}\left(|\xi_k - a_k|^{2+\delta}\right) = 0, \tag{5.57}$$

则$\{\xi_n\}$满足中心极限定理.

证明　只需验证林德伯格条件(5.49). 记$\mathbb{F}_k$为ξ_k的分布，则$\forall \tau > 0$，

$$\begin{aligned}
&\frac{1}{B_n^2} \sum_{k=1}^{n} \mathbb{E}\left((\xi_k - a_k)^2 \mathbb{1}_{\{|\xi_k - a_k| \geqslant \tau B_n\}}\right) \\
\leqslant\ & \frac{1}{B_n^2} \sum_{k=1}^{n} \mathbb{E}\left(\frac{|\xi_k - a_k|^{2+\delta}}{(\tau B_n)^\delta} \mathbb{1}_{\{|\xi_k - a_k| \geqslant \tau B_n\}}\right) \\
\leqslant\ & \frac{1}{\tau^\delta B_n^{2+\delta}} \sum_{k=1}^{n} \mathbb{E}\left(|\xi_k - a_k|^{2+\delta}\right) \xrightarrow{n\to\infty} 0,
\end{aligned}$$

即林德伯格条件(5.49)成立. ∎

§5.3.4　中心极限定理的应用

例 5.3.2　设$\mu_n \sim B(n, p)$，则

$$\mathbb{P}(\mu_n \leqslant x) \approx \Phi\left(\frac{x - np}{\sqrt{np(1-p)}}\right).$$

证明　由定理5.3.2得结论. ∎

若随机变量列$\{\eta_n\}$的分布函数列弱收敛到分布函数F，则称该随机变量列**渐近服从**F**分布**.

例 5.3.3 (**正态随机数的近似**)　设$\{\xi_n\}$独立同分布，$\xi_1 \sim U(0,1)$，则

$$\sqrt{\frac{12}{n}} \sum_{k=1}^{n} \left(\xi_k - \frac{1}{2}\right)$$

渐近服从标准正态分布.

证明　因为$E(\xi_1) = \dfrac{1}{2}$，$D(\xi_1) = \dfrac{1}{12}$，所以由定理5.3.1可得结论. ∎

§5.3.5 引理

引理5.3.7 对于任何模不超过1的复数$z_k, w_k, k=1,2,\cdots,n$，有

$$\left|\prod_{k=1}^{n} z_k - \prod_{k=1}^{n} w_k\right| \leqslant \sum_{k=1}^{n} |z_k - w_k|. \tag{5.58}$$

证明 当$n=1$时结论显然成立. 设n时结论成立，则

$$\begin{aligned}
&\left|\prod_{k=1}^{n+1} z_k - \prod_{k=1}^{n+1} w_k\right| = \left|\prod_{k=1}^{n+1} z_k - w_{n+1}\prod_{k=1}^{n} z_k + w_{n+1}\prod_{k=1}^{n} z_k - \prod_{k=1}^{n+1} w_k\right| \\
&\leqslant \left|(z_{k+1} - w_{n+1})\prod_{k=1}^{n} z_k\right| + \left|w_{n+1}\left(\prod_{k=1}^{n} z_k - \prod_{k=1}^{n} w_k\right)\right| \\
&\leqslant |z_{k+1} - w_{n+1}| + \left|\left(\prod_{k=1}^{n} z_k - \prod_{k=1}^{n} w_k\right)\right| \leqslant \sum_{k=1}^{n+1} |z_k - w_k|,
\end{aligned}$$

由数学归纳法原理知(5.58)成立. ∎

引理5.3.8 若随机变量ξ的二阶矩有限，则当$t\to 0$时有

$$f(t) = 1 + \mathrm{i}t\mathbb{E}(\xi) - \frac{t^2}{2}\mathbb{E}(\xi^2) + o(t^2). \tag{5.59}$$

证明 由引理4.4.10，

$$\left|\mathrm{e}^{ix} - 1 - \mathrm{i}x + \frac{x^2}{2}\right| \leqslant \left(\frac{|x^3|}{6}\right) \bigwedge (x^2),$$

因此

$$\begin{aligned}
&\left|f(t) - \left(1 + \mathrm{i}t\mathbb{E}(\xi) - \frac{t^2}{2}\mathbb{E}(\xi^2)\right)\right| \\
&\leqslant \mathbb{E}\left(\left|\mathrm{e}^{it\xi} - 1 - \mathrm{i}t\xi + \frac{(t\xi)^2}{2}\right|\right) \leqslant \mathbb{E}\left(\frac{|t\xi|^3}{6} \bigwedge (t\xi)^2\right) = t^2\mathbb{E}\left(\frac{|t\xi^3|}{6} \bigwedge \xi^2\right),
\end{aligned}$$

进而由控制收敛定理知上式右端为$o(t^2)$，即(5.59)成立. ∎

引理5.3.9 对于任何实数$x\geqslant 0$，

$$\left|1 - x - \mathrm{e}^{-x}\right| \leqslant \frac{x^2}{2}. \tag{5.60}$$

证明 由泰勒公式，存在$y \in [0,x]$，使得

$$\mathrm{e}^{-x} = 1 - x + \frac{\mathrm{e}^{-y}}{2}x^2,$$

所以

$$\left|1 - x - \mathrm{e}^{-x}\right| = \frac{\mathrm{e}^{-y}}{2}x^2 \leqslant \frac{x^2}{2},$$

即引理结论成立. ∎

引理5.3.10 若$\mathbb{E}(\xi) = 0$，$D(\xi) = \sigma^2 \in \mathbb{R}$，则

$$\left|f_\xi(t) - \mathrm{e}^{-\frac{t^2\sigma^2}{2}}\right| \leqslant t^4\sigma^4 + \left|t^3\right|\tau\sigma^2 + t^2\mathbb{E}\left(\xi^2\mathbb{1}_{\{|\xi|\geqslant\tau\}}\right), \quad \tau > 0. \tag{5.61}$$

证明 显然

$$\left|f_\xi(t) - \mathrm{e}^{-\frac{t^2\sigma^2}{2}}\right| \leqslant \left|f_\xi(t) - \left(1 - \frac{t^2\sigma^2}{2}\right)\right| + \left|\left(1 - \frac{t^2\sigma^2}{2}\right) - \mathrm{e}^{-\frac{t^2\sigma^2}{2}}\right|. \tag{5.62}$$

由引理4.4.10

$$\begin{aligned}
\left|f_\xi(t) - \left(1 - \frac{t^2\sigma^2}{2}\right)\right| &= \left|\mathbb{E}\left(\mathrm{e}^{it\xi}\right) - \mathbb{E}\left(1 + (-it\xi) + \frac{(-it\xi)^2}{2}\right)\right| \\
&\leqslant \mathbb{E}\left(\left|\left(\frac{|t\xi|^3}{6}\right) \bigwedge \left((t\xi)^2\right)\right|\right) \\
&\leqslant \mathbb{E}\left(\left|\frac{|t\xi|^3}{6}\mathbb{1}_{\{|\xi|<\tau\}}\right|\right) + \mathbb{E}\left(\left|(t\xi)^2\mathbb{1}_{\{|\xi|\geqslant\tau\}}\right|\right) \\
&\leqslant |t|^3\tau\mathbb{E}\left(\xi^2\right) + t^2\mathbb{E}\left(\left|\xi^2\mathbb{1}_{\{|\xi|\geqslant\tau\}}\right|\right) \\
&= |t|^3\tau\sigma^2 + t^2\mathbb{E}\left(\left|\xi^2\mathbb{1}_{\{|\xi|\geqslant\tau\}}\right|\right), \quad \tau > 0.
\end{aligned} \tag{5.63}$$

由引理5.3.9得

$$\left|\left(1 - \frac{t^2\sigma^2}{2}\right) - \mathrm{e}^{-\frac{t^2\sigma^2}{2}}\right| \leqslant \frac{1}{2}\left(\frac{t^2\sigma^2}{2}\right)^2 \leqslant t^4\sigma^4. \tag{5.64}$$

将(5.63)和(5.64)代入(5.62)得(5.61). ∎

§5.3.6 练习题

练习 5.3.1 某人寿保险公司售出人寿保险10 000份，每份收保金12元，在保期内死亡者可得到1 000元的赔付金. 如果每个持保单者在保险期内死亡的概率$p = 0.006$，求保险公司

(1) 亏本的概率；

(2) 盈利达40 000元以上的概率；

(3) 盈利达60 000元以上的概率；

(4) 盈利达80 000元以上的概率.

练习 5.3.2 某同学平均每天学习 8 h，标准差为 2 h，求 365 d 内他学习时间超过 3 000 h 的概率.

练习 5.3.3 设$\{\xi_n\}$独立同分布，$D(\xi_1)=\sigma^2\in(0,\infty)$，证明

$$\lim_{n\to\infty}\mathbb{P}\left(\sum_{k=1}^{n}\xi_k\leqslant n\mathbb{E}(\xi_1)+1\right)=\frac{1}{2}.$$

练习 5.3.4 用中心极限定理证明：

$$\lim_{n\to\infty}\sum_{k=0}^{n}\frac{n^k}{k!}\mathrm{e}^{-n}=\frac{1}{2}.$$

练习 5.3.5 设$\eta=\sum\limits_{k=1}^{\infty}\frac{\xi_k}{10^k}\sim U(0,1)$，其中$\xi_k\in\{0,1,2,\cdots,9\}$，证明

$$\lim_{n\to\infty}\mathbb{P}\left(\sum_{k=1}^{n}\xi_k\leqslant\frac{9n}{2}\right)=\frac{1}{2}.$$

练习 5.3.6 设随机变量列$\{\xi_n\}$独立同分布，$\mathbb{E}(\xi_n)=0$，$D(\xi_n)=1$. 证明

$$\frac{\xi_1+\xi_2+\cdots+\xi_n}{\sqrt{\xi_1^2+\xi_2^2+\cdots+\xi_n^2}}\xrightarrow{w}\eta\sim N(0,1).$$

练习 5.3.7 设有n个口袋，对$k=1,2,\cdots,n$，第k个口袋中有1个白球与$k-1$个黑球. 每个袋中任取1球，以ξ_n表示得到的白球数，证明$\left\{\dfrac{\xi_n-E(\xi_n)}{\sqrt{D(\xi_n)}}\right\}$渐近服从$N(0,1)$.

练习 5.3.8 设有n个口袋，对$k=1,2,\cdots,n$，第k个口袋中有1个白球与$k-1$个黑球. 从每个袋中有放回地任取两球，若两球全为白球则认为是成功. 用η_n表示成功总数. 证明$\left\{\dfrac{\eta_n-\mathbb{E}(\eta_n)}{\sqrt{D(\eta_n)}}\right\}$不渐近服从$N(0,1)$.

练习 5.3.9 设$\{\xi_n\}$为独立随机变量列,

$$\mathbb{P}(\xi_n = k) = \begin{cases} 1 - \frac{1}{n^2}, & k = 0, \\ \frac{1}{2n^2}, & k = \pm n, \end{cases}$$

证明$\{\xi_n\}$不满足中心极限定理.

练习 5.3.10 设$\{\xi_n\}$为独立随机变量列, $\xi_n \sim N(0, \sigma_n^2)$, 其中

$$\sigma_1^2 = 1, \quad \sigma_{n+1}^2 = (n+1)\sum_{k=1}^{n} \sigma_k^2.$$

证明$\{\xi_n\}$满足中心极限定理, 但不满足(5.51), 即林德伯格条件不成立.

§5.4 未知现象的研究与大数定律

对于未知现象, 应该如何研究呢? 下面我们借助简单的实际问题背景, 探讨研究未知现象的思路, 体会大数定律的应用价值.

§5.4.1 身高问题研究

在某高中一年级中任取一位学生, 考察其身高Y: 显然不能预知身高的值, 这是一未知现象, 若认为该现象具有频率的稳定性, 可以假设身高Y和$\alpha = \mathbb{E}(Y)$满足如下模型

$$Y = \alpha + \varepsilon, \tag{5.65}$$

其中$\varepsilon = Y - \alpha$. 由定理4.2.3的结论4°知: 在平均的意义下, 用α预报Y的效果最好.

为预报身高Y, 需要知道α的取值, 下面考虑如何解答这一问题. 当(5.65)成立时, 依据定理5.2.5, 我们可以用取后不放回的方法从该校任意抽取n名同学, 测取他们的身高$Y_1, Y_2, \cdots, Y_n$, 那么这些身高独立同分布随机变量, 与Y有相同的分布, 并且

$$\lim_{n\to\infty} \frac{1}{n}\sum_{k=1}^{n} Y_k = \alpha \text{ a.e}, \tag{5.66}$$

这样就可以用$\hat{\alpha} = \dfrac{1}{n}\sum\limits_{k=1}^{n} Y_k$估计数学期望$\alpha$.

由表5.1中数据得$\hat{\alpha} = 165.75$, 进而学生身高的经验预报公式为

$$\bar{Y} = 165.750. \tag{5.67}$$

表 5.1　高一学生身高(单位：cm)和性别(1代表男，0代表女)数据

身高	性别	身高	性别	身高	性别	身高	性别	身高	性别
154	0	155	0	173	1	168	1	146	0
160	0	170	1	164	0	175	1	167	0
175	0	176	1	170	1	162	0	156	0
166	1	173	1	163	0	164	0	167	1
176	1	150	0	163	0	178	1	171	1
165	0	168	0	158	0	157	0	159	0
166	1	172	1	168	0	163	1	171	1
162	1	161	0	172	1	173	1	171	1
173	1	159	0	166	0	157	0	172	1
174	1	168	0	167	1	154	0	156	0
164	0	155	0	174	1	174	1	160	0
159	1	162	0	173	1	170	1	154	0
158	0	175	1	158	1	176	1	162	0
160	0	174	1	175	1	172	0	171	1
179	1	173	1	162	0	150	0	183	1
163	0	158	0	163	0	172	1	167	0
158	0	166	0	162	0	162	0	177	0
156	0	180	1	166	1	163.5	0	165	0
155.5	0	169.5	0	160	0	178	1	162.5	0
156	0	154	0	168	0	174	1	172	1

当然，$\hat{\alpha}$是对于高中一年级学生身高的一种认识，是通过收集数据、分析数据来认识身高的方法，这种方法可用于认识其他未知现象. 一般地，**统计学**是通过收集数据、分析数据来认识未知现象的一门科学.

现在的问题是能否改进$\bar{Y}$的预报效果？这取决于模型假设(5.66)是否符合问题背景. 我们知道，男女生的身高有差异，如果知道学生的性别变量$X = \mathbb{1}_{\{男\}}$，并假设

$$\mathbb{E}(Y|X) = \beta_0 + \beta_1 X, \tag{5.68}$$

则身高Y和性别X之间满足模型

$$Y = \beta_0 + \beta_1 X + \eta, \tag{5.69}$$

其中，β_0和β_1为待确定的模型参数，$\eta = Y - \beta_0 - \beta_1 X$为模型误差. 在假设(5.68)成立的情况下，由最优预报定理4.3.4知，用$\beta_0 + \beta_1 X$预报Y的效果最好.

现在Y的预报问题转换为模型(5.69)中参数的确定问题，可以用统计学方法解决这一问题：用取后不放回的方法从该校任意抽取n名同学，测取第k位同学的身高Y_k和性别X_k值，参数应该使得$(Y_k-\beta_0-\beta_1 X_k)^2$小，因此取

$$Q\left(\beta_0,\beta_1\right)=\sum_{k=1}^{n}\left(Y_k-\beta_0-\beta_1 X_k\right)^2$$

的最小值点

$$\left(\hat{\beta}_0,\hat{\beta}_1\right)=\boldsymbol{Y}'\boldsymbol{X}\left(\boldsymbol{X}'\boldsymbol{X}\right)^{-1}$$

作为(β_0,β_1)的估计值，其中

$$\boldsymbol{Y}=\begin{pmatrix}Y_1\\Y_2\\\vdots\\Y_n\end{pmatrix},\quad \boldsymbol{X}=\begin{pmatrix}1&X_1\\1&X_2\\\vdots&\vdots\\1&X_n\end{pmatrix},$$

$\boldsymbol{Y}'$和$\boldsymbol{X}'$分别表示矩阵$\boldsymbol{Y}$和$\boldsymbol{X}$的转置. 现在可通过

$$\hat{Y}=\hat{\beta}_0+\hat{\beta}_1 X \tag{5.70}$$

来认识学生身高.

由表5.1中的观测数据可得

$$\left(\hat{\beta}_0,\hat{\beta}_1\right)=(161.071,10.633),$$

这样，学生身高经验预报公式(5.70)具体化为

$$\hat{Y}=161.071+10.633X. \tag{5.71}$$

现在的问题是学生身高经验预报公式(5.67)和(5.71)中，哪一个的效果好？实践是检验真理的唯一标准. 我们可以通过实际观测来检验哪一个更好，即重新从一年级中抽取学生，观测身高真实值和预报值的误差，比较两个经验预报公式的拟合效果.

表5.2给出了重新抽取的20名学生的身高和性别数据，分别用y_i和x_i表示表中第i位同学的身高和性别，则经验预报公式(5.67)的平均预报误差

$$\frac{1}{20}\sum_{k=1}^{20}|y_i-165.750|=7.400,$$

表 5.2 高一学生身高(单位：cm)和性别(1代表男，0代表女)新数据

身高	性别	身高	性别	身高	性别	身高	性别	身高	性别
170	1	155	0	172	1	175	1	158	0
162	0	159	0	161	0	172	1	175	1
155	0	171	0	168	1	154.5	0	172	1
166	1	155	0	153	0	155	0	157	0

经验预报公式(5.71)的平均预报误差

$$\frac{1}{20}\sum_{k=1}^{20}|y_i-(161.071+10.633x_i)|=3.883,$$

由此可见，经验预报公式(5.71)的预报效果好.

经验预报公式(5.71)的预报效果优于(5.67)的原因是：假设(5.68)更接近于身高问题的背景. 由此可以体会：在用数学知识解决实际问题时，必需要依据问题背景提出合理的数学假设，这是成功的基础.

§5.4.2 三门问题（续二）

在§3.8中，用随机向量(X,Y,Z)描述三门问题，给出了不同情景下换门策略和不换门策略获得汽车的条件概率. 这些条件概率和有车门的编号X的密度

$$p_i=\mathbb{P}\left(X=i\right),\quad i=1,2,3,$$

有关，该密度能帮助游戏参与者决策. 问题是节目组不会公开X的密度信息，能否够通过合法的途径获取这些信息呢？

由于大数定律知频率的极限是概率，因此可以查阅该电视游戏节目的播放历史，收集有汽车门的编号数据$X_1,X_2,\cdots,X_n$，计算频率

$$\hat{p}_{n,i}=\frac{1}{n}\sum_{k=1}^{n}\mathbb{1}_{\{i\}}\left(X_k\right),\quad 1\leqslant i\leqslant 3.$$

由波莱尔强大数律知

$$\lim_{n\to\infty}\hat{p}_{n,i}=p_i\ \text{a.e.},\quad 1\leqslant i\leqslant 3,$$

即可以通过频率认识X的密度.

一般地，如果能将未知现象表示为一个随机变量的数学期望，就可以用这个随机变量的重复观测的算术平均值来认识这个未知现象，这是一种统计学研究方法，其理论支撑是概率论.

§5.4.3 练习题

练习 5.4.1 有一枚硬币，用p表示投掷这枚硬币出现正面的概率，请设计认识p的方案.

练习 5.4.2 用数学期望表示定积分$\int_0^1 \varphi(x)\,\mathrm{d}x$，请基于统计学方法设计认识该积分的方案.

练习 5.4.3 考察身高预报经验公式(5.71)和经验预报公式

$$Y = 147.147 + 7.499X + 0.271Z,$$

其中X和Z分别为性别和体重. 用表5.3中数据检验两个经验预报公式中哪一个好.

表 5.3 身高(单位：cm)、性别(1代表男，0代表女)和体重(单位：kg)数据

身高	性别	体重	身高	性别	体重
177	1	67	156	0	50
178	1	86	173	1	61
161	0	43.5	157	0	67
155	0	57.7	157	0	48
148.5	0	48	158	0	50
158	0	46	172	1	61
167	1	50	174	1	71
158	0	52.5	161	0	60
165	0	49	156	0	49
154	0	45	171	1	53

部分练习答案与提示

1.1.3　利用定义和集合的运算证明.

1.1.4　$\bar{A}_k$点击次数不多于$k-1$次；$A_k - A_{k+1}$点击次数为k；$\bigcup\limits_{k=1}^{\infty} A_k$点击次数至少1次；$\bigcap\limits_{k=0}^{\infty} A_k$表示不可能事件.

1.1.5　用上极限和下极限的定义证明.

1.1.6　对于增事件列，注意到$\bigcup\limits_{n=1}^{\infty} A_n = \bigcup\limits_{n=k}^{\infty} A_n$和$\bigcap\limits_{k=n}^{\infty} A_k = A_n$即可证明. 对减事件列，上下极限等于$\bigcap\limits_{n=1}^{\infty} A_n$.

1.1.7　通过相互包含证明相等.

1.1.8　$\sigma(\mathscr{A}) = \{A, \bar{A}, \varnothing, \Omega\}$.

1.1.12 注意到$n(\Omega) = n$和$n(\varnothing) = 0$可得结论.

1.2.1　可考虑n个人的分房问题. 有一间单人间，两间多人间.

1.2.2　$\dfrac{n!}{n_1!n_2!\cdots n_r!}$.

1.2.3　$\dfrac{r}{r+b}$.

1.2.4　$\dfrac{1}{2}$.

1.2.5　0.46，详细解答参考 [2] 例1.2.1.

1.2.6　$\dfrac{k}{n}$.

1.2.7　$\dfrac{\binom{b+1}{r}}{\binom{r+b}{r}}$.

1.2.8 $\dfrac{\binom{k-1}{i-1} r^i b^{k-i}}{(r+b)^k}$.

1.2.9 $\dfrac{1}{4}$，详细解答参考 [2] 例1.3.2.

1.2.10 $\dfrac{1}{4}$.

1.2.11 $\dfrac{3}{4}$.

1.2.12 $\dfrac{r}{r+b}$.

2.1.1 由概率的定义证明.

2.1.2 $\dfrac{4^n-3^n}{6^n}$.

2.1.3 $\dfrac{4^n+6\cdot 2^n-4(3^n+1)}{4^n}$.

2.1.4 $1-\dfrac{2}{(2n-1)!!}$.

2.1.5 利用加法定理可得结论：$\sum\limits_{k=1}^{n}(-1)^{k-1}\dfrac{1}{k!}$.

2.1.6 利用投针问题结论和加法定理可得结论：$\dfrac{l_1+l_2+l_3}{a\pi}$.

2.1.7 利用加法公式和补事件概率计算公式.

2.1.8 注意到$\left\{\bigcap\limits_{k=n}^{\infty} A_k\right\}$为增事件列，利用概率的下连续性可证明结论.

2.1.9 利用补事件的次可加性证明.

2.1.10 (1) 0；(2) 1；(3) 1. 详见 [2] 例1.4.9.

2.1.11 $\dfrac{1}{k!}\sum\limits_{j=0}^{n-k}(-1)^j\dfrac{1}{j!}$，详见 [2] 例1.4.8.

2.2.3 $\dfrac{1}{(2n-1)!!}$.

2.2.4 $\dfrac{49}{576}$.

2.2.5 (1) 0.8；(2) 0.875.

2.2.6 $\dfrac{(\lambda p)^r}{r!}\exp(-\lambda p)$.

2.2.7 $\dfrac{1}{2\sqrt{5}}\left(\left(\dfrac{1+\sqrt{5}}{4}\right)^{n-1}-\left(\dfrac{1-\sqrt{5}}{4}\right)^{n-1}\right)$.

2.2.8 应该由第1或第3车间对这件次品负责.

2.2.9 0.97.

2.3.1 利用加法定理可证$A\cup B$和C相互独立.

2.3.2 对n用数学归纳法证明.

2.3.3 注意到$\mathbb{P}(A)+\mathbb{P}(B)\leqslant 1$得：$\mathbb{P}(A)=\dfrac{1}{2}$，$\mathbb{P}(B)=\dfrac{1}{4}$.

2.3.4 通过事件类

$$\mathscr{F}_i=\{D\in\sigma(\{A_1,A_2,\cdots,A_m\}):\mathbb{P}(DA_{m+i})=\mathbb{P}(D)\mathbb{P}(A_{m+i})\}$$

证明.

2.3.5 利用古典概型证明.

2.3.6 $(1-p_1)(1-p_2p_3)$.

2.3.7 考虑事件$B-(A\cup C)$的概率，以几何概率模型为例说明能达最大值.

2.3.8 0.

2.3.9 由条件概率定义和两事件之差的概率计算可证明充分性. 必要性易证.

2.3.10 反例：掷质地均匀硬币两次，

$$A=\{\text{第一次得正面}\},\ B=\{\text{第二次得正面}\},$$
$$C=\{\text{得正面和反面各一次}\}.$$

正例：掷一枚质地均匀硬币，记

$$A=\{\text{出现正面}\},\quad B=\{\text{出现反面}\},\quad C=A.$$

2.3.11 取$A_1=\{(1,1)\}$，$A_2=\{(2,2)\}$即可说明结论成立.

3.1.1 由定义可证.

3.1.5 注意到

$$\left\{\sup_n \xi_n \leqslant x\right\} = \bigcap_{n=1}^{\infty} \{\xi_n \leqslant x\}, \ \left\{\inf_n \xi_n \leqslant x\right\} = \bigcup_{n=1}^{\infty} \bigcap_{m=1}^{\infty} \left\{\xi_n \leqslant x + \frac{1}{m}\right\}$$

可得结论.

3.1.6 只需证明$\{\xi + \eta > x\} = \bigcup\limits_{r \in A} (\{\xi > r\} \cap \{\eta > x - r\})$，其中$A$为有理数集.

3.1.11 由概率的上方连续性、可减性和补事件的概率计算公式可证结论.

3.1.12 利用随机变量的定义和分布函数的定义可得结论.

3.1.13 通过$\mathbb{P}(c \in A, \xi \in B) = \mathbb{P}(c \in A)\mathbb{P}(\xi \in B)$证明.

3.1.14 通过联合密度与边缘密度的关系证明.

3.1.15 用概率的下连续性和积分的性质可得结论.

3.1.16 密度函数为$p(x) = \dfrac{\mathrm{d}F(x)}{\mathrm{d}x} \mathbb{1}_D(x) + 0\mathbb{1}_{\bar{D}}(x)$，其中$D$为可微点全体.

3.1.17 利用积分和分布函数的性质证明.

3.1.18 $F_\xi(y) = \begin{cases} 0, & y \leqslant 0, \\ \dfrac{\arccos(1-y)}{\pi}, & 0 < y < 2, \\ 1, & 2 \leqslant y. \end{cases}$

3.1.19 $b = \mathrm{e}^{-1}$.

3.1.20 考虑分布函数$F_1(x) = \mathbb{1}_{(0,\infty)}(x)$和$F_2(x) = \dfrac{3}{2}\left(F(x) - \dfrac{1}{3}F_1(x)\right)$.

3.2.1 8.4935×10^{-13}.

3.2.2 $p_n = \left(\dfrac{25}{36}\right)^{n-1} \dfrac{11}{36}, \quad n \geqslant 1$.

3.2.3 请5名代表通过决议的概率较大.

3.2.4 $\binom{n}{k-1} p^k (1-p)^{n-k}$.

3.2.5 采用“三场两胜”制甲队最终夺得冠军的概率较小.

3.2.6 $\binom{2n-r}{n} \left(\dfrac{1}{2}\right)^{2n-r}$.

3.2.7 利用全概率公式证明.

3.2.8 $\frac{n!}{k_1!k_2!\cdots k_r!}p_1^{k_1}p_2^{k_2}\cdots p_r^{k_r}, \quad k_i \geqslant 0, 1 \leqslant i \leqslant r, \sum\limits_{i=1}^{r} k_i = n.$

3.3.1 约等于0.8.

3.3.2 用泊松过程的随机选择不变性证明.

3.3.3 用泊松粒子流的独立增量性和平移不变性证明.

3.3.4 当$n \geqslant 16$时能够满足要求.

3.3.5 约等于0.932 9.

3.3.6 约等于0.996 5.

3.3.7 先对正有理数证明结论，然后证明$f(0) = 1$，最后利用单调（或连续）性得结论.

3.3.8 注意到$1 = \sum\limits_{k=0}^{\infty} p_k$得结论.

3.4.1 建立几何概率空间证明结论.

3.4.2 利用正态分布函数的性质证明.

3.4.3 利用概率的单调性证明.

3.4.4 利用正态分布函数的性质和标准正态分布密度函数为偶函数证明.

3.4.5 这四个等级的学生各占比例为0.158 7，0.341 3，0.341 3和0.158 7.

3.4.6 $\eta \sim G\left(1 - \mathrm{e}^{-\lambda}\right)$.

3.5.13 联合密度矩阵

$$\begin{pmatrix} (1,1) & (1,2) & (2,1) & (2,2) & (2,3) \\ 4/9 & 2/9 & 1/9 & 1/9 & 1/9 \end{pmatrix},$$

$\mathbb{P}(\xi = \eta) = \frac{5}{9}$.

3.5.14 联合分布密度$p_{nm} = \begin{cases} 0.4 \times 0.24^m, & 1 \leqslant n = m+1, \\ 0.36 \times 0.24^{m-1}, & 1 \leqslant n = m. \end{cases}$

边缘密度$p_{n\bullet} = 0.76 \times 0.24^{n-1}, \quad n \geqslant 1$.

$$p_{\bullet m}=\begin{cases}0.4, & m=0,\\ 0.496\times 0.24^{m-1}, & m>0.\end{cases}$$

3.5.15 利用积分变换$s=x,t=x+y$证明.

3.5.16 $p_{\xi}(x)=\int_2^4\frac{6-x-y}{8}\mathrm{d}y=\frac{3-x}{4},\quad 0<x<2,$

$$p_{\eta}(y)=\int_0^2\frac{6-x-y}{8}\mathrm{d}x=\frac{5-y}{4},\quad 2<y<4.$$

3.5.17 (1) 联合密度为$p_{mn}=p^2q^{n-2}$, $1\leqslant m<n$.

(2) 边缘密度为$p_{m\bullet}=pq^{m-1}$, $m\geqslant 1$；$p_{\bullet n}=(n-1)p^2q^{n-2}$, $n\geqslant 2$.

3.5.18 $a=\frac{1}{\pi R^2}$；$p_{\xi}(x)=\frac{2\sqrt{R^2-x^2}}{\pi R^2}, 0\leqslant x<R^2$；

$p_{\eta}(y)=\frac{2\sqrt{R^2-y^2}}{\pi R^2}, 0\leqslant y<R^2$.

3.5.19 利用二元密度函数$p(x,y)=\frac{1}{2\pi}\exp\left(-\frac{x^2+y^2}{2}\right)$和概率的单调性证明.

3.5.20 (1) 边缘密度$p_{\xi}(x)=\mathrm{e}^{-x}$, $x>0$；$p_{\eta}(y)=\frac{1}{(y+1)^2}$, $y>0$.

(2) 二维边缘密度$p_{(\xi,\zeta)}(x,z)=z\mathrm{e}^{-(x+z)}$, $x>0,z>0$.

3.5.21 利用密度函数变量可分离证明.

3.5.22 不独立，证明联合密度函数不等于边缘密度函数之积.

3.6.1 $p(y|\xi=x)=\frac{6y(1-x-y)}{(1-x)^3}, 0<y<1-x$.

3.6.2 $p(x|\eta=y)=\frac{\sin(x+y)}{\cos y+\sin y},\quad 0<x<\frac{\pi}{2}$.

3.6.3 $p_{\eta}(y)=\lambda\mathrm{e}^{-\lambda y}$, $y>0$.

3.6.4 联合分布密度为

$$p_{nm}=\frac{1}{4n}, 1\leqslant m\leqslant n\leqslant 4,$$

两个边缘分布密度分别为

$$p_{n\bullet}=\frac{1}{4},\quad 1\leqslant n\leqslant 4,$$

$$p_{\bullet m}=\sum_{n=m}^{4}\frac{1}{4n},\quad 1\leqslant m\leqslant 4.$$

3.6.5 取相互独立的随机变量ξ,η和ζ，使得$\xi\sim\mathbb{F}$，$\eta\sim\mathbb{G}$，$\zeta\sim B(2;p)$，利用全概率公式探讨$\gamma=\xi\zeta+\eta(1-\zeta)$的分布.

3.6.6 $\mathbb{P}(\xi=n)=\dfrac{\mathrm{e}^{-1}}{n!}$，$n\geqslant 0$.

3.6.7 $\dfrac{11}{200}$.

3.6.8 $\left(\dfrac{1}{4}\right)^n\dbinom{2n}{n+k}$.

3.7.1 利用分布函数的导数证明.

3.7.2 利用分布函数的导数证明.

3.7.3 利用分布函数的导数证明.

3.7.4 $\mathbb{P}(\xi+\eta=i)=(i-1)(1-p)^{i-2}p^2$, $i\geqslant 2$;
$\mathbb{P}(\xi\vee\eta=i)=(1-p)^{i-1}p\left(2-(1-p)^{i-1}-(1-p)^i\right)$, $i\geqslant 1$

3.7.5 $B\left(n,\dfrac{\lambda_1}{\lambda_1+\lambda_2}\right)$.

3.7.6 $p_{\xi^{-2}}(x)=\dfrac{1}{x^{3/2}\sqrt{2\pi}}\exp\left(-\dfrac{1}{2x}\right),\quad x>0.$

3.7.7 参数为$\sum\limits_{i=1}^{n}\lambda_i$的指数分布.

3.7.8 $p_{\zeta+\eta}(y)=\begin{cases}y, & 0<y<1,\\ 2-y, & 1\leqslant y<2.\end{cases}$

3.7.9 $p_\eta(z)=\dfrac{2a-2z}{a^2}$, $0<z<a$.

3.7.10 $p_{\xi\eta}(z)=\begin{cases}\dfrac{2}{3}, & 0<z\leqslant 1,\\ \dfrac{2}{3z^3}, & z>1.\end{cases}$

3.7.11 $p_{\xi^2}(z)=\dfrac{1}{\sqrt{z}}-1$, $0<z<1$.

3.7.12 联合密度函数为$p_{\alpha,\beta}(u,v)=\dfrac{1}{2u^2v}$， $u\geqslant 1,\dfrac{1}{u}\leqslant v\leqslant u$；边缘密度函数分别为

$$p_\alpha(u)=\frac{\ln u}{u^2},\quad u\geqslant 1,\quad p_\beta(v)=\begin{cases}1/2, & 0<v\leqslant 1,\\ 1/(2v^2), & v>1.\end{cases}$$

3.7.13 联合密度函数变量可分离.

3.7.14 证明联合分布函数变量可分离.

3.7.15 利用分布函数的广义单调逆证明$F\left(F^{-1}\left(x\right)\right)=x$.

4.1.1 两个事件的示性函数之积等于这两个事件之交的示性函数.

4.1.3 两个事件的示性函数之积等于这两个事件之交的示性函数.

4.1.4 对于$\zeta_n=\xi_n-\eta$应用单调收敛定理.

4.1.5 利用数学期望的单调性和概率的上方连续性证明结论.

4.1.6 利用例4.1.4结论证明.

4.1.7 利用数学期望的单调性证明.

4.1.8 参考定理4.1.8的证明思路.

4.1.11 $\mathbb{E}(\min\{\xi_1,\xi_2,\cdots,\xi_n\})=\dfrac{1}{n+1}$，$\mathbb{E}(\max\{\xi_1,\xi_2,\cdots,\xi_n\})=\dfrac{n}{n+1}$.

4.1.12 $\mathbb{E}(\xi\left(\xi-1\right))=n\left(n-1\right)p^2$.

4.1.13 $\mathbb{E}\left(\xi\right)=0$.

4.1.14 $\mathbb{E}(\xi)=\mu$.

4.1.15 先证明$\mathbb{E}\left(\eta\right)=\sum\limits_{k=1}^{\infty}\mathbb{P}\left(\eta\geqslant k\right)$，其中$\eta$为非负整值随机变量.

4.1.16 将重积分$\displaystyle\int_{-\infty}^{\infty}\int_{-\infty}^{\infty}\frac{x\vee y}{2\pi\sigma^2}\exp-\frac{(x-a)^2+(y-a)^2}{2\sigma^2}\mathrm{d}x\mathrm{d}y$ 按x和y的大小关系转换为两个累次积分之和.

4.1.17 $\dfrac{mn}{2}$（提示：利用$\sum\limits_{i=1}^{m}\xi_i$求期望，其中$\xi_i$表示第$i$次取球的编号）.

4.1.18 应存储$\dfrac{\ln a-\ln b}{\lambda}$吨大米.

4.1.19 $\mathbb{E}(\xi)=1$.

4.1.20 利用定理4.1.9结论证明.

4.2.1 (1) $\dfrac{m(n^2-1)}{12}$；(2) $\dfrac{m(n+1)(n-m)}{12}$ （提示：利用$\sum\limits_{k=1}^{m}\xi_k$）.

4.2.2 $a_1=\dfrac{\sigma_2^2}{\sigma_1^2+\sigma_2^2}$，$a_2=\dfrac{\sigma_1^2}{\sigma_1^2+\sigma_2^2}$.

4.2.3 $\begin{pmatrix} 43 & -22 \\ -22 & 112 \end{pmatrix}$.

4.2.4 利用独立性证明.

4.2.5 $r(\alpha,\beta)=\dfrac{n-m}{n}$.

4.2.6 利用奇函数对称区间上的积分为0证明.

4.2.7 通过驻点（偏导数等于0的点）求极小值点.

4.2.8 利用幂级数可以逐项求导证明.

4.3.1 利用条件密度函数计算条件数学期望.

4.3.2 取$\xi=\mathbb{1}_A$，$\eta=\sum_n n\mathbb{1}_{B_n}$，其中$\{B_n\}$为样本空间的一个分割.

4.3.3 $\mathbb{E}(\xi)=1.8$.

4.3.4 $\mathbb{E}(\xi)=\dfrac{mn}{N}$.

4.3.5 $p_{ij}=(1-p)^{j-2}p^2,\ 1\leqslant i<j$；$p_{i\bullet}=\dfrac{1}{(j-1)},\ i\geqslant 1$；

$p_{\bullet j}=(j-1)(1-p)^{j-2}p^2,\ j\geqslant 2$；$\mathbb{E}(\xi\,|\eta=j)=\dfrac{j}{2},\ j\geqslant 2$.

4.3.6 利用条件期望的平滑性证明.

4.3.7 $\mathbb{E}(\xi_n)=\dfrac{n}{2}$.

4.3.8 利用条件期望的平滑性证明.

4.3.9 利用条件期望的平滑性证明.

4.4.1 用控制收敛定理和奇函数对称区间上积分为0证明.

4.4.2 (1) 密度矩阵为$\begin{pmatrix} -1 & 1 \\ \dfrac{1}{2} & \dfrac{1}{2} \end{pmatrix}$;

(2) 密度为$\mathbb{P}(\xi = k) = \begin{cases} \dfrac{a_{|k|}}{2}, & k = \pm 1, \pm 2, \cdots, \\ a_0, & k = 0. \end{cases}$

4.4.3 用特征函数的定义和唯一性定理证明.

4.4.4 $f(t) = \dfrac{\mathrm{e}^{\mathrm{i}bt}(\mathrm{e}^{\mathrm{i}t} - 1)}{\mathrm{i}t}$.

4.4.5 取与ξ相互独立的随机变量$\eta \sim U(-h, h)$，考虑$\xi + \eta$的分布函数与特征函数.

4.4.6 必需且只需$f(t)$为模恒等于1的特征函数.

4.4.7 利用$1 - \cos^2(t\xi) \leqslant 2 - 2\cos(t\xi)$和柯西-施瓦兹不等式证明.

4.4.8 利用奇函数对称区间上的积分等于0证明.

4.4.9 利用联合特征函数的定义可证明定理4.4.9中结论(1)(2)和(5)，利用反演公式可得唯一性定理，由唯一性定理可证明(6).

4.4.10 $\mathbb{E}(\xi^2) = \dfrac{1}{\mathrm{i}^2}\dfrac{\mathrm{d}^2 f_\xi(0)}{\mathrm{d}t^2} = \sigma^2$.

4.5.1 $\operatorname{cov}(\xi, \eta) = -1$.

4.5.2 $\mathbb{E}(\boldsymbol{\xi}) = (4, 3)$, $\operatorname{var}(\boldsymbol{\xi}) = \begin{pmatrix} 1 & -1 \\ -1 & 2 \end{pmatrix}$.

4.5.3 通过$(\xi_1 + \xi_2, \xi_1 - \xi_2)$的方差矩阵证明.

4.5.4 利用$(1 + R)\mathbb{E}(\max\{\xi, \eta\}) = 2\int_{-\infty}^{\infty}\mathrm{d}x\int_{x}^{\infty}(y - Rx)p(x, y)\,\mathrm{d}y$ 证明，其中$p(x, y)$ 为联合密度函数.

4.5.5 利用协方差和协方差矩阵证明.

4.5.6 证明$\sum\limits_{k=1}^{n} b_k\xi_k$或是连续型随机变量，或是服从单点分布.

4.5.7 $\eta \sim \chi^2(1)$.

4.5.8 通过$\boldsymbol{z}_1$与$\boldsymbol{z}_2$的协方差矩阵证明.

4.5.9 $C=\dfrac{\sqrt{76}}{2\pi}$；$\mathbb{E}(\xi)=5$；$\mathbb{E}(\eta)=3$；

$$f_{(\xi,\eta)}(t_1,t_2)=\exp\left(\mathrm{i}(5t_1+3t_2)-\frac{\frac{5}{38}t_1^2-\frac{1}{19}t_1t_2+\frac{2}{19}t_2^2}{2}\right).$$

4.5.10 $p(x_2,x_3,\cdots,x_n)=(2\pi)^{-(n-1)/2}\exp\left(-\dfrac{1}{2}\sum\limits_{k=2}^{n}x_k^2\right)$.

5.1.1 直接利用r阶收敛的定义证明.

5.1.2 利用数列的如下结论证明：$\{a_n\}$收敛于$a \Leftrightarrow$对于任何子列$\{a_{n_k}\}$，都存在$\{a_{n_k}\}$的收敛于a的子列.

5.1.3 注意到

$$\left\{|\xi-\eta|\geqslant\frac{1}{n}\right\}\subset\left\{|\xi_n-\xi|\geqslant\frac{1}{2n}\right\}\cup\left\{|\xi_n-\eta|\geqslant\frac{1}{2n}\right\},$$

利用概率的单调性、次可加性和下连续性证明.

5.1.4 注意到

$$\{|(\xi_n+\eta_n)-(\xi+\eta)|\geqslant\varepsilon\}\subset\left\{|\xi_n-\xi|\geqslant\frac{\varepsilon}{2}\right\}\cup\left\{|\eta_n-\eta|\geqslant\frac{\varepsilon}{2}\right\},$$

可证明$\xi_n+\eta_n\xrightarrow{\mathbb{P}}\xi+\eta$；注意到

$$\{|\xi_n\eta_n-\xi\eta|\geqslant\varepsilon\}\subset\left\{|\eta|\,|\xi_n-\xi|\geqslant\frac{\varepsilon}{2}\right\}\cup\left\{|\xi_n|\,|\eta_n-\eta|\geqslant\frac{\varepsilon}{2}\right\},$$

$$\left\{|\eta|\,|\xi_n-\xi|\geqslant\frac{\varepsilon}{2}\right\}\subset\left\{|\xi_n-\xi|\geqslant\frac{\varepsilon}{2m}\right\}\cup\{|\eta|>m\},$$

$$\left\{|\xi_n|\,|\eta_n-\eta|\geqslant\frac{\varepsilon}{2}\right\}\subset\{|\xi_n-\xi|\geqslant 1\}\cup\left\{|\eta_n-\eta|\geqslant\frac{\varepsilon}{2(m+1)}\right\}\cup\{|\xi|>m\},$$

可证明$\xi_n\eta_n\xrightarrow{\mathbb{P}}\xi\eta$.

5.1.5 注意到$\{\xi_n\geqslant\varepsilon\}$为减事件列，利用定理5.1.1证明结论.

5.1.6 利用G的单增性可证F的单增和右连续性；注意到G和F有相同的连续点，且在这些点处二者相等，自然得$G_n\xrightarrow{w}F$.

5.1.7 注意到$\eta_n\geqslant a$ a.e., $\{|\eta_n-a|\geqslant\varepsilon\}=\{\eta_n\geqslant a+\varepsilon\}$ a.e.可得结论.

5.1.8 注意到

$$\hat{h}(x)=\sum_{k=1}^{m}h(x_{k-1})\mathbb{1}_{(x_{k-1},x_k]}(x)$$

能一致逼近$h\mathbb{1}_{(a,b]}$，可证明结论.

5.1.9 利用特征函数列$\{f_{\xi_n}\}$点点收敛于f_ξ，证明方差和均值序列均为收敛点列，可得结论.

5.1.10 由定理5.1.5知$\eta_n\xrightarrow{\mathbb{P}}a$，利用此证明

$$F_{\xi+a}(x-\varepsilon)\leqslant\varliminf_{n\to\infty}F_{\xi_n+\eta_n}(x)\leqslant\varlimsup_{n\to\infty}F_{\xi_n+\eta_n}(x)\leqslant F_{\xi+a}(x+\varepsilon).$$

5.1.11 当$x<0$时，$\lim\limits_{n\to\infty}\mathbb{P}(\xi_n\eta_n<x)=0$，当$x>0$时，$\lim\limits_{n\to\infty}\mathbb{P}(\xi_n\eta_n>x)=0$. 利用上述事实可证明结论.

5.1.12 利用练习5.1.10和练习5.1.11结论证明.

5.1.13 利用g在闭区间上一致连续性证明$g(\xi_n)\xrightarrow{\mathbb{P}}g(\xi)$；利用连续性定理证明$g(\xi_n)\xrightarrow{w}g(\xi)$.

5.1.14 注意到$\forall\varepsilon>0$，存在实数$x_1<x_2<\cdots<x_s$，使得

$$F(x_k)-F(x_{k-1})<\frac{\varepsilon}{4},\quad\forall 1\leqslant k\leqslant s+1$$

且$\lim\limits_{n\to\infty}F_n(x_k)=F(x)$，可得结论.

5.2.1 直接利用强大数定律证明.

5.2.2 $(\alpha+\beta)\mu+\gamma$.

5.2.3 引入

$$\xi_k=\begin{cases}1, & \text{第}k\text{人戴上自己帽子},\\0, & \text{否则},\end{cases}$$

利用大数定律证明.

5.2.4 验证$\sum\limits_{k=1}^{\infty}\dfrac{D(g(\xi_k))}{k^2}<\infty$.

5.2.5 验证马尔可夫条件成立.

5.2.6 验证马尔可夫条件成立.

5.2.7　用波莱尔-坎泰利引理证明.

5.2.8　利用$\{\xi_n^2\}$和$\{\xi_n\}$都满足强大数定律证明.

5.2.9　利用强大数定律和控制收敛定理证明.

5.3.1　亏本概率0；盈利达40 000元以上概率为0.995 2；盈利达60 000元以上概率为0.5；盈利达80 000元以上的概率为0.004 801 6.

5.3.2　0.018 1.

5.3.3　通过$\dfrac{\frac{1}{n}\sum\limits_{k=1}^{n}(\xi_k-\mathbb{E}(\xi_1))}{\sqrt{n}\sigma}-\dfrac{1}{n\sqrt{n}\sigma}$弱收敛于标准正态随机变量证明.

5.3.4　通过独立同分布随机变量列$\{\xi_n\}$证明，其中$\xi_1\sim P(1)$.

5.3.5　通过$\{\xi_n\}$为独立同分布随机变量序列证明.

5.3.6　先证$\dfrac{\xi_1+\xi_2+\cdots+\xi_n}{\sqrt{\sum\limits_{k=1}^{n}\xi_k^2}}-\dfrac{\frac{1}{n}\sum\limits_{k=1}^{n}(\xi_k-\mathbb{E}(\xi_k))}{\sqrt{nD(\xi_k)}}\xrightarrow{w}0$，再利用练习5.1.10结论证明.

5.3.7　借助

$$\zeta_k=\begin{cases}1, & \text{从第}k\text{个袋中取出的是白球},\\ 0, & \text{否则},\end{cases}$$

证明.

5.3.8　证明$\lim\limits_{n\to\infty}\mathbb{P}\left(\dfrac{\eta_n-\mathbb{E}(\eta_n)}{\sqrt{D(\eta_n)}}\leqslant -10\right)=0$.

5.3.9　证明$\lim\limits_{n\to\infty}\mathbb{P}\left(\dfrac{1}{B_n}\sum\limits_{k=1}^{n}(\xi_k-\mathbb{E}(\xi_k))=0\right)>0$.

5.3.10　证明$\dfrac{1}{B_n}\sum\limits_{k=1}^{n}(\xi_k-\mathbb{E}(\xi_k))\sim N(0,1)$.

参考文献

[1] 李勇，张淑梅. 统计学导论[M]. 北京: 人民邮电出版社, 2007.

[2] 杨振明. 概率论[M]. 第二版. 北京: 科学出版社, 2008.

[3] 郑明，陈子毅，汪嘉冈. 数理统计讲义[M]. 上海: 复旦大学出版社, 2006.

[4] 严士健，刘秀芳. 测度与概率[M]. 北京: 北京师范大学出版社, 2003.

索引